Dietmar Ehrhardt
Jürgen Schulte

Simulieren mit PSPICE

Dietmar Ehrhardt
Jürgen Schulte

Simulieren mit PSPICE

Eine Einführung in die analoge und digitale Schaltkreissimulation

2., überarbeitete und erweiterte Auflage

Mit 182 Bildern

Die Deutsche Bibliothek – CIP-Einheitsaufnahme

Simulieren mit PSPICE: eine Einführung in die analoge und digitale Schaltkreissimulation / Dietmar Ehrhardt; Jürgen Schulte. – Braunschweig; Wiesbaden: Vieweg.

NE: Ehrhardt, Dietmar; Schulte, Jürgen

Diskette. – 2., überarb. und erw. Aufl. – 1995

1. Auflage 1992
Nachdruck 1993
2., überarbeitete und erweiterte Auflage 1995

Der Verlag Vieweg ist ein Unternehmen der Bertelsmann Fachinformation GmbH.

ISBN-13: 978-3-528-14921-5 e-ISBN-13: 978-3-322-86507-6
DOI: 10.1007/978-3-322-86507-6

Vorwort

Die heutige elektronische Schaltungsentwicklung kommt ohne die Simulation fast nicht mehr aus. Sie hilft, insbesondere beim Entwurf und bei der Herstellung von integrierten Schaltkreisen, enorme Entwicklungskosten zu sparen. In den letzten Jahren hat sich daher das Simulationsprogramm SPICE (Simulation Program with Integrated Circuit Emphasis) etabliert. Das vorliegende Buch soll den Einstieg in das Programm PSPICE, eine Weiterentwicklung von SPICE für den Personal Computer-Bereich, ermöglichen. Das Buch beginnt mit einer umfassenden Beschreibung des Programms. Dem Leser werden von der Syntax einer Schaltungsbeschreibung über die verschiedenen Analysearten und die daraus resultierende Wahl der Signalquellen bis zur Auswertung der Simulationsergebnisse all die Informationen gegeben, die er für ein sinnvolles Arbeiten mit dem Programm benötigt. Nach diesem ersten Einblick in die Vielfältigkeit von PSPICE schließt sich ein umfangreiches Kapitel mit zahlreichen Beispielen aus dem Gebiet der Elektrotechnik an. Es werden Simulationen anhand konkreter Schaltungen durchgeführt und die Lösung der dabei auftretenden Probleme dargelegt. Daß nicht nur elektronische Schaltungen mit PSPICE simuliert werden können, zeigt eine Analogiebetrachtung zwischen der Elektronik und der Mechanik bzw. der Elektroakustik. Es wird dabei sowohl die Radaufhängung eines Autos als auch eine Baßreflexbox näher untersucht. Weitere Themenpunkte sind die Erweiterung des „Grundelementevorrates“ durch z.B. spannungsabhängige Impedanzen bzw. Admittanzen sowie die Ermittlung von Modellparametern aus den Datenblättern eines Bauteils. Konkret werden hier Dioden, Bipolartransistoren, JFETs und MOSFETs betrachtet. Abschließend findet der Leser einige Installations- und Bedienhinweise zur Demoversion von PSPICE und dessen Zusatzprogrammen. Dieses Buch ist für Studenten und Ingenieure der Elektrotechnik sowie für Hobbyelektroniker gedacht. Sie finden hier alle nötigen Informationen und die erforderlichen Mittel, die für den Einstieg in die Simulation notwendig sind. An dieser Stelle möchten wir uns beim Vieweg Verlag für die Herausgabe dieses Buches bedanken. Hierbei geht ein besonderer Dank an Herrn Edgar Klementz vom Verlag Vieweg, der für eine optimale Organisation sorgte und uns stets mit Rat und Tat zur Seite stand.

Siegen, im April 1992

Dietmar Ehrhardt
Jürgen Schulte

Vorwort zur zweiten Auflage

Zwei Jahre nach Erscheinen der ersten Auflage ist es erforderlich, den Inhalt des Buches der aktuellen Version von PSPICE anzupassen und einige Fehler und Versäumnisse zu korrigieren bzw. zu ergänzen. Die wichtigsten Ergänzungen der zweiten Auflage sind dabei die Beschreibung der digitalen Simulation sowie die Windows-Version von PSPICE, dem „Design Center“.

Neben der Simulation analoger Schaltungen können mit PSPICE auch digitale Schaltungen untersucht werden. Der Leser erhält hierzu in dem neu hinzugefügten Kapitel 7 eine umfassende Beschreibung der einzelnen digitalen Bauelemente mit ihren Modellparametern sowie der für die Simulation erforderlichen Signalquellen. Beispiele, die dem Leser den Einstieg in die digitale Simulation erleichtern sollen, runden das Kapitel ab.

Der zunehmende Einsatz von WINDOWS 3.x hat auch vor PSPICE keinen Halt gemacht. Diesem Sachverhalt haben wir in Kapitel 10 Rechnung getragen, in dem die Windows-Version „Design Center“ beschrieben wird. Ähnlich wie bei der Beschreibung der DOS-Version werden auch hier die einzelnen Menüs erklärt. Eine Beispielsimulation stellt den Weg von der Eingabe des Schaltplanes bis zur Darstellung der Simulationsergebnisse dar.

Ein Hinweis über die verwendeten Konventionen bei der Textdarstellung:

Die Bestandteile einer „Circuit“-Datei sind in der Schriftart `Courier` gesetzt, dabei gilt folgende Syntax:

- Notwendige Parameter sind durch dreieckige Klammern gekennzeichnet, in denen die Art der Eingabe spezifiziert ist.
- Optionale Parameter sind zusätzlich in rechteckigen Klammern eingeschlossen.
- Das Drücken spezieller Tasten wird durch den Tastennamen in Großbuchstaben, eingeschlossen in dreieckigen Klammern, angegeben, z.B. bedeutet `<CRTL>` die Taste CRTL.

Siegen, im September 1994

Dietmar Ehrhardt
Jürgen Schulte

Inhaltsverzeichnis

1 Einführung 1

2 Erstellung einer „Circuit"-Datei 5

2.1 Umsetzung eines Schaltplanes 6
2.1.1 Schaltelemente 7
2.1.2 Modelle 13
2.1.3 Teilschaltungen 24
2.1.4 Makromodelle 28

3 Wahl der Analysearten 31

3.1 Gleichstromanalyse 31
3.1.1 Gleichstromübertragungsfunktion 31
3.1.2 Arbeitspunkt 32
3.1.3 Empfindlichkeiten 32
3.1.4 Kleinsignal-Übertragungsfunktion 33
3.2 Analyse im Frequenzbereich 33
3.2.1 Frequenzgang 33
3.2.2 Rauschanalyse 34
3.3 Analyse im Zeitbereich 35
3.3.1 Transient-Analyse 35
3.3.2 Spektralanalyse 35
3.3.3 Verzerrungsanalyse 36
3.4 Zusätzliche Möglichkeiten 36
3.4.1 Statistische Analyse (Monte-Carlo-Analyse) 36
3.4.2 Worst-Case-Analyse (.WCASE) 37
3.4.3 Setzen von Startbedingungen 37
3.4.4 Temperaturanalyse 37
3.4.5 Parametervariation 38
3.4.6 Beobachten von Simulationsergebnissen 38
3.4.7 Ändern von Kontrollparametern 38

4 Wahl der Signalquellen 41

4.1 Gleichstromquellen 41
4.2 Wechselstromquellen 42
4.3 Zeitabhängige Quellen 42
4.3.1 Sinusquelle 42
4.3.2 Exponentialquelle 45
4.3.3 Pulsquelle 46
4.3.4 Polygonquelle 47
4.3.5 Frequenzmodulierte Quelle 48

4.4 Gesteuerte Quellen ... 49
4.4.1 Lineare Quellen ... 50
4.4.2 Nichtlineare Quellen ... 50

5 Auswertung der Ergebnisse ... 52

5.1 Textausgabe ... 52
5.1.1 Ausgabe der Schaltungsbeschreibung ... 52
5.1.2 Ausgabe von Arbeitspunktinformation und die direkte Ausgabe einiger Programmteile ... 53
5.1.3 Ausgabe von tabellarischen Ergebnissen ... 53
5.1.4 Ausdruck von Zeilendruckerplots ... 54
5.1.5 Ausgabe der Rechenstatistik ... 54
5.2 Graphische Auswertung (PROBE) ... 57
5.2.1 Auswahl vom Hauptmenü ... 58
5.2.2 Auswahl vom Abschnittsmenü ... 59
5.2.3 Auswahl vom Plotmenü ... 59

6 Angewandte Beispiele für Simulationen ... 69

6.1 Differenzverstärker ... 69
6.2 LC-Filter ... 81
6.3 Einfacher Operationsverstärker ... 86
6.4 Einfacher Transistorverstärker ... 94
6.5 Oszillatoren ... 102
6.5.1 Oszillationsstimulus ... 103
6.5.2 RC-Oszillator ... 103
6.5.3 Meißneroszillator ... 107
6.5.4 Wien-Robinson-Oszillator ... 111
6.6 Integrierter Breitbandverstärker MSA0104 ... 115
6.7 LC-Filter ... 123
6.8 Mischerschaltung ... 128
6.9 Bandgap-Referenz ... 133

7 Digitale Simulation ... 137

7.1 Grundbegriffe ... 137
7.1.1 Logische Pegel ... 137
7.1.2 „Stärke“ eines digitalen Ausgangs ... 137
7.1.3 Globale digitale Knoten und Spannungsversorgung ... 138
7.2 Digitale Bauelemente und ihre Modelle ... 139
7.2.1 Allgemeine Syntax ... 139
7.2.2 Timing Model ... 141
7.2.3 I/O-Model ... 142
7.2.4 Beschreibung der digitalen Bauelemente ... 143
7.3 Digitale Signalquellen ... 166
7.3.1 Stimulus Generator ... 167

7.3.2 File Stimulus 169
7.4 Mixed-Mode Simulation 171
7.5 Analysearten 172
7.6 Beispiele für digitale Simulationen 172
7.6.1 Bitmustererkenner 172
7.6.2 Digitaler Funktionsgenerator 175

8 Beispiele aus anderen Disziplinen 179

8.1 Mechanik 179
8.1.1 Analogie zur Elektrotechnik 179
8.1.2 Ausführungsbeispiel (Radaufhängung) 180
8.2 Elektroakustik 189
8.2.1 Analogie zur Elektrotechnik 189
8.2.2 Ausführungsbeispiel (Baßreflexbox) 190

9 Nachbildung von Bauelementen, die in SPICE direkt nicht vorkommen 195

9.1 Idealer OP 195
9.2 Makromodelle 196
9.3 Spannungsabhängige Bauelemente 197
9.3.1 Spannungsgesteuerte Impedanz 197
9.3.2 Spannungsgesteuerte Admittanz 199
9.4 „Analog Behavioral Modeling“ 200
9.4.1 Beispiel: Phasenregelschleife (PLL) 203

10 PSPICE unter Windows mit graphischer Schaltplaneingabe 208

10.1 Schematics 208
10.1.1 File-Menü 209
10.1.2 Edit-Menü 210
10.1.3 Draw-Menü 212
10.1.4 Navigate-Menü 214
10.1.5 View-Menü 215
10.1.6 Options-Menü 215
10.1.7 Analysis-Menü 216
10.1.8 Tools-Menü 218
10.1.9 Markers-Menü 219
10.1.10 Help-Menü 219
10.2 Symbol-Editor 220
10.2.1 File-Menü 220
10.2.2 Edit-Menü 221
10.2.3 Graphics-Menü 223
10.2.4 Part-Menü 224
10.2.5 Packaging-Menü 225
10.2.6 View-Menü 225
10.2.7 Options-Menü 226

10.2.8 Help-Menü ... 226
10.3 Beispielsimulation LC-Tiefpaßfilter ... 226
10.3.1 Das Plazieren von Bauelementen ... 226
10.3.2 Die Spezifikation von Bauelementen ... 227
10.3.3 Parametervariation ... 229
10.3.4 Verdrahtung ... 231
10.3.5 Bezeichnung der Knoten ... 231
10.3.6 Setzen eines Markers ... 232
10.3.7 Spezifikation der Analysen ... 233
10.3.8 Start der Simulation und Auswertung ... 235
10.4 Beispiel mit dem Symbol-Editor ... 237

11 Modellbestimmung ... 242

11.1 Aus den Datenblättern ... 242
11.2 Mit PARTS ... 248

12 Installations- und Bedienungshinweise zur Software ... 249

12.1 Installation unter DOS ... 249
12.1.1 CONTROL SHELL (bis Version 5.4) ... 249
12.1.2 CONTROL SHELL (Version 6.0) ... 255
12.1.3 PSPICE ... 258
12.1.4 PROBE ... 259
12.1.5 PARTS ... 262
12.2 Installation unter Windows 3.x ... 262
MSIM.INI ... 263

Literaturverzeichnis ... 264

Sachwort ... 266

1 Einführung

Die Personalcomputer und ihre Software sind im Laufe der Zeit so leistungsfähig und preisgünstig geworden, daß sie zunehmend im Bereich der Entwicklung analoger elektrischer Schaltungen eingesetzt werden. Vor zehn Jahren hat der typische Entwickler von analogen Schaltkreisen die meiste Zeit am Schreibtisch mit Papier, Bleistift und Taschenrechner verbracht. Hin und wieder ging er in das Labor, um seine Arbeit zu überprüfen.

Der heutige Entwickler benutzt zwar immer noch Papier, Bleistift und Taschenrechner, aber meist nur noch, um das Konzept zu erarbeiten. Alle weiteren Aufgaben werden dann mit Hilfe des Computers erledigt.

Mathematikprogramme (z.B. Derive, Mathcad) helfen beim Entwickeln der Gleichungen, die die Schaltung beschreiben. Schaltungsentwurfsprogramme (z.B. OrCAD/SDT, Schema) helfen, die Blockschaltbilder und die Teilschaltbilder mit ihren Transistoren und den anderen Komponenten zu erstellen. Simulationsprogramme helfen, die Teilschaltungen oder sogar die Gesamtschaltung zu testen und Fehler zu finden. Programme zur graphischen Nachbearbeitung vereinfachen die Auswertung der Simulationsresultate.

PSPICE ist solch ein Simulationsprogramm. Mit PSPICE läßt sich ein elektrischer Schaltkreis simulieren, bevor man ihn tatsächlich aufbaut. Das erlaubt eine Entscheidung darüber, ob an einer Schaltung Änderungen nötig sind, ohne daß dazu ein Bauteil angefaßt werden muß. Auch die Verifikation eines fertigen Entwurfes unter Berücksichtigung von Umwelteinflüssen und Bauteiltoleranzen läßt sich durch reine Simulation durchführen. PSPICE ist also eine Art simulierter „Labortisch", auf dem man Testschaltungen erstellen und Messungen durchführen kann.

Der praktische Weg, um eine elektrische Schaltung zu überprüfen, ist, sie aufzubauen. Doch seit Anfang der siebziger Jahre wurden die Komponenten, die man auf einer integrierten Schaltung zusammen brachte, viel kleiner als individuelle diskrete Bauelemente.

Physikalische Effekte, wie z.B. Streukapazitäten und Schaltdraht- bzw. Leiterbahninduktivitäten, die bei normalen Schaltungen, wie z.B. bei einem Stereoverstärker, vernachlässigt werden konnten, wurden für diese Mikroschaltungen sehr wichtig. Man konnte daher diese Schaltungen nicht einfach aus Komponenten im Labor aufbauen und dann erwarten, daß korrekte Meßergebnisse ermittelt werden. Die Schaltung konnte entweder korrekt als Mikroschaltung aufgebaut werden, was sehr teuer und zeitaufwendig ist, oder mit Hilfe eines Computerprogramms sorgfältig simuliert werden. Dies führte zum Acronym „SPICE", was „Simulation Program with Integrated Circuit Emphasis" (Simulationsprogramm mit Betonung integrierter Schaltungen) bedeutet.

PSPICE gehört zu einer Familie von SPICE-Schaltungssimulatoren, die alle aus dem Schaltungssimulator SPICE2 hervorgehen, der in der Mitte der siebziger Jahre an der Universität von Kalifornien in Berkeley, USA, entwickelt wurde.

SPICE2 wiederum entwickelte sich aus dem ursprünglichen SPICE-Programm, das sich seinerseits aus einem Simulator namens CANCER ableitete, der in den frühen siebziger Jahren entstand. SPICE2 avancierte bald zum Industriestandard. Dazu führten einerseits die robusten und leistungsstarken Algorithmen des Programms und andererseits die praktisch kostenlose Verteilung (Public Domain).

Mit PSPICE wurde von der Fa. Microsim Corp., Irvine, California, USA, der erfolgreiche Versuch unternommen, einen Schaltungssimulator auf dem PC lauffähig zu machen. Ursprünglich wurde der original in FORTRAN geschriebene Quelltext von SPICE2 übernommen und geringfügig erweitert.

Später, als man umfangreiche Änderungen einbrachte, wie Verbesserungen im Konvergenzverhalten, die Möglichkeit für den Anwender den Quelltext für eigene Bedürfnisse ändern zu können (z.B. um die Eigenschaften eines SPICE Schaltungselementes zu ändern oder gar ein völlig neues Schaltelement zu definieren) und die Implementierung einer graphischen Nachverarbeitung (PROBE), konvertierte man das Programm vom FORTRAN-Quellcode in C-Quellcode. Dadurch wurde PSPICE wartungsfreundlicher und leichter portierbar. Neben PCs konnte es nun auch auf anderen Computern eingesetzt werden (Macintosh, Sun, HP).

Die leichte Modifizierbarkeit von PSPICE hat Microsim einen hohen Marktanteil im PC-Bereich verschafft. Außerdem ist PSPICE der einzige Simulator, bei dem analoge mit digitalen Schaltungen gemischt werden können, der eine sog. Monte-Carlo-Analyse (zufällige Variation von Bauteilparametern) erlaubt und der die Beschreibung von Modellverhalten ermöglicht.

So wurde PSPICE, obwohl es relativ teuer ist und mit einem „Dongle“ (Sicherheitsstecker zum Kopierschutz), betrieben werden muß, zum „de facto“-Standard im Bereich der Schaltungssimulation für PCs.

Ein SPICE-Programm ist prinzipiell wie folgt aufgebaut:

- Titelzeile
- Anweisungen zur Schaltungsbeschreibung und zur Programmsteuerung
- Endeanweisung (`.END`)

In einem SPICE-Programm kann man im wesentlichen drei Arten von Anweisungen unterscheiden:

- Elementanweisungen
  Jedes Schaltelement erhält eine eigene Elementanweisung, in der die Lage des Elements in der Schaltung und seine elektrischen Parameter oder Hinweise darauf angegeben werden. Elementanweisungen beginnen mit einem für den Elementtyp charakteristischen Kennbuchstaben (z.B. `R` für Widerstände oder `V` für Spannungsquellen).
- Modellanweisungen
  Die Parameterwerte von Halbleiterbauelementen werden auf eigenen Modellanweisungen spezifiziert. Diese beginnen mit dem Kennwort `.MODEL`.

- Steueranweisungen
  Mit den Steueranweisungen werden Art und Umfang der Schaltungsanalyse und der Ergebnisausgabe spezifiziert. Steueranweisungen beginnen mit einem Punkt, unmittelbar gefolgt von einem Kennwort (z.B. `.PRINT`).

SPICE berechnet die Schaltung mittels Knotenanalyse. Hierzu muß jedem Knoten der Schaltung eine Knotennummer zugeordnet werden. Als Knotennummer dienen üblicherweise positive ganze Zahlen (es sind in PSPICE auch Zeichenketten erlaubt z.B. `INPUT`). Einer der Schaltungsknoten muß die Nummer Null erhalten, denn er dient SPICE als Bezugsknoten. An jedem Knoten müssen mindestens zwei Schaltelemente angeschlossen sein.

Um obiges zu verdeutlichen, soll eine kleine Beispielsimulation durchgeführt werden. Bild 1.1 zeigt dazu die Schaltung eines Spannungsteilers.

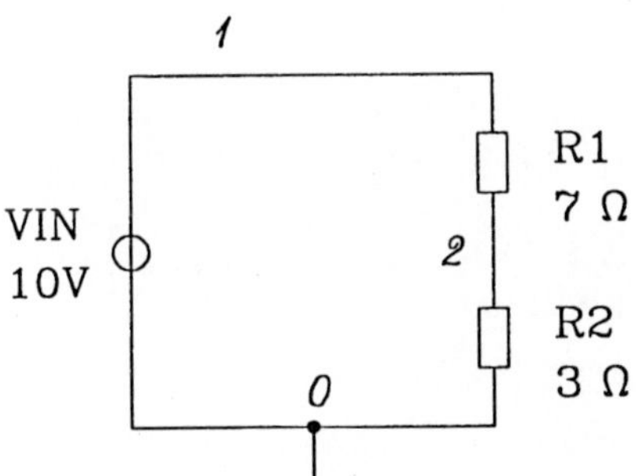

Bild 1.1
Spannungsteilerschaltung

Die Spannungsteilerschaltung besteht aus zwei Widerständen `R1` und `R2` und einer Spannungsquelle `VIN`. Die dazugehörige Schaltungsbeschreibung würde dann so aussehen, wie das in Bild 1.2 gezeigt ist.

```
SPANNUNGSTEILERSCHALTUNG

VIN   1  0  10VOLT
R1    1  2  7OHM
R2    2  0  3OHM
.END
```

Bild 1.2 Schaltungsbeschreibung eines Spannungsteilers

Dabei bedeuten:

1. Zeile Titelanweisung

2. Zeile Spannungsquelle `VIN` von Knoten 1 zu Knoten 0 mit einer Spannung von 10 Volt (die Buchstaben nach den Zahlen werden generell ignoriert. Ausnahme: wenn die Zeichenkette nach der Zahl mit `T`, `G`, `MEG`, `K`, `M`, `U`, `N`, `P`, `F` und `MIL` beginnt, so bezeichnen diese einen Skalierungsfaktor!).

3. Zeile Widerstand `R1` von Knoten 1 nach Knoten 2 mit einem Widerstandswert von 7 Ω. Die Angabe `OHM` wird als Kommentar von SPICE ignoriert (Ausnahme siehe oben).

4. Zeile Widerstand `R2` von Knoten 2 nach Knoten 0 mit einem Widerstandswert von 3 Ω. Die Angabe `OHM` wird als Kommentar von SPICE ignoriert (Ausnahme siehe oben).

5. Zeile Endeanweisung

Das Ergebnis der Simulation ist in Bild 1.3 gezeigt.

```
**** 04/15/91 **** Evaluation PSpice (July 1990) **** 23:01:57
SPANNUNGSTEILERSCHALTUNG
**** CIRCUIT DESCRIPTION ***********************************

VIN       1  0   10VOLT
R1        1  2   7OHM
R2        2  0   3OHM
.END

*** 04/15/91 *** Evaluation PSpice (July 1990) ***  23:01:57
SPANNUNGSTEILERSCHALTUNG
**** SMALL SIGNAL BIAS SOLUTION      TEMPERATURE = 27.000 DEG C
***********************************************************
NODE VOLTAGE NODE VOLTAGE NODE VOLTAGE NODE VOLTAGE
( 1) 10.0000 ( 2) 3.0000
     VOLTAGE SOURCE CURRENTS
     Name           CURRENT
     VIN            -1.000E+00

     TOTAL POWER DISSIPATION   1.00E+01  WATTS
        JOB CONCLUDED
        TOTAL JOB TIME    4.12
```

Bild 1.3 Ergebnis der Simulation der Spannungsteilerschaltung

PSPICE listet als erstes die Schaltungsbeschreibung (`CIRCUIT DESCRIPTION`) auf. Diese wird gefolgt von den Ergebnissen der Berechnung des Kleinsignalarbeitspunktes (`SMALL SIGNAL BIAS SOLUTION`). Hier findet man die Spannung aller Knoten (`NODE VOLTAGE`), die Ströme aller Spannungsquellen (`VOLTAGE SOURCE CURRENTS`), die gesamte Verlustleistung der Schaltung (`TOTAL POWER DISSIPATION`) und die Gesamtzeit der Berechnung (`TOTAL JOB TIME`).

2 Erstellung einer „Circuit"-Datei

Wie oben erwähnt, enthält die „Circuit"-Datei die vollständige Beschreibung der zu simulierenden Schaltung, die Art und Spezifikation der zur Anwendung kommenden Analysen und die zur Auswertung der Simulation benötigten Anweisungen. Bei der Erstellung dieser „Circuit"-Datei sind die nun folgenden Regeln zu beachten.

- Die erste Zeile einer „Circuit"-Datei wird immer als Titel-Anweisung interpretiert.
- Die letzte Zeile muß eine „.END"-Anweisung enthalten. Zeilen, die mit „*" beginnen, werden als Kommentarzeilen gewertet. Leerzeilen werden ignoriert.
- Zeilen, die mit „+" beginnen, bezeichnen Fortsetzungszeilen.
- Innerhalb der Datei kann bis auf Titelzeile und .END-Anweisung die Reihenfolge der Anweisungen beliebig sein (Ausnahme: die Wirkung der Option NOECHO bei der .OPTIONS-Anweisung bezieht sich nur auf die nachfolgenden Zeilen in der „Circuit"-Datei, siehe Kapitel 5).
- Es wird kein Unterschied zwischen Groß- und Kleinschreibung gemacht.
- Leerzeichen, Tabulatorstopps (<TAB>-Zeichen) und Kommata sind äquivalent und dienen als Trennzeichen.
- Mehrere Schaltungen (beginnend mit Titelzeile und endend mit der .END-Anweisung) können in einer Datei sein. PSPICE arbeitet sie in der aufgeführten Reihenfolge ab.
- Namen müssen mit einem Buchstaben beginnen, die dann folgenden Zeichen können auch Zahlen oder die Zeichen $, _, *, / und % sein. Namen können bis zu 131 Zeichen lang sein, aber PSPICE empfiehlt, die Länge auf 8 Zeichen zu begrenzen.
- Knoten können mit Namen versehen werden. Es ist aber zu beachten, daß dort, wo eine Verwechslung mit Bauteilnamen möglich ist, die Knotennamen in eckige Klammern gesetzt werden müssen. Enthält eine „Circuit"-Datei z.B. den Widerstand RLOAD und einen Knotennamen RLOAD, bedeutet der Ausdruck V(RLOAD) die Spannung über dem Widerstand RLOAD und V([RLOAD]) die Spannung am Knoten RLOAD.
- Es können globale Knoten vereinbart werden. Wie später gezeigt wird, lassen sich Unterschaltkreise (Subcircuits) definieren, deren Knotennamen bzw. -nummern völlig unabhängig von der Hauptschaltung sind. Unter globalen Knoten versteht man Knoten, die in der Hauptschaltung und in den Unterschaltungen identisch sind. Globale Knoten beginnen immer mit $G_.
- Teile einer Schaltungsbeschreibung, die in einer separaten Datei gespeichert sind, können mit .INC <"file name"> in die „Circuit"-Datei hinzugebunden werden.

2.1 Umsetzung eines Schaltplanes

Bei der Umsetzung eines Schaltplanes in eine „Circuit“-Datei ist zu beachten, daß Elemente wie Spannungs- und Stromquellen, Induktivitäten und Kapazitäten als ideale Elemente simuliert werden und es dadurch zu Problemen kommen kann. So lautet eine Bedingung, daß von allen Knoten ein Gleichstromweg mit einem endlichen Widerstand zum Bezugsknoten 0 führen muß. Ist ein Schaltungsknoten z.B. nur über Kondensatoren angekoppelt, so wird diese Bedingung verletzt, da der ideale Kondensator einen unendlich hohen Gleichstromwiderstand besitzt und der Knoten somit von der restlichen Schaltung isoliert ist. PSPICE meldet sich in solch einem Falle mit `No DC path to node ...`, um das Problem anzuzeigen. Abhilfe schafft hier ein hochohmiger Widerstand zwischen dem isolierten Knoten und Knoten 0.

Eine weitere Bedingung lautet, daß keine Maschen vorhanden sein dürfen, deren gesamter Gleichstromwiderstand gleich Null ist. Da Induktivitäten als ideale Induktivitäten simuliert werden, wirkt auch die Gegeninduktivität als ideale Spannungsquelle. Man muß also aufpassen, damit durch Verschalten von Induktivitäten keine Spannungsquellen parallel geschaltet werden. Das hätte sonst unendlich hohe Ströme zu Folge, was nicht zulässig ist. Abhilfe schafft ein niederohmiger Widerstand, der in Serie zur Induktivität oder Spannungsquelle zu schalten ist. Bild 2.1 zeigt eine Reihe von verbotenen Schaltungsanordnungen.

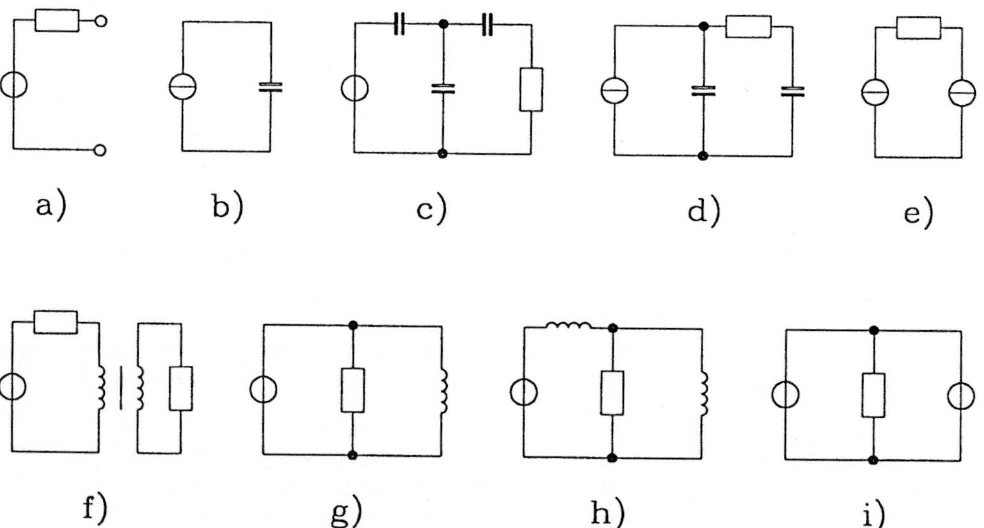

Bild 2.1 Beispiele nichtzulässiger Schaltungen

a) - f): kein Gleichstrompfad zum Knoten 0
g) - i): Masche mit Gleichstromwiderstand 0

2.1.1 Schaltelemente

Jedes Bauteil in der Schaltung wird in der „Circuit“-Datei durch eine Zeile repräsentiert, die nicht mit einem Punkt („ . “) beginnt. Diese Zeilen haben alle ein ähnliches Format. Sie beginnen mit dem Bauteilenamen, gefolgt von zwei oder mehreren Knoten, gefolgt von einem Modellnamen (nicht alle Bauteile haben dies) und gefolgt von keinem oder mehreren Bauelementwerten. Der erste Buchstabe eines Bauteils bestimmt, um welche Art von Bauteil es sich handelt. So werden beispielsweise Widerstände mit R und Bipolartransistoren mit Q gekennzeichnet. Die Art des Bauteils bestimmt dann die Anzahl der anzugebenden Knoten, ob ein Modellname erforderlich ist und welche Bauelementwerte angegeben werden müssen.

Die Werte für die Bauelemente können in der bei Programmiersprachen üblichen Notation eingegeben werden (z.B. 1, 1., 1.0, -1.0, 1E2, 1.21E-5). Zusätzlich erlauben Skalierungsfaktoren, die direkt im Anschluß an die Zahlen folgen müssen, eine bequeme Spezifikation des Bauelementes. Diese Skalierungsfaktoren sind:

F = 10^{-15}
P = 10^{-12}
N = 10^{-9}
U = 10^{-6}
MIL = $25{,}4 \cdot 10^{-6}$
M = 10^{-3}
K = 10^{+3}
MEG = 10^{+6}
G = 10^{+9}
T = 10^{+12}

PSPICE ignoriert außer diesen Skalierungsfaktoren alles, was hinter den Bauelementwerten steht. Werden die Bauelementwerte mit Einheiten versehen, so ist das für PSPICE völlig belanglos.

Die Angabe der Bauelementwerte kann auch von Parametern abhängig gemacht werden. Man benutzt dann anstatt eines Bauelementwertes den Parameternamen in geschweiften Klammern. Mit Hilfe der .PARAM-Anweisung läßt sich dem Parameternamen ein bestimmter Wert zuweisen. So bedeutet

```
VCC  10  0  {VSUPPLY}
VEE  11  0  {-VSUPPLY}
```

daß die Betriebsspannung VCC und VEE vom Parameter VSUPPLY abhängig sind. Mit der Anweisung

```
.PARAM VSUPPLY=15
```

wird die Versorgungsspannung auf ± 15 V eingestellt.

Bauelementwerte können auch in Form eines arithmetischen Ausdrucks (eingeschlossen in geschweiften Klammern) angegeben werden, der seinerseits Parameter enthalten kann. Neben den Operatoren + , -, * und / sind folgende Funktionen erlaubt:

`ABS(x)`	Absolutwert von x
`SQRT(x)`	Quadratwurzel von x
`EXP(x)`	e-Funktion von x
`LOG(x)`	natürlicher Logarithmus von x
`LOG10(x)`	10er Logarithmus von x
`PWR(x,y)`	$\lvert x \rvert$ hoch y
`PWRS(x,y)`	+ $\lvert x \rvert$ hoch y (x > 0), – $\lvert x \rvert$ hoch y (x < 0)
`SIN(x)`	Sinus von x (x im Bogenmaß)
`COS(x)`	Kosinus von x (x im Bogenmaß)
`TAN(x)`	Tangens von x (x im Bogenmaß)
`ATAN(x)`	Arcustangens von x (Resultat im Bogenmaß)
`ARCTAN(x)`	Arcustangens von x (Resultat im Bogenmaß)
`TABLE(x,x1,y1,...)`	y = f(x): die Funktion wird durch die Punkte x1, y1 ... xn, yn beschrieben
`LIMIT(x,min,max)`	min, wenn x < min; max, wenn x > max; x, wenn min < x < max

Arithmetische Ausdrücke müssen in **eine** Zeile passen. Falls im Einzelfall der arithmetische Ausdruck zu groß wird, kann man sich über die `.FUNC`-Anweisung eigene Funktionen zusammenstellen (z.B. in Form von geeigneten Teilfunktionen), die dann in dem jeweiligen arithmetischen Ausdruck verwendet werden können. Die Vereinbarung von Funktionen geschieht nach folgender Syntax:

```
FUNC <name> [(<arg>)] <(body)>
```

Beispiele:

```
.FUNC E(x) exp(x)
.FUNC Sinh(x) (E(x)-E(-x))/2
.FUNC F() 1/(6.28*sqrt(L*C))
```

Im Gegensatz zu den sonst üblichen Konventionen, muß die Deklaration einer Funktion vor dem ersten Aufruf einer Funktion geschehen. Der Funktionsname darf nicht den Namen einer bestehenden eingebauten Funktion (z.B. `sin`) tragen. Die Definition der Funktion muß in eine Zeile passen und kann zuvor definierte Funktionen benutzen (siehe 2. Beispiel). Bis zu 10 Argumente können an die Funktion übergeben werden. Die Anzahl der Argumente beim Aufruf muß mit der Anzahl bei der Definition übereinstimmen. Wenn kein Argument benutzt wird, sind trotzdem die Klammern notwendig (siehe 3. Beispiel).

Zu den Bauelementen gehören

- Passive Bauelemente
- Halbleiterbauelemente
- Spannungs- und Stromquellen (unabhängige und gesteuerte)
- Schalter und digitale Bauelemente

Die Spannungs- und Stromquellen werden im Kapitel 4 ausführlich behandelt. Auf die digitalen Bauelemente soll in Kapitel 7 näher eingegangen werden. Zu den passiven Bauelementen gehören Widerstände, Kapazitäten, Induktivitäten, Kopplung von Induktivitäten und Übertragungsleitungen. Die unterstützten Halbleiterbauelemente sind Dioden, Bipolartransistoren und Feldeffekttransistoren (JFET, MOSFET, GaAsFET). Als Schalterelemente stehen stromgesteuerte und spannungsgesteuerte Schalter zu Verfügung.

Kapazität

```
C<name> <+ node> <- node> [<model name>] <value>
+ [IC=<initial value>]
```

`<name>` bezeichnet den Namen des Bauelements z.B. `CLOAD`. `<+node>` bzw. `<-node>` geben die beiden Knoten an, an denen das Bauelement angeschlossen ist. Positive Ströme fließen von `<+node>` durch den Kondensator zum `<-node>`.

`[<model name>]` ist optional und bezeichnet ein Modell (siehe Kapitel 2.1.2). Mit `<value>` wird der Kapazitätswert angegeben. Dieser Wert ist üblicherweise positiv, aber PSPICE erlaubt auch negative Werte. Bei negativen Werten kann aber die Analyse im Zeitbereich Probleme haben. Bauelementwerte dürfen niemals Null sein. `[IC = <initial value>]` erlaubt es, einen Startwert für die Spannung über dem Kondensator anzugeben, um die Ermittlung des Arbeitspunktes zu erleichtern.

Beispiele:

```
C1      1       0       2.2n
```

Der Kondensator C1 liegt an den Knoten 1 und 0 und hat einen Wert von 2.2nF.

```
COSZI   3       7       MOD_C   33pF    IC=-3.1
```

Der Kondensator `COSZI` wird durch das Modell `MOD_C` beschrieben. Zu Beginn der Analyse liegt an ihm eine Spannung von –3.1 V (von Knoten 3 nach 7).

Induktivität

```
L<name> <+ node> <- node> [<model name>] <value>
+ [IC=<initial value>]
```

Die Bedeutung der einzelnen Terme ist dieselbe wie bei der Kapazität, nur `<initial value>` ist hier ein Strom und keine Spannung.

Beispiele:

```
L1      S1      S2      10u
```

Zwischen den Knoten `S1` und `S2` liegt die Induktivität `L1` mit einem Wert von 10 µH.

```
LOSZI   100     101     MOD_L   1.2nH   IC=2uA
```

Die Induktivität LOSZI zwischen den Knoten 100 und 101 wird durch das Modell MOD_L beschrieben. Zu Beginn der Analyse fließt ein Strom von 2 μA durch das Bauelement.

Widerstand

```
R<name> <+ node> <- node> [<model name>] <value>
+ [TC= <TC1> [, <TC2>]]
```

Bis auf den letzten Term stimmt die Bedeutung der Terme mit denen der vorangegangenen Bauelemente überein. [TC= <TC1> [, <TC2>]] erlaubt die optionale Angabe eines linearen Temperaturkoeffizienten (TC1) und eines quadratischen Temperaturkoeffizienten (TC2).

Beispiele:

```
R1      IN      OUT     180
```

Zwischen den Knoten IN und OUT liegt der Widerstand R1 mit einem Wert von 180 Ω.

```
RT   11   21   4.7E3   TC=0.02
```

Der Widerstand RT hat einen linearen Temperaturkoeffizienten von 0.02/°C.

Kopplung zwischen Induktivitäten / Übertragungsleitungen

```
K<name> L<inductor name>
+ <coupling value> [<model name>] [<size value>]
K<name> T<transmission line name> T<transmission line name>
+ Cm=<capacitive coupling> Lm=<inductive coupling>
```

PSPICE erlaubt mit diesem Bauelement die Verkopplung von Induktivitäten bzw. Übertragungsleitungen. Die Anzahl der zu verkoppelnden Induktivitäten (L<inductor name>) ist beliebig, die der Übertragungsleitungen ist auf 2 beschränkt. <coupling value> gibt den Grad der Kopplung an und muß größer als 0 und kleiner als 1 sein. Wenn ein Modellname angegeben wird, dann werden aus den verkoppelten Induktivitäten nichtlineare magnetische Bauelemente, und <value> aus der Bauelementanweisung der Induktivität gibt jetzt die Windungszahl an. Mit [<size value>] kann der magnetische Querschnitt skaliert werden.

Die Kopplung zweier Übertragungsleitungen erfordert den kapazitiven und induktiven Koppelparameter Cm und Lm. Sie geben die Nebendiagonalelemente der kapazitiven bzw. induktiven symmetrischen Koppelmatrix an.

Beispiel:

```
L1      1       2       10u
L2      3       4       20u
K12     L1      L2      .999
```

Die Induktivitäten L1 und L2 werden miteinander gekoppelt. Der Kopplungsfaktor beträgt 0.999.

Übertragungsleitung

```
T<name> <Aport + node> <Aport - node> <Bport + node>
+ <Bport - node> + [<model name>] Z0=<value> [TD=<value>]
+ [F=<value> [NL=<value>]].

T<name> <Aport + node> <Aport - node> <Bport + node>
+ <Bport - node> [<model name> [<electrical length value>]]
+ LEN=<value> R=<value> L=<value> G=<value> C=<value>.
```

Die Übertragungsleitung ist eine bidirektionale Verzögerungsleitung, die sowohl verlustlos (erste Form) als auch verlustbehaftet (zweite Form) beschrieben werden kann. Sie hat zwei Tore (Aport, Bport). Die (+) und (−) Knoten definieren die Polarität am jeweiligen Tor. Im Falle einer verlustlosen Leitung ist Z0 die charakteristische Impedanz. Die Länge der Leitung l kann entweder über die Verzögerungszeit TD angegeben werden oder über die auf die Wellenlänge bezogene Leitungslänge NL bei der Frequenz F (NL = l · F/c). NL hat einen Default-Wert von 0.25, d.h. F ist die Viertelwellenfrequenz. Obwohl TD und F als optional angegeben sind, so muß doch eines von beiden spezifiziert werden. Zwischen den drei Größen gilt der Zusammenhang TD = NL/F.

Bei einer verlustbehafteten Leitung gibt LEN die elektrische Länge an. R, L, G und C geben die auf die Längeneinheit bezogenen Werte für Widerstand, Induktivität, Leitwert und Kapazität an.

Beispiele:

```
T1   1   2   3   4   Z0=50    TD=75n
```
Die Leitung hat einen Wellenwiderstand von 50 Ω und eine Länge von 22.5 m.

```
T2   1   2   3   4   Z0=120   F=1GHz
```
Die Länge der Leitung beträgt 7.5 cm.

Diode

```
D<name> <+ node> <- node> <model name> [<area value>]
```

Der (+)-Knoten ist die Anode und der (−)-Knoten die Kathode. Positiver Strom fließt von der Anode durch die Diode zur Kathode. [<area value>] skaliert einige Modellparameter, um für einen Halbleiterprozeß unterschiedlich große Dioden mit einem Modell charakterisieren zu können.

Beispiel:

```
D1   10   6   MOD_D
```

Die Anode von D1 liegt an Knoten 10, die Kathode an Knoten 6. Die Diode wird durch das Modell MOD_D beschrieben.

Bipolartransistor

```
Q<name> <collector node> <base node> <emitter node>
+ [<substrate node>] <model name> [<area value>]
```

Die Angabe des Substratknotens ist optional. Standardmäßig wird das Substrat mit dem Knoten 0 verbunden.

Beispiel:

```
QA   4  6  OUT  BC107
```

Der Kollektor liegt an Knoten 4, die Basis an Knoten 6 und der Emitter an Knoten `OUT`. Der Transistor hat keinen Substratanschluß und ist durch das Modell `BC107` definiert.

Sperrschichtfeldeffekttransistor (JFET)

```
J<name> <drain node> <gate node> <source node>
+ <model name> [<area value>]
```

Gallium-Arsenid-Feldeffekttransistor

```
B<name> <drain node> <gate node> <source node>
+ <model name> [<area value>]
```

Metalloxid-Feldeffekttransistor (MOSFET)

```
M<name> <drain node> <gate node> <source node>
+ <bulk/substrate node> <model name>
+ [L=<value>] [W=<value>] [AD=<value>] [AS=<value>]
+ [PD=<value>] [PS=<value>] [NRD=<value>] [NRS=<value>]
+ [NRG=<value>] [NRB=<value>] [M=<value>]
```

`L` und `W` sind die Kanallänge bzw. Kanalbreite. `AD` und `AS` sind die Drain- bzw. Sourcediffusionsflächen. `PD` und `PS` sind die Drain- bzw. Sourcediffusionsumfänge. `NRD`, `NRS`, `NRG` und `NRB` sind die Flächenfaktoren von Drain, Source, Gate und Substrat zur Berechnung der zugehörigen Bahnwiderstände. `M` ist der Bauteilmultiplikator, der den Effekt von `M` parallel geschalteten MOSFETs simuliert.

Beispiel:

```
M5  3  13  23  1  PTYP  L=10u  W=30u  AD=9E-10  AS=9E-10
```

Der MOSFET, definiert durch das Modell `PTYP`, hat eine Kanallänge von 10 μm und eine Weite von 30 μm. Die Drain- und Sourcediffusionsflächen sind jeweils 0.9 nm^2 groß.

Spannungsgesteuerter Schalter

```
S<name> <+ switch node> <- switch node> <+ controlling node>
+ <- controlling node> <model name>
```

`<+ switch node>` und `<- switch node>` geben den Ausgang des Schalters an. Mit den Knoten `<+ controlling node>` und `<- controlling node>` wird er an- und ausgeschaltet. Die ON- und OFF-Widerstände des Ausgangs und die Kontrollspannungen werden durch das anzugebende Modell definiert.

Stromgesteuerter Schalter

```
W<name> <+ switch node> <- switch node>
+ <controlling V device name> <model name>
```

Die Bedeutung der einzelnen Terme ist die gleiche wie beim spannungsgesteuerten Schalter. Zur Steuerung wird jedoch ein Strom durch eine Spannungsquelle verwendet.

2.1.2 Modelle

Manche Bauelemente erlauben bzw. benötigen Modellnamen. Mit der Angabe eines Modells hat man die Möglichkeit, in einmaliger Form identische Parameter für eine Gruppe von Bauelementen zu definieren.

Da Modelldefinitionen recht umfangreich und vielfältig sein können, faßt man sie zweckmäßig in einer Bibliothek zusammen. Mit der Anweisung `.LIB [<file name>]` kann man auf die Bibliothek verweisen. Wird bei der `.LIB`-Anweisung der Dateiname weggelassen, so wird automatisch nach der Bibliothek `NOM.LIB` gesucht und deren Inhalt genommen.

Eine Modellbeschreibung sieht wie folgt aus:

```
.MODEL <model  name> [AKO: <reference model name>]
+ <type  name> ([<parameter  name> = <value>], ..])
```

`<model name>` gibt den Namen des Modells an, das beschrieben werden soll. `<type name>` ist der Bauteiltyp und muß eine der folgenden Bezeichnungen sein:

CAP	Kapazität
IND	Induktivität
RES	Widerstand
D	Diode
NPN	NPN-Bipolartransistor
PNP	PNP-Bipolartransistor
LPNP	lateraler PNP-Bipolartransistor
NJF	N-Kanal Sperrschichtfeldeffekttransistor
PJF	P-Kanal Sperrschichtfeldeffekttransistor
NMOS	N-Kanal MOSFET
PMOS	P-Kanal MOSFET
GASFET	N-Kanal GaAs-Feldeffekttransistor
CORE	nichtlineare, induktive Kopplung
TRN	Übertragungsleitung
VSWITCH	spannungsgesteuerter Schalter
ISWITCH	stromgesteuerter Schalter

Dem Bauteiltyp folgt eine elementspezifische Parameterliste, die unvollständig sein kann. Fehlende Parameter werden durch Default-Werte besetzt. Mittels `[AKO: <reference model name>]` (AKO: **A Kind Of**) ist es möglich, nur einige wenige

Parameter eines bestehenden Modells zu modifizieren. Alle übrigen Modellparameter erhalten die Werte des Referenzmodells. Nicht alle Bauelemente müssen durch ein Modell beschrieben werden. Es sollen daher zuerst diese Modelle aufgeführt werden.

Kapazität

Parameter	*Bedeutung*	*Einheit*	*Default*
C	Multiplikator des Kapazitätswertes		1
VC1	linearer Spannungskoeffizient	V^{-1}	0
VC2	quadratischer Spannungskoeffizient	V^{-2}	0
TC1	linearer Temperaturkoeffizient	$°C^{-1}$	0
TC2	quadratischer Temperaturkoeffizient	$°C^{-2}$	0
T_MEASURED	Meßtemperatur	°C	
T_ABS	absolute Temperatur	°C	
T_REL_GLOBAL	relativ zur momentanen Temperatur	°C	
T_MEASURED	relativ zu AKO-Modell-Temperatur	°C	

Der Wert der Kapazität wird bei Angabe eines Modells berechnet aus:

$\text{<value>}\cdot C\cdot(1+VC1\cdot U+VC2\cdot U^2)\cdot(1+TC1\cdot(T-Tnom)+TC2\cdot(T-Tnom)^2)$.

Tnom ist die Nenn-Temperatur und kann über die .OPTIONS-Anweisung gesetzt werden.

Induktivität

Parameter	*Bedeutung*	*Einheit*	*Default*
L	Multiplikator des Induktivitätswertes		1
IL1	linearer Stromkoeffizient	A^{-1}	0
IL2	quadratischer Stromkoeffizient	A^{-2}	0
TC1	linearer Temperaturkoeffizient	$°C^{-1}$	0
TC2	quadratischer Temperaturkoeffizient	$°C^{-2}$	0
T_MEASURED	Meßtemperatur	°C	
T_ABS	absolute Temperatur	°C	
T_REL_GLOBAL	relativ zur momentanen Temperatur	°C	
T_MEASURED	relativ zu AKO-Modell-Temperatur	°C	

Der Wert der Induktivität wird in ähnlicher Weise wie bei der Kapazität berechnet.

$\text{<value>}\cdot L\cdot(1+IL1\cdot I+IL2\cdot I^2)\cdot(1+TC1\cdot(T-Tnom)+TC2\cdot(T-Tnom)^2)$.

Widerstand

Parameter	*Bedeutung*	*Einheit*	*Default*
R	Multiplikator des Widerstandswertes		1
TC1	linearer Temperaturkoeffizient	$°C^{-1}$	0
TC2	quadratischer Temperaturkoeffizient	$°C^{-2}$	0
TCE	expontentieller Temperaturkoeffizient	%/°C	0
T_MEASURED	Meßtemperatur	°C	
T_ABS	absolute Temperatur	°C	
T_REL_GLOBAL	relativ zur momentanen Temperatur	°C	
T_MEASURED	relativ zu AKO-Modell-Temperatur	°C	

Der Widerstand ergibt sich zu

$<value>\cdot R\cdot (1+TC1\cdot (T-Tnom)+TC2\cdot (T-Tnom)^2)$.

Die Angabe von TCE schließt TC1 und TC2 aus. In diesem Fall erhält man

$<value>\cdot R\cdot 1.01^{TCE\cdot (T-Tnom)}$.

Nichtlineare, induktive Kopplung

Parameter	*Bedeutung*	*Einheit*	*Default*
LEVEL	Modellart		1
AREA	mittlerer magnetischer Querschnitt	cm^2	0.1
PATH	mittlere magnetische Weglänge	cm	1
GAP	effektive Luftspaltlänge	cm	0
PACK	Füllfaktor		1
MS	magnetische Sättigungsfeldstärke	Gauss	1E+6
ALPHA	Koppelparameter zwischen den Weißschen Bezirken (LEVEL 1)		1E-3
GAMMA	Dämpfungsparameter der Weißschen Bezirke (LEVEL 1)	s^{-1}	∞
A	thermische Energie-Konstante	A/m	1E+3
C	Biegungskonstante der Weißschen Bezirke		0.2
K	Konstante zur Beschreibung der Anisotropie der Weißschen Bezirke	A/m	500

Das Modell der nichtlinearen, induktiven Kopplung, das in PSPICE angewandt wird, basiert auf dem JILES-ATHERTON-Modell. Es soll hier nicht weiter erläutert werden.

Kopplung zwischen Übertragungsleitungen

Parameter	*Bedeutung*	*Einheit*	*Default*
Cm	kapazitive Kopplung	F/Länge	
Lm	induktive Kopplung	H/Länge	

Die Einheit der Länge muß mit dem LEN-Parameter übereinstimmen. Das Modell basiert auf der Beschreibung von TRIPATHI und RETTIG bzw. ROYCHOWDHURY und PEDERSON.

Ideale Übertragungsleitung

Parameter	*Bedeutung*	*Einheit*	*Default*
Z0	charakteristische Impedanz	Ω	
TD	Verzögerungszeit	s	
F	Frequenz für Parameter NL	Hz	
NL	relative Wellenlänge		0.25

Verlustbehaftete Übertragungsleitung

Parameter	*Bedeutung*	*Einheit*	*Default*
R	Widerstandsbelag	Ω/Länge	
L	Induktivitätsbelag	H/Länge	
G	Leitwertsbelag	S/Länge	
C	Kapazitätsbelag	F/Länge	
LEN	elektrische Länge	passend zu R, L, G, C	

Es folgen nun die Parameterlisten der Bauelemente, die eine Modellbeschreibung benötigen.

Diode

Parameter	*Bedeutung*	*Einheit*	*Default*
IS	Sperrsättigungsstrom	A	1E-14
N	Emissionskoeffizient		1
ISR	Rekombinationsstromparameter	A	0
NR	Emissionskoeffizient für ISR		2
IKF	Kniespannung bei hoher Injektion	A	∞
BV	Durchbruchspannung	V	∞
IBV	Strom bei Durchbruchspannung	A	1E-10
NBV	Durchbruchfaktor		1
IBVL	Schwachstrom bei Durchbruchspannung	A	0
NBVL	Durchbruchfaktor bei Schwachstrom		1
RS	Bahnwiderstand	Ω	0
TT	Minoritätsträgerlebensdauer	s	0
CJO	Sperrschichtkapazität bei 0V	F	0
VJ	Diffusionsspannung	V	1
M	Gradationsexponent		0.5
FC	Koeffizient für Kapazität im Durchlaßbereich		0.5
EG	Bandabstandsspannung des Halbleiters	eV	1.11
XTI	Temperaturexponent von IS		3

TIKF	linearer Temperaturkoeffizient von IKF	$°C^{-1}$	0
TBV1	linearer Temperaturkoeffizient von BV	$°C^{-1}$	0
TBV2	quadratischer Temperaturkoeffizient von BV	$°C^{-2}$	0
TRS1	linearer Temperaturkoeffizient von RS	$°C^{-1}$	0
TRS2	quadratischer Temperaturkoeffizient von RS	$°C^{-2}$	0
KF	Funkelrauschkoeffizient		0
AF	Funkelrauschexponent		1
T_MEASURED	Meßtemperatur	°C	
T_ABS	absolute Temperatur	°C	
T_REL_GLOBAL	relativ zur momentanen Temperatur	°C	
T_MEASURED	relativ zu AKO-Modell-Temperatur	°C	

Bipolartransistor (NPN, PNP, LPNP)

Parameter	*Bedeutung*	*Einheit*	*Default*
IS	Transport-Sättigungsstrom	A	1E-16
BF	ideale maximale Vorwärtsstromverstärkung		100
NF	Vorwärtsstrom-Emissionskoeffizient		1
VAF	Vorwärts-Earlyspannung	V	∞
IKF	oberer Knickstrom der Vorwärtsstrom-verstärkung	A	∞
ISE	Basis-Emitter-Lecksättigungsstrom	A	0
NE	Basis-Emitter-Leckemissionskoeffizient		1.5
BR	ideale maximale Rückwärtsstromverstärkung		1
NR	Rückwärtsstrom-Emissionskoeffizient		1
VAR	Rückwärts-Earlyspannung	V	∞
IKR	oberer Knickstrom der Rückwärtsstrom-verstärkung	A	∞
ISC	Basis-Kollektor-Lecksättigungsstrom	A	0
NC	Basis-Kollektor-Leckemissionskoeffizient		2
NK	Koeffizient für oberen Knickstrom		0.5
ISS	Substrat-Sättigungsstrom	A	0
NS	Substrat-Emissionskoeffizient		1
RE	Emitter-Bahnwiderstand	Ω	0
RB	Basis-Bahnwiderstand bei 0V	Ω	0
RBM	minimaler Basis-Bahnwiderstand bei hohem Strom	Ω	RB
IRB	oberer Knickstrom des Basis-Bahnwiderstand	A	∞
RC	Kollektor-Bahnwiderstand	Ω	0
CJE	Basis-Emitter-Kapazität bei 0V	F	0
VJE	Basis-Emitter-Diffusionsspannung	V	0.75
MJE	Basis-Emitter-Gradationsexponent		0.33
CJC	Basis-Kollektor-Kapazität bei 0V	F	0
VJC	Basis-Kollektor-Diffusionsspannung	V	0.75
MJC	Basis-Kollektor-Gradationsexponent		0.33

XCJC	Teil von Cbc, verbunden mit RB		1
CJS	Kollektor-Substrat-Kapazität bei 0V	F	0
VJS	Kollektor-Substrat-Diffusionsspannung	V	0.75
MJS	Kollektor-Substrat-Gradationsexponent		0
FC	Koeffizient für Kapazität im Durchlaßbereich		0.5
TF	ideale Vorwärts-Transitzeit	s	0
XTF	Vorspannungskoeffizient für TF		0
VTF	Basis-Kollektor-Spannungskoeffizient für TF	V	∞
ITF	Kollektorstromkoeffizient für TF	A	0
PTF	Zusatzphase bei Transitfrequenz	°	0
TR	ideale Rückwärts-Transitzeit	s	0
QCO	Ladungsfaktor der Epitaxieschicht	C	0
RCO	Widerstand der Epitaxieschicht	Ω	0
VO	Kniespannung der Ladungsträgerbeweglichkeit	V	10
GAMMA	Dotierungsfaktor der Epitaxieschicht		1E-11
EG	Bandabstand des Halbleiters	eV	1.11
XTB	Temperaturkoeffizient der Stromverstärkungen		0
XTI	Temperaturexponent von IS		3
TRE1	linearer Temperaturkoeffizient von RE	$°C^{-1}$	0
TRE2	quadratischer Temperaturkoeffizient von RE	$°C^{-2}$	0
TRB1	linearer Temperaturkoeffizient von RB	$°C^{-1}$	0
TRB2	quadratischer Temperaturkoeffizient von RB	$°C^{-2}$	0
TRM1	linearer Temperaturkoeffizient von RBM	$°C^{-1}$	0
TRM2	quadratischer Temperaturkoeffizient von RBM	$°C^{-2}$	0
TRC1	linearer Temperaturkoeffizient von RC	$°C^{-1}$	0
TRC2	quadratischer Temperaturkoeffizient von RC	$°C^{-2}$	0
KF	Funkelrauschkoeffizient		0
AF	Funkelrauschexponent		1
T_MEASURED	Meßtemperatur	°C	
T_ABS	absolute Temperatur	°C	
T_REL_GLOBAL	relativ zur momentanen Temperatur	°C	
T_MEASURED	relativ zu AKO-Modell-Temperatur	°C	

Sperrschichtfeldeffekttransistor

Parameter	*Bedeutung*	*Einheit*	*Default*
VTO	Schwellspannung	V	-2
BETA	Übertragungsleitwert-Koeffizient	A/V^2	1E-4
LAMBDA	Kanallängenmodulationsparameter	V^{-1}	0
IS	Gate-Sperrsättigungsstrom	A	1E-14
N	Gate-Emissionskoeffizient		1
ISR	Gate-Rekombinationsstromparameter	A	0
NR	Emissionskoeffizient von ISR		2
ALPHA	Ionisierungskoeffizient	V^{-1}	0
VK	Ionisierungs-Kniespannung	V	0
RD	Drain-Bahnwiderstand	Ω	0

RS	Source-Bahnwiderstand	Ω	0
CGD	Gate-Drain-Kapazität bei 0V	F	0
CGS	Gate-Source-Kapazität bei 0V	F	0
M	Gate-Gradationsexponent		0.5
PB	Gate-Diffusionsspannung	V	1
FC	Koeffizient für Kapazität im Durchlaßbereich		0.5
VTOTC	Temperaturkoeffizient von VTO	V/°C	0
BETATCE	exponentieller Temperaturkoeffizient von BETA	%/°C	0
XTI	Temperaturexponent von IS		3
KF	Funkelrauschkoeffizient		0
AF	Funkelrauschexponent		1
T_MEASURED	Meßtemperatur	°C	
T_ABS	absolute Temperatur	°C	
T_REL_GLOBAL	relativ zur momentanen Temperatur	°C	
T_MEASURED	relativ zu AKO-Modell-Temperatur	°C	

Metalloxid-Feldeffekttransistor (MOSFET)

Der MOSFET kann durch vier verschiedene Modelle beschrieben werden. Die Wahl wird durch den Parameter LEVEL festgelegt.

LEVEL 1 benutzt das SHICHMAN-HODGES Modell,
LEVEL 2 benutzt ein geometriebasierendes, analytisches Modell,
LEVEL 3 benutzt ein halb-empirisches Modell für Kurzkanaltransistoren,
LEVEL 4 benutzt das BSIM Modell.

Alle vier Modelle enthalten die folgenden Parameter:

Parameter	*Bedeutung*	*Einheit*	*Default*
LEVEL	Modellart		1
L	Kanallänge	m	DEFL
W	Kanalweite	m	DEFW
RD	Drain-Bahnwiderstand	Ω	0
RS	Source-Bahnwiderstand	Ω	0
RG	Gate-Bahnwiderstand	Ω	0
RB	Substrat-Bahnwiderstand	Ω	0
RDS	Drain-Source-Parallelwiderstand	Ω	∞
RSH	Drain- und Source-Diffusionsflächen-widerstand	Ω/square	0
IS	Substrat-Sperrsättigungsstrom	A	1E-14
JS	Substrat-Sperrsättigungsstromdichte	A/m^2	0
JSSW	Substrat-Sperrsättigungsstrom pro Länge der Seitenwände	A/m	0
N	Substrat-Emissionskoeffizient		1
PB	Substrat-Diffusionsspannung	V	0.8
PBSW	Substrat-Diffusionsspannung der Seitenwände	V	PB

CBD	Substrat-Drain-Kapazität bei 0V	F	0
CBS	Substrat-Source-Kapazität bei 0V	F	0
CJ	Substratbodenkapazität pro Sperrschichtfläche bei 0V	F/m^2	0
CJSW	Substratseitenwandkapazität pro Sperrschichtumfang	F/m	3
MJ	Substratboden-Sperrschicht-Gradationsexponent		0.5
MJSW	Substratseitenwand-Sperrschicht Gradationsexponent		0.33
FC	Koeffizient für Kapazität im Durchlaßbereich		0.5
TT	Substrat-Transitzeit	s	0
CGSO	Gate-Source-Überlappungskapazität pro Kanalweite	F/m	0
CGDO	Gate-Drain-Überlappungskapazität pro Kanalweite	F/m	0
CGBO	Gate-Substrat-Überlappungskapazität pro Kanallänge	F/m	0
KF	Funkelrauschkoeffizient		0
AF	Funkelrauschexponent		1
T_MEASURED	Meßtemperatur	°C	
T_ABS	absolute Temperatur	°C	
T_REL_GLOBAL	relativ zur momentanen Temperatur	°C	
T_MEASURED	relativ zu AKO-Modell-Temperatur	°C	

Die nun folgenden Parameter werden nur für LEVEL 1, 2 und/oder 3 verwendet.

Parameter	*Bedeutung*	*Einheit*	*Default*
LD	laterale Diffusion der Kanallänge	m	0
WD	laterale Diffusion der Kanalweite	m	0
VTO	Schwellspannung bei 0V Substratspannung	V	0
KP	Übertragungsleitwert-Koeffizient	A/V^2	2E-5
LAMBDA	Kanallängenmodulationsparameter (LEVEL 1, 2)	V^{-1}	0
PHI	Oberflächenpotential	V	0.6
GAMMA	Substrat-Schwellspannungsparameter	$V^{0.5}$	
TOX	Dicke des Gateoxids	m	1E-7
TPG	Typ des Gatematerials: +1 = anderer Typ als Substrat, −1 = gleicher Typ wie Substrat, 0 = Aluminium		+1
NSUB	Substrat-Dotierungsdichte	cm^{-3}	
NSS	Oberflächenzustandsdichte	cm^{-2}	
NFS	schnelle Oberflächenzustandsdichte	cm^{-2}	0
XJ	metallurgische Sperrschichttiefe	m	0
UO	Oberflächenbeweglichkeit	$cm^2/V \cdot s$	600

UCRIT	Krit. Feldst. für Beweglichkeitsverminderung (LEVEL 2)	V/cm	1E4
UEXP	Exponent für UCRIT (LEVEL 2)		0
VMAX	maximale Driftgeschwindigkeit	m/s	0
NEFF	Koeffizient der Kanalladung (LEVEL 2)		1
XQC	Teil der Kanalladung, die zum Drain gehört		1
DELTA	Breitenkoeffizient für Schwellspannung		0
THETA	Beweglichkeitsmodulationsparameter (LEVEL 3)	V^{-1}	0
ETA	statische Rückkopplung (LEVEL 3)		0
KAPPA	Sättigungsfeldfaktor (LEVEL 3)		0.2

Der Default-Wert für TOX gilt nur für LEVEL 2 und 3. Im LEVEL 1 ist er undefiniert.

Zur Beschreibung des LEVEL 4 Modells sind andere Parameter einzusetzen. Diese besitzen keine Default-Werte und müssen alle angegeben werden. Fehlen einige Parameter, kann es bei der Simulation zu Problemen kommen.

Parameter	*Bedeutung*	*Einheit*
DL	Kanallängenverkürzung	µm
DW	Kanalweitenverkürzung	µm
TOX	Dicke des Gateoxids	µm
VFB	Flachbandspannung	V
PHI	Oberflächenumkehrpotential	V
K1	Koeffizient für Body-Effekt	$V^{0.5}$
K2	Koeffizient zur Verteilung der Sperrschichtladung auf Drain und Source	
ETA	Koeffizient zur drainbedingten Sperrschicht-verringerung bei 0V	
X2E	Empfindlichkeit von ETA zur Substratspannung	V^{-1}
X3E	Empfindlichkeit von ETA zur Drainspannung für $U_{ds} = U_{dd}$	V^{-1}
MUZ	Beweglichkeit bei 0V	$cm^2/V\ s$
X2MZ	Empfindlichkeit von MUZ zur Substratspannung für $U_{ds} = 0V$	$cm^2/V^2\ s$
UO	Parameter für Beweglichkeitsverminderung im Transversalfeld	V^{-1}
X2UO	Empfindlichkeit von UO zur Substratspannung	V^{-2}
U1	Sättigungsgeschwindigkeit bei 0V	µm/V
X2U1	Empfindlichkeit von U1 zur Substratspannung	$µm/V^2$
X3U1	Empfindlichkeit von U1 zur Drainspannung für $U_{ds} = U_{dd}$	$µm/V^2$
MUS	Beweglichkeit bei Substratspannung = 0V und $U_{ds}=U_{dd}$	$cm^2/V^2\ s$
X2MS	Empfindlichkeit von MUS zur Substratspannung für $U_{ds} = 0V$	$cm^2/V^2\ s$
X3MS	Empfindlichkeit von MUS zur Drainspannung für $U_{ds} = U_{dd}$	$cm^2/V^2\ s$

NO	Anstieg des Subthreshold-Bereichs	
NB	Empfindlichkeit von NO zur Substratspannung	
ND	Empfindlichkeit von NO zur Drainspannung	
TEMP	Temperatur, bei der die Parameter gemessen wurden	°C
VDD	Versorgungsspannung bei den Messungen	
XPART	Parameter zur Verteilung der Gateladung auf Drain und Source in Sättigung	
WDF	vorgegebene Weite der Drain- und Source-Anschlüsse	m
DELL	Verkürzung der Drain- und Source-Anschlußlänge	m

Gallium-Arsenid-Feldeffekttransistor

Der GaAsFET kann durch drei verschiedene Modelle beschrieben werden. Die Wahl wird auch hier durch den Parameter LEVEL festgelegt.

LEVEL 1 benutzt das CURTICE-Modell,
LEVEL 2 benutzt das RAYTHEON- bzw. STATZ-Modell und
LEVEL 3 benutzt das TRIQUINT-Modell.

Parameter	*Bedeutung*	*Einheit*	*Default*
LEVEL	Modellart		1
VTO	pinch-off-Spannung	V	-2.5
ALPHA	Parameter für die Sättigungsspannung	V^{-1}	2
BETA	Übertragungsleitwert-Koeffizient	A/V^2	0.1
B	Parameter für Dotierungsausbreitung (LEVEL 2)	V^{-1}	0.3
LAMBDA	Kanallängenmodulationsparameter	V^{-1}	0
GAMMA	statischer Rückkopplungsparameter (LEVEL 3)		0
DELTA	Ausgangsrückkopplungsparameter (LEVEL 3)	$(A \cdot V)^{-1}$	0
Q	Exponentenparameter (LEVEL 3)		2
TAU	Verzögerungszeit des Leitungsstroms	s	0
RG	Gate-Bahnwiderstand	Ω	0
RD	Drain-Bahnwiderstand	Ω	0
RS	Source-Bahnwiderstand	Ω	0
IS	Gate-Sperrsättigungsstrom	A	1E-14
N	Gate-Emissionskoeffizient		1
M	Gate-Gradationsexponent		0.5
VBI	Gate-Diffusionsspannung	V	1
CGD	Gate-Drain-Kapazität bei 0V	F	0
CGS	Gate-Source-Kapazität bei 0V	F	0
CDS	Drain-Source-Kapazität bei 0V	F	0
FC	Koeffizient für Kapazität im Durchlaßbereich		0.5
VDELTA	Kapazitätsübergangsspannung (LEVEL 2 & 3)	V	0.2
VMAX	kapazitätsbegrenzende Spannung (LEVEL 2 & 3)	V	0.5

EG	Bandabstand	eV	1.11
XTI	Temperaturexponent von IS		0
VTOTC	Temperaturkoeffizient von VTO	V/°C	0
BETATCE	exponentieller Temperaturkoeffizient von BETA	%/°C	0
TRG1	linearer Temperaturkoeffizient von RG	°C-1	0
TRD1	linearer Temperaturkoeffizient von RD	°C-1	0
TRS1	linearer Temperaturkoeffizient von RS	°C-1	0
KF	Funkelrauschkoeffizient		0
AF	Funkelrauschexponent		1
T_MEASURED	Meßtemperatur	°C	
T_ABS	absolute Temperatur	°C	
T_REL_GLOBAL	relativ zur momentanen Temperatur	°C	
T_MEASURED	relativ zu AKO-Modell-Temperatur	°C	

Spannungsgesteuerter Schalter

Parameter	*Bedeutung*	*Einheit*	*Default*
RON	ON-Widerstand	Ω	1
ROFF	OFF-Widerstand	Ω	1E+6
VON	Kontrollspannung für ON-Zustand	V	1
VOFF	Kontrollspannung für OFF-Zustand	V	0

PSPICE rechnet mit einem dynamischen Rechenbereich von 12 Dekaden. Damit keine Probleme beim Simulieren eines spannungsgesteuerten Schalters auftreten, sollte das Verhältnis von ROFF zu RON nicht größer als 1E+12 sein.

Stromgesteuerter Schalter

Parameter	*Bedeutung*	*Einheit*	*Default*
RON	ON-Widerstand	Ω	1
ROFF	OFF-Widerstand	Ω	1E+6
ION	Kontrollstrom für ON-Zustand	A	1E-3
IOFF	Kontrollstrom für OFF-Zustand	A	0

Beim stromgesteuerten Schalter gelten die gleichen Überlegungen wie beim spannungsgesteuerten Schalter.

Ein Beispiel für die Anwendung der Modellanweisung zeigen die Bilder 2.2 und 2.3. Der Transistor QT1 wird durch das Modell mit dem Namen BC107 definiert und ist ein NPN-Typ. Alle Parameter, die in der Modellbeschreibung nicht vorkommen, erhalten die oben angegebenen Default-Werte. Für quantitative Schaltungsuntersuchungen reichen in der Regel wenige selbstdefinierte Parameter aus. Möchte man jedoch eine genauere Betrachtung durchführen, muß das Modell weiter spezifiziert werden.

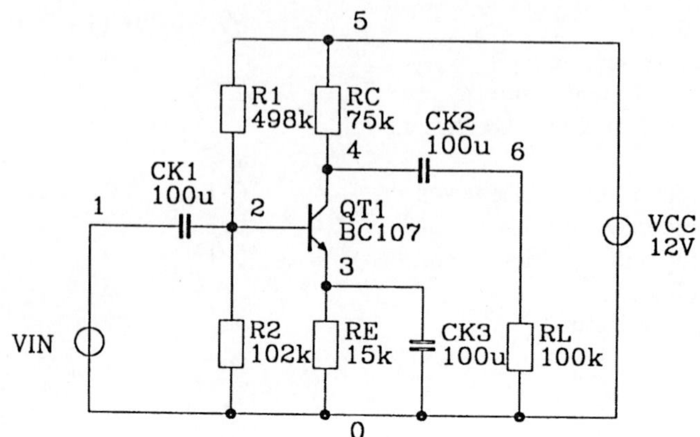

Bild 2.2
Schaltung eines einfachen Transistorverstärkers

```
Einfacher Transistorverstärker
*
* Schaltungsbeschreibung
*
vin  1   0
vcc  5   0    DC 12
ck1  1   2    100u
r1   5   2    498k
r2   2   0    102k
rc   5   4    75k
qt1  4   2    3 bc107
re   3   0    15k
ck3  3   0    100u
ck2  4   6    100u
rl   6   0    100k
*
*
* Modelle
*
.model bc107 npn (is=8.18e-14 bf=340 rb=174 vaf=62 cje=8p
+ cjc=3.5p tf=0.61n)
*
*
* Analysen
*
*
.end
```

Bild 2.3 „Circuit“-Datei des einfachen Transistorverstärkers

2.1.3 Teilschaltungen

Kommen in einer Schaltung gleiche Schaltungsteile vor, können diese einmalig als Teilschaltungen definiert werden. Man erhält damit ein Pseudo-Bauelement, das wie jedes andere Element eingesetzt werden kann. Eine Teilschaltung wird durch die Anweisungen `.SUBCKT` und `.ENDS` beschrieben:

```
.SUBCKT <name> [<node>]
+[OPTIONAL: <<interface node> = <default value>>]
+[PARAMS: <<name> = <value>>]
+[TEXT: <<name> = <text value>>]
Beschreibung der Teilschaltung
.ENDS
```

<name> ist der Name der Teilschaltung, unter der sie aufgerufen wird. [<node>] ist eine Knotenliste, die die Schnittstelle zur Außenwelt darstellt. Hier dürfen nur die Knoten stehen, die auch innerhalb der Teilschaltung verwendet werden. Lediglich die Angabe des Bezugsknoten 0 ist verboten. Das Schlüsselwort OPTIONAL erlaubt es, einem oder mehreren Knoten beim Aufruf der Teilschaltung einen neuen Namen zu geben. Wird kein neuer Name angegeben, behält der Knoten seinen ursprünglichen Namen <default value>. Mit den Schlüsselwörtern PARAMS bzw. TEXT können Zahlenwerte bzw. Text in die Teilschaltung übergeben werden. Um eine Teilschaltung aufzurufen, benutzt man die folgende Form:

```
X<name> [<node>] <subcircuit name>
+ [PARAMS: <<name> = <value>>]
+ [TEXT: <<name> = <text value>>]
```

<name> bezeichnet den Namen des Bauteils, nicht den der Teilschaltung. Dieser wird bei <subcircuit name> angegeben. [<node>] ist die Knotenliste. Die Anzahl der Knoten muß die gleiche sein wie bei der .SUBCKT-Anweisung. Die Knotennamen werden denen in der .SUBCKT-Anweisung zugeordnet. Werden Zahlenwerte mittels PARAMS übergeben, überschreiben diese die in der .SUBCKT-Anweisung definierten Werte.

Die Beschreibung der Teilschaltung wird nach den gleichen Regeln durchgeführt wie eine normale Schaltung. Sie endet grundsätzlich mit .ENDS. Es ist gleichgültig, an welcher Stelle die .SUBCKT-Anweisung in einer „Circuit"-Datei steht. Sie kann alle Bauelemente enthalten, auch eine weitere Teilschaltung. Ferner sollten nur Anweisungen benutzt werden, die nicht mit einem „ . " beginnen. Der Grund hierfür ist, daß einige von ihnen zu Fehlermeldungen beim Simulieren führen. Insbesondere darf .SUBCKT nicht in der Beschreibung einer Teilschaltung stehen. Die einzige Ausnahme bildet .MODEL. Modelldefinitionen innerhalb einer Teilschaltung sind nur dort gültig, d.h sie sind lokal. Man kann somit zwei Modelle gleichen Namens verwenden, die jedoch unterschiedliche Eigenschaften besitzen.

Das gleiche gilt für alle Bauelemente und Knoten. Sie sind ebenfalls lokal. Dadurch können Bauelement-Bibliotheken angelegt werden, ohne daß sich der Anwender Gedanken machen muß, ob z.B. ein Knoten in seiner „Circuit"-Datei nicht auch in einer Teilschaltung vorkommt, die er ebenfalls einsetzt. Die einzige Ausnahme bildet wieder der Bezugsknoten 0. Er ist immer global.

Um einen Knoten oder Bauelement ansprechen zu können, wird dieser um seinen Namen erweitert. Z.B. würde die Anweisung .PRINT V(X1.3) I(X1.R5) die Spannung an Knoten 3 und den Strom durch den Widerstand R5 in der Teilschaltung X1 drucken.

Die Bilder 2.4 bis 2.6 zeigen den Einsatz einer Teilschaltung innerhalb eines Stereoverstärkers. Dieser enthält einen Operationsverstärker, der als Grundelement in PSPICE nicht enthalten ist. Man kann ihn in einfachster Weise durch eine spannungsgesteuerte Spannungsquelle ersetzen und erhält somit einen idealen OP. Nach Bild 2.5 wird die Ausgangsspannung an Knoten 5 durch die Eingangsspannung zwischen 1 und 2 gesteuert und mit einem Faktor von 100000 multipliziert.

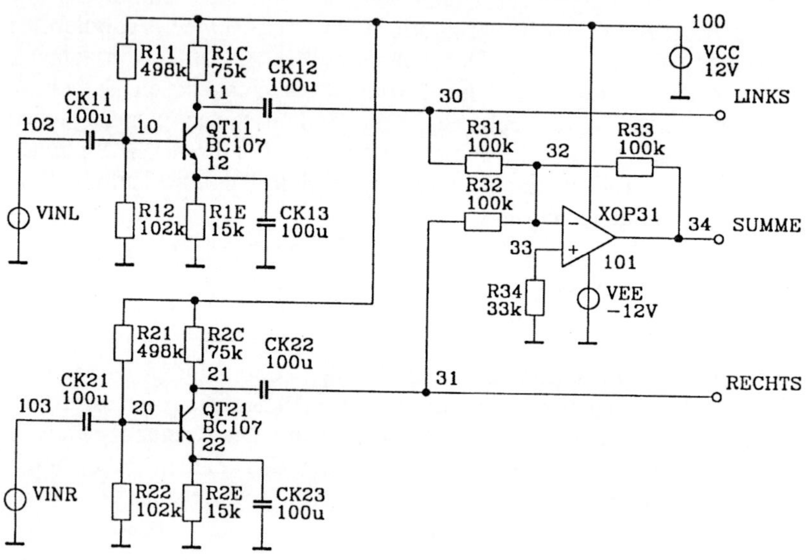

Bild 2.4 Stereoverstärker mit Summenkanal

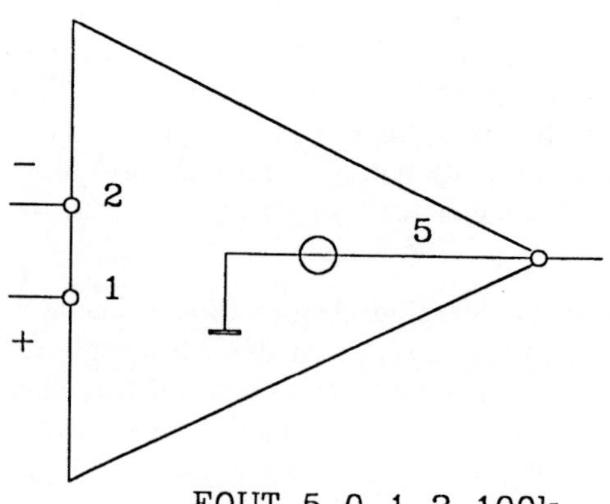

Bild 2.5
Approximation eines idealen OPs

Bei der Simulation wird der Knoten 1 in Bild 2.6 dem Knoten 33 zugeordnet. Entsprechendes gilt für Knoten 2 bis 5. Das bedeutet, daß die Schreibweisen `V(33)` und `V(XOP31.1)` in diesem Beispiel identisch sind.

```
Stereoverstärker mit Summenkanal
*
*
* Schaltungsbeschreibung
*
*
vcc    100  0    dc 12
vee    101  0    dc -12
vinl   102  0
vinr   103  0
*
ck11   102  10   100u
r11    100  10   498k
r12    10   0    102k
r1c    100  11   75k
qt11   11   10   12 bc107
r1e    12   0    15k
ck13   12   0    100u
ck12   11   30   100u
*
ck21   103  20   100u
r21    100  20   498k
r22    20   0    102k
r2c    100  21   75k
qt21   21   20   22 bc107
r2e    22   0    15k
ck23   22   0    100u
ck22   21   31   100u
*
r31    30   32   100k
r33    32   34   100k
r32    31   32   100k
r34    33   0    33k
xop31  33   32   100  101  34   opamp
*
.subckt opamp 1  2  3  4  5
eout 5  0  1  2  100k
RSUN   4    0    1G
RSUP   3    0    1G
.ends
*
*
* Modelle
*
*
*
.model bc107 npn (is=8.18e-14 bf=340 rb=174 vaf=62 cje=8p
+ cjc=3.5p tf=0.61n)
*
* Analysen
*
.end
```

Bild 2.6 Schaltungsbeschreibung des Stereoverstärkers mit Summenkanal

2.1.4 Makromodelle

Die realistische Simulation von analogen integrierten Schaltungen stellt den Anwender oft vor außergewöhnliche Schwierigkeiten. Selbst wenn er das Innenleben anhand eines Schaltplans kennt, sind ihm Halbleiterparameter der einzelnen Bauteile meist unbekannt. Er kann keine Transistor- oder Diodenmodelle definieren, die denen der integrierten Schaltung entsprechen. Es stehen in der Regel nur die Größen zur Verfügung, die von außen gemessen bzw. anhand von Datenblättern ermittelt werden können (Eingangs-, Ausgangswiderstand, Frequenzgang etc.). Um dennoch zu sinnvollen Simulationsergebnissen zu gelangen, werden Makromodelle entwickelt. Diese sind so aufgebaut, daß für ihre Beschreibung die meßbaren Größen ausreichen. Ihr Schaltbild entspricht jedoch **nicht** dem Original. Der Entwickler von Analogschaltungen wird am häufigsten einen Operationsverstärker benötigen.

In Bild 2.7 ist das Makromodell des μA741 dargestellt.

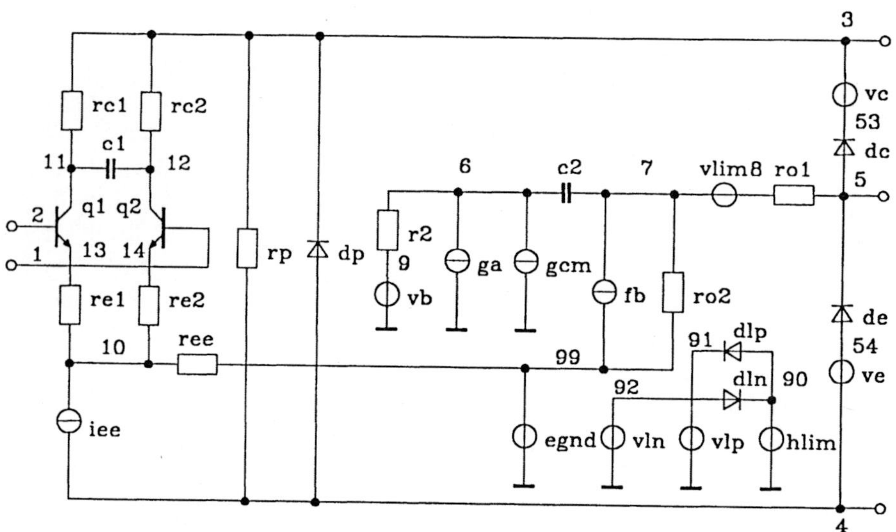

Bild 2.7 Makromodell des Operationsverstärkers μA741

Der linke Teil des Makromodells modelliert den Eingang, der rechte den Ausgang. Beide sind durch gesteuerte Strom- und Spannungsquellen miteinander „verbunden". Zwar scheint die Bestimmung der Bauelemente auf den ersten Blick ebenfalls sehr aufwendig, doch bietet das Programm `PARTS` einen Unterpunkt an, der dies wesentlich vereinfacht (nur in der PSPICE-Vollversion).

Die Schaltungsbeschreibung des OP-Modells μA741 ist in Bild 2.8 aufgelistet.

```
*-------------------------------------------------------------------
* Library of linear IC definitions
* This is a reduced version of MicroSim's linear subcircuit
* library.
* You are welcome to make as many copies of it as you find
* convenient.
*
* The parameters in the opamp library were derived from the data
* sheets for each part. The macromodel used is similar to
* the one described in:
* Macromodeling of Integrated Circuit Operational Amplifiers
* by Graeme Boyle, Barry Cohn, Donald Pederson, and James
* Solomon IEEE Journal of Solid-State Circuits,
* Vol. SC-9, no. 6, Dec. 1974
*
* Differences from the reference (above) occur in the output
* limiting stage which was modified to reduce internally
* generated currents associated with output voltage limiting,
* as well as short-circuit current limiting.
*
* The opamps are modelled at room temperature and do not track
* changes with temperature. This library file contains models
* for nominal, not worst case, devices.
*-------------------------------------------------------------------
* connections:  non-inverting input
*                |  inverting input
*                |  |  positive power supply
*                |  |  |  negative power supply
*                |  |  |  |  output
*                |  |  |  |  |
.subckt uA741    1  2  3  4  5
*
c1   11 12 8.661E-12
c2   6  7  30.00E-12
dc   5  53 dx
de   54 5  dx
dlp  90 91 dx
dln  92 90 dx
dp   4  3  dx
egnd 99 0  poly(2) (3,0) (4,0) 0 .5 .5
fb   7  99 poly(5) vb vc ve vlp vln 0 10.61E6 -10E6 10E6 10E6 -10E6
ga   6  0  11 12 188.5E-6
gcm  0  6  10 99 5.961E-9
iee  10 4  dc 15.16E-6
hlim 90 0  vlim 1K
q1   11 2  13 qx
q2   12 1  14 qx
r2   6  9  100.0E3
rc1  3  11 5.305E3
rc2  3  12 5.305E3
re1  13 10 1.836E3
re2  14 10 1.836E3
ree  10 99 13.19E6
ro1  8  5  50
ro2  7  99 100
rp   3  4  18.16E3
vb   9  0  dc 0
vc   3  53 dc 1
ve   54 4  dc 1
```

```
vlim 7  8  dc 0
vlp  91 0  dc 40
vln  0  92 dc 40
.model  dx D(Is=800.0E-18 Rs=1)
.model  qx NPN(Is=800.0E-18 Bf=93.75)
.ends
```

Bild 2.8 Schaltungsbeschreibung des Makromodells μA741

Das in Bild 2.7 dargestellte Modell kann in der Regel auch für andere OPs verwendet werden, so daß lediglich die Schaltungsgrößen zu ändern sind. Darüber hinaus ergeben sich durch die kürzere Schaltungsbeschreibung auch kleinere Simulationszeiten.

3 Wahl der Analysearten

PSPICE erlaubt eine Vielzahl von Analysen. Im wesentlichen kann man jedoch die Analysearten in zwei grundsätzliche Bereiche einordnen, und zwar in die Großsignalanalyse und in die Kleinsignalanalyse. Bei der Großsignalanalyse werden zur Berechnung die vollständigen (meist nichtlinearen) Bauelementgleichungen benutzt. Die Großsignalanalyse stellt somit ein echtes Abbild des Schaltungsverhaltens dar. Bei der Kleinsignalanalyse wird erst die Schaltung im Arbeitspunkt linearisiert und dann sämtliche Analysearten mit dieser linearisierten Schaltung durchgeführt. Das hat zur Folge, daß eventuelle Arbeitspunktveränderungen, bedingt durch einen Analyseparameter nicht berücksichtigt werden (z.B. wenn der Arbeitspunkt einer Schaltung frequenzabhängig ist). Im Zweifelsfalle beschreibt demnach die Großsignalanalyse das Schaltungsverhalten am exaktesten.

Die möglichen Analysearten werden durch Steueranweisungen angegeben. Diese Steueranweisungen sind neben den Elementanweisungen und den Modellanweisungen in die „Circuit"-Datei zu schreiben. Dabei sind folgende generelle Regeln zu beachten:

- Jede Steueranweisung muß mit einem Punkt (.) beginnen.
- Die prinzipielle Anordnung der Steueranweisungen in der „Circuit"-Datei hat keinen Einfluß auf das Simulationsergebnis.
- Eine Steueranweisung kann mehr als einmal vorkommen. Wenn das der Fall ist, wird die in der Datei zuletzt vorkommende Steueranweisung benutzt. Spezifiziert man z.B. `.WIDTH OUT=80` und fordert später in der Datei `.WIDTH OUT=132`, dann wird die Druckbreite in der Ausgabedatei mit 132 Zeichen und nicht mit 80 Zeichen erfolgen. (Gilt nicht für Steueranweisungen wie `.LIB`, `.PROBE`, `.PLOT` und `.PRINT`. Alle dort spezifizierten Parameter finden Berücksichtigung, ohne vorhergehende zu überschreiben.)

3.1 Gleichstromanalyse

3.1.1 Gleichstromübertragungsfunktion

Diese Gleichstromanalyse erlaubt das Durchlaufen eines bestimmten Wertebereichs einer Quelle (Strom- oder Spannungsquelle), eines Modellparameters (Syntax: `<Typ des Modells> <Name des Modells> (<Name des Parameters>)`), eines globalen Parameters oder der Temperatur. Für jeden der durchlaufenden Werte wird der gültige Arbeitspunkt aus den vollständigen Bauelementgleichungen bestimmt (Großsignalanalyse). Diese Analyseart ist z.B. nützlich, um die Übertragungsfunktion eines Verstärkers zu finden.

Spezifiziert wird diese Analyse durch die Steueranweisung `.DC` mit folgender Syntax

```
.DC [LIN] <sweep variable name> <start value> <end value>
+ <increment value> [<nested sweep specification>]
.DC [OCT] [DEC] <sweep variable name> <start value> <end value>
+ <points value> [<nested sweep specification>]
.DC <sweep variable name> LIST <value> .. [<nested sweep specification>
```

Die Spezifikationen lassen sich für weitere Durchlaufvariablen wiederholen und bewirken so eine Verschachtelung der Analyse (`[<nested sweep specification>]`). Die verwendeten Schlüsselworte bedeuten:

`LIN` Linearer Durchlauf, startend mit `<start value>` und endend mit `<end value>`. Die Anzahl der Schritte wird durch `<increment value>` beschrieben.

`OCT` Logarithmischer Durchlauf in Oktaven. `<points value>` spezifiziert hier die Schritte pro Oktave.

`DEC` Logarithmischer Durchlauf in Dekaden.

`LIST` Durchlauf entsprechend der Liste `<value>`.

Beispiele:

`.DC VIN -0.25 0.25 0.05`
`VIN` wird von -0,25 V bis 0,25 V in Schritten von 50 mV variiert.

`.DC PARAM Vsupply 7.5 15 0.5`
Der Parameter Vsupply wird von 7,5 bis 15 in Inkrementen von 0,5 variiert.

`.DC DEC NPN BC107(IS) 1E-18 1E-14 5`
Der Modellparameter `IS` (Sättigungsstrom) des NPN Modells BC107 wird von 10^{-18} A bis 10^{-14} A in 5 Schritten pro Dekade erhöht (insgesamt also 21 Schritte).

3.1.2 Arbeitspunkt

Die Steueranweisung `.OP` erlaubt die Berechnung des Arbeitspunktes. Das Resultat ist in der Ausgabedatei:

a) Die Liste aller Knotenspannungen
b) Die Ströme aller Spannungsquellen und die Gesamtleistung
c) Eine Liste der Kleinsignalparameter aller Bauelemente

Die Berechnung des Arbeitspunktes erfolgt grundsätzlich, ob die Anweisung `.OP` da ist oder nicht, da sie bei den nachfolgenden Analysen gebraucht wird (z.B. AC-Analyse). Wird die Anweisung `.OP` unterlassen, entfallen in der Ausgabedatei die Ausgaben b) und c).

3.1.3 Empfindlichkeiten

Die Anweisung `.SENS` berechnet die Empfindlichkeit, mit der die spezifizierten Knotenspannungen (oder Ströme von Spannungsquellen) von allen Bauelementen im Schaltkreis abhängen. Das Ergebnis wird in der Ausgabedatei ausgedruckt. Dazu wird der Schaltkreis im Arbeitspunkt linearisiert und die Abhängigkeit der spezifizierten

Variable von allen Bauelementwerten und Modellparametern bestimmt. Das kann im Einzelfall eine große Datenmenge erzeugen! Die Syntax dieser Steueranweisung ist:

```
.SENS <output variable>
```

Beispielsweise berechnet `.SENS V(3,5) I(VCC)` die Abhängigkeit der Spannung zwischen den Knoten 3 und 5 und des Stromes der Quelle `VCC` von allen Bauelementen und *allen* Modellparametern.

3.1.4 Kleinsignal-Übertragungsfunktion

Die Steueranweisung `.TF` berechnet die Kleinsignalverstärkung, den Eingangswiderstand und den Ausgangswiderstand durch Linearisierung der Schaltung im Arbeitspunkt. Die Syntax dieser Steueranweisung ist:

```
.TF <output variable> <input source name>
```

Beispielsweise berechnet `.TF V(6) VIN` die Verstärkung zwischen der Spannung am Knoten 6 und der Spannung `VIN` und die dazugehörigen Eingangs- bzw. Ausgangswiderstände.

3.2 Analyse im Frequenzbereich

Die Analysen im Frequenzbereich sind generell Kleinsignal-Analysen mit linearisierten Bauelementgleichungen und berücksichtigen keine Übersteuerung oder Arbeitspunktverschiebungen während der Analyse.

3.2.1 Frequenzgang

Mit der Steueranweisung `.AC` läßt sich der Frequenzgang eines Schaltkreises über einen spezifizierten Frequenzbereich berechnen. Die Syntax dieser Steueranweisung ist:

```
.AC [LIN][OCT][DEC] <points value> <start frequency value>
+ <end frequency value>
```

Die verwendeten Schlüsselworte bedeuten:

`LIN` Linearer Frequenzdurchlauf. Die Frequenz läuft von `<start frequency value>` bis `<end frequency value>`. `<points value>` ist die Gesamtzahl der zu durchlaufenden Frequenzpunkte.

`OCT` Logarithmischer Frequenzdurchlauf in Oktaven. `<points value>` ist die Zahl der Frequenzpunkte pro Oktave.

`DEC` Logarithmischer Frequenzdurchlauf in Dekaden. `<points value>` ist die Zahl der Frequenzpunkte pro Dekade.

Es muß exakt eines der obigen Schlüsselwörter verwendet werden. Die Startfrequenz muß kleiner als die Endfrequenz sein und beide dürfen nicht Null sein.

Beispiele:

```
.AC LIN 101 100 200
```

Die Frequenz wird von 100 Hz bis 200 Hz in Schritten von 1 Hz durchfahren.

```
.AC OCT 10 1k 16k
```

Die Frequenz wird von 1 kHz bis 16 kHz mit 10 Schritten pro Oktave durchfahren (also 41 Schritte).

Im Gegensatz zur .DC-Steueranweisung wird hier keine Eingangsquelle spezifiziert. Statt dessen enthält jede unabhängige Quelle ihre eigene Spezifikation. Jede unabhängige Spannungs- oder Stromquelle, die als AC-Quelle spezifiziert ist, trägt zur Analyse bei. Das Ergebnis der Analyse muß durch Ausgabesteuerbefehle (z.B. .PRINT, .PLOT, oder .PROBE) angefordert werden.

3.2.2 Rauschanalyse

Die Rauschanalyse berechnet die Rauschbeiträge von jedem Bauelement in der Schaltung und bildet die Summe der Effektivwerte am spezifizierten Ausgangsknoten. Die Berechnung wird für alle Frequenzen durchgeführt, die durch die .AC-Anweisung vorgegeben sind. Daher kann eine Rauschberechnung nur im Zusammenhang mit einer AC-Analyse erfolgen. Die Syntax der Rauschberechnung ist

```
.NOISE V(<node>[,<node>]) <name> [<interval value>]
```

V(<node>[,<node>]) gibt in Form einer Spannungsangabe die Knoten an, über die die Summe der Rauschbeiträge gebildet werden soll.

<name> gibt den Namen einer unabhängigen Strom- oder Spannungsquelle an, für die das Eingangsrauschen berechnet werden soll. <name> bezeichnet nicht einen Rauschgenerator, sondern nur den Ort für die Rauschberechnung. SPICE ermittelt dazu während der Rauschanalyse die Verstärkung zwischen dem Ausgangsknoten und der Eingangsquelle, um dann über die Verstärkung das äquivalente Eingangsrauschen zu berechnen. Wenn <name> eine Spannungsquelle ist, wird das Eingangsrauschen in Volt/$\sqrt{\text{Hz}}$ angegeben. Bei einer Stromquelle wird das Eingangsrauschen in Ampere/$\sqrt{\text{Hz}}$ angegeben. Das Ausgangsrauschen wird immer in Volt/$\sqrt{\text{Hz}}$ angegeben.

Wenn [<interval value>] angegeben wird, dann wird damit spezifiziert, nach wievielen Frequenzschritten eine detaillierte Ausgabe der Rauschanalyse erfolgen soll. Fehlt [<interval value>] muß das Ergebnis über .PRINT, .PLOT bzw. .PROBE-Befehle aus den Variablen ONOISE und INOISE abgefragt werden.

Beispiele:

```
.NOISE V(5) VIN
.NOISE V(101) VSRC 20
```

3.3 Analyse im Zeitbereich

3.3.1 Transient-Analyse

Die Transient-Analyse berechnet das Verhalten eines Schaltkreises über einen angegebenen Zeitraum. Bei den Berechnungen werden die vollständigen Bauteilgleichungen (Großsignalverhalten) benutzt. Die Syntax der Transient-Analyse ist:

```
.TRAN[/OP] <print step value> <final time value> [<noprint
value> [<step ceiling value>]] [UIC]
```

Die Transient-Analyse startet immer zum Zeitpunkt T = 0 und dauert bis zum Zeitpunkt T = <final time value>. Die Transient-Analyse benutzt eine interne Schrittweite für die Zeitschritte. Die Schrittweite wird der Rechenaktivität angepaßt. Je höher die Rechenaktivität, desto kürzer wird das Zeitintervall gewählt. Zum Ausdruck kommen dann interpolierte Werte, wobei PSPICE diese mittels einer Polynominterpolation 2. Ordnung annähert.

Die Transient-Analyse startet zwar immer zum Zeitpunkt T = 0, doch lassen sich die Rechenergebnisse, falls nicht benötigt, bis zum Zeitpunkt T = [<noprint value>] unterdrücken.

Mit [<step ceiling value>] läßt sich die maximale Schrittweite beeinflussen, die standardmäßig auf <final value>/50 festgelegt ist.

Bevor PSPICE mit der Transient-Analyse beginnt, berechnet es den Arbeitspunkt, um von diesem zu starten. Detaillierte Angaben zu diesem Arbeitspunkt kann man sich über den Zusatz /OP ausdrucken lassen. Das Schlüsselwort [UIC] (Use Initial Conditions) erlaubt es, auf die Berechnung des Arbeitspunktes zum Zeitpunkt T = 0 zu verzichten und vom Benutzer über die IC-Spezifikation Anfangswerte zu definieren (siehe unten).

Das Ergebnis der Analyse muß durch die Ausgabesteuerbefehle (z.B. .PRINT, .PLOT, .PROBE) angefordert werden.

Beispiele:

```
.TRAN 1N 100N
.TRAN/OP 1N 100N 20N UIC
.TRAN 1N 100N 0N .1N
```

Im ersten und zweiten Beispiel beträgt die maximale Schrittweite während der Berechnung 2 ns. Im letzten Beispiel wird gefordert, daß die Schrittweite nicht größer als 0,1 ns sein darf.

3.3.2 Spektralanalyse

Die Spektralanalyse oder Fourieranalyse berechnet standardmäßig den Gleichanteil und die 1. bis 9. Harmonische aus dem Ergebnis der Transient-Analyse. Daher kann eine Fourieranalyse nur erfolgen, wenn zuvor eine Transient-Analyse durchlaufen wurde.

Die Syntax der Fourieranalyse ist

```
.FOUR <frequency value> [<no. harmonics value>]<output
variable>
```

`<output variable>` ist eine übliche Ausgangsvariable wie sie auch im `.PRINT`- oder `.PLOT`-Befehl benutzt werden, von der eine Fourieranalyse erfolgen soll.

`<frequency value>` bestimmt die Grundwelle (1. Harmonische), für die die Analyse erfolgen soll. Mit `[<no. harmonics value>]` kann die Anzahl der zu berechnenden Harmonischen festgelegt werden.

Die Fourieranalyse benötigt keinen Abruf der Ergebnisse über die üblichen Ausgabebefehle.

Beispiel:

```
.FOUR 10K V(5) V(6,7) I(VSENS3)
```

3.3.3 Verzerrungsanalyse

Eine Verzerrungsanalyse ist über die Fourieranalyse dann möglich, wenn bei Signalquelle (sinusförmige Anregung) und Fourieranalyse dieselbe Frequenz gewählt werden.

3.4 Zusätzliche Möglichkeiten

3.4.1 Statistische Analyse (Monte-Carlo-Analyse)

Bei der statistischen Analyse werden mehrfache Rechengänge einer Simulationsart durchgeführt und dabei die toleranzbehafteten Bauteile zufällig variiert. Die Toleranz der Bauteile werden in den Modellanweisungen angegeben. Es gibt zwei Arten von Toleranzangaben `DEV` und `LOT`. Bei `DEV` variieren die Bauteile unabhängig voneinander, bei `LOT` variieren die Bauteile in der Gruppe gemeinsam (wichtig bei der Berücksichtigung eines Halbleiterprozesses). Die Syntax der statistischen Analyse ist

```
.MC <# runs value> <analysis> <output variable>
<function> [<option>] [SEED=<value>]
```

`<# runs value>`: gibt die Anzahl der Simulationsläufe an.

`<analysis>`: spezifiziert, bei welcher Analyse die statistische Analyse erfolgen soll.

`<output variable>`: gibt an, welche Ausgangsvariable untersucht werden soll.

`<function>`: muß eine von folgenden Funktionen sein:
- `YMAX`: suche größte Differenz vom Nominalwert (Wert des ersten Durchlaufs)
- `MAX`: suche den Maximalwert
- `MIN`: suche den Minimalwert
- `RISE_EDGE(<value>)`: suche ersten Wert, der über die angegebene Schwelle geht
- `FALL_EDGE(<value>)`: suche ersten Wert, der unter die angegebene Schwelle geht

[<option>]: steuert die Kontroll- und Ergebnisausgabe und den Wertebereich für <function>, der zur Ausgabe gelangen soll.

[SEED=<value>]: erlaubt das Setzen des Startwertes für den Zufallszahlengenerator.

Beispiel:

```
.MC 10 TRAN V(3) YMAX SEED=9321
```

3.4.2 Worst-Case-Analyse (.WCASE)

Die Worst-Case-Analyse ist ähnlich wie die statistische Analyse (Monte-Carlo-Analyse), nur daß hier nach der maximalen Abweichung vom Nominalwert gesucht wird. Die Syntax ist fast dieselbe wie bei der Monte-Carlo-Analyse (<# runs value> entfällt). Monte-Carlo-Analyse und Worst-Case-Analyse dürfen nie gleichzeitig in einer „Circuit“-Datei auftreten.

Beispiel:

```
.WCASE DC IC(Q7) YMAX VARY DEV
```

Während der DC-Analyse soll eine Worst-Case-Analyse vom Kollektorstrom des Transistors Q7 durchgeführt werden. Es soll nach der maximalen Abweichung vom Nominalwert gesucht werden, wobei nur die individuellen Bauteiltoleranzen variieren sollen und nicht die Gruppentoleranzen.

3.4.3 Setzen von Startbedingungen

Um das Finden des Arbeitspunktes zu erleichtern, kann man Knotenspannungen vordefinieren. Mit dem Befehl .NODESET gibt man PSPICE einen ersten Hinweis auf den möglichen Arbeitspunkt. Der tatsächlich berechnete Arbeitspunkt kann davon abweichen. Wenn man die Knotenspannungen mit dem Befehl .IC (initial condition) vorgibt, dient dies zur Festlegung des Arbeitspunktes. Bei Spulen und Kondensatoren läßt sich bei der Charakterisierung des Bauelements mit Hilfe der Anweisung IC=<value> ein Startwert für die Spannung (Kondensator) oder den Strom (Induktivität) angeben, der bei der Transient-Analyse helfen kann, den Arbeitspunkt zu berechnen.

Beispiele:

```
.NODESET V(2)=3.4 V(102)=0
.IC V(2)=3.4 V(102)=0
C2 1 2 .2E-12 IC=1.5V
LSENSE 5 12 2U IC=2mA
```

3.4.4 Temperaturanalyse

Die Temperatur läßt sich über den Befehl .TEMP verändern, wobei auch eine Liste von Temperaturwerten als Argument erlaubt ist.

Beispiele:

```
.TEMP 25
.TEMP 0 27 125
```

3.4.5 Parametervariation

Mit dem Befehl .STEP läßt sich für sämtliche durchzuführenden Analysen der spezifizierte Parameter (z.B. Temperatur, globale Parameter und Modellparameter) variieren. Die Syntax ist dieselbe wie beim .DC-Befehl.

Beispiel:

```
.PARAM RVAL=1
R1 1 2 {RVAL}
.STEP PARAM RVAL 30,50,5
```

RVAL ist der globale Parameter, der variiert werden soll. PARAM ist das Schlüsselwort, das hier benutzt werden muß um anzuzeigen, daß ein globaler Parameter variiert werden soll. Im Beispiel wird der Widerstand RVAL, dessen Nominalwert 1 Ω beträgt, von 30 Ω bis 50 Ω in Schritten von 5 Ω variiert.

3.4.6 Beobachten von Simulationsergebnissen

Mit dem .WATCH-Befehl ist es möglich, während einer Simulation bis zu acht Spannungen und Ströme zu beobachten. Die Werte der ersten drei Größen werden dabei am Bildschirm ausgegeben. Die Syntax für diesen Befehl lautet

```
.WATCH [DC] [AC] [TRAN] [<output variable>
+ [<lower limit value>,<upper limit value>]]
```

Pro Simulationsart ist ein .WATCH-Befehl erlaubt. Für jede zu beobachtende Größe kann ein Wertebereich definiert werden. Sollte während der Simulation dieser Bereich verlassen werden, fragt PSPICE nach, ob die Simulation fortgesetzt oder abgebrochen werden soll.

Beispiel:

```
.WATCH TRAN VBE(Q13) (0,1V) ID(M2) I(VCC) (0,500mA)
```

3.4.7 Ändern von Kontrollparametern

Der Befehl .OPTIONS gestattet es, Kontrollparameter für die Analyse und Default-Werte für andere Parameter zu manipulieren. Dadurch ist es möglich, z. B. das Aussehen der Ausgabedatei oder die Simulationsbedingungen von PSPICE zu verändern, was bei komplexen Schaltkreisen bisweilen erforderlich sein kann. Die Syntax des Befehls ist

```
.OPTIONS [<option name>] [<option name> = <value>]
```

Es gibt Parameter, die lediglich als Schalter fungieren und Parameter, die einen Wert benötigen. Unter den Schaltparametern, die sich alle bis auf NOREUSE auf die Ausgabe-Datei auswirken, fallen die folgenden:

Parameter	*Bedeutung*
ACCT	Ausgabe einer Zusammenfassung und Statistikinformationen
EXPAND	Listet die Einträge eines Subcircuits und einer Arbeitspunktdatei auf
LIBRARY	Listet die Einträge von eingesetzten Bauteilen aus einer Bibliothek auf
LIST	Listet die Zusammenfassung der Bauelemente auf
NOBIAS	Unterdrückt die Ausgabe des Arbeitspunktes
NODE	Listet die Knotentabelle auf
NOECHO	Unterdrückt die Ausgabe der „Circuit"-Datei
NOMOD	Unterdrückt die Modellparameter und temperaturbedingten Wertänderungen
NOOUTMSG	Unterdrückt Fehlermeldungen in der Ausgabedatei
NOPRBMSG	Unterdrückt Fehlermeldungen in der Plotdatei
NOPAGE	Unterdrückt die Seitenzahlen und die Kennzeichnung eines Abschnittes
NOREUSE	Unterdrückt das automatische Speichern und Laden der Arbeitspunktinformation zwischen verschiedenen .TEMP-, .MC-, .WCASE-, .STEP-Analysen
OPTS	Listet die Werte aller OPTION-Parameter auf

Die Parameter, die einen Wert benötigen, sind folgende:

Parameter	*Bedeutung*	*Einheit*	*Default*
ABSTOL	Genauigkeitsgrenze für Ströme	A	1p
CHGTOL	Genauigkeitsgrenze für Ladungen	C	0.01p
CPTIME	Max. erlaubte CPU-Zeit für eine Simulation	s	1E6
DEFAD	Default-Größe der Drainfläche eines MOSFETs	m^2	0
DEFAS	Default-Größe der Sourcefläche eines MOSFETs	m^2	0
DEFL	Default-Länge eines MOSFETs	m	100E-6
DEFW	Default-Weite eines MOSFETs	m	100E-6
DIGFREQ	Min. digitaler Zeitschritt (1/DIGFREQ)	Hz	10G
DIGDRVF	Min. digitaler Ausgangswiderstand	Ω	2
DIGDRVZ	Max. digitaler Ausgangswiderstand	Ω	20K
DIGINITSTATE	Initialisierungszustand von Flipflops und Latches 0 = clear, 1 = set, 2 = X		2
DIGIOLVL	Typ der I/O-Schnittstelle		1
DIGMNTYMX	Standard-Verzögerungszeit: 1 = min, 2 = typ 3 = max, 4 = Worst-Case-Simulation		2
DIGMNTYSCALE	Faktor zur Bestimmung der min. Verzögerung		0.4
DIGOVRDRV	Parameter zur Bestimmung der Dominanz eines digitalen Ausgangs gegenüber einem anderen		3
DIGTYMXSCALE	Faktor zur Bestimmung der max. Verzögerung		1.6
DISTRIBUTION	Standardverteilung für Monte-Carlo-Simulation		uniform
GMIN	min. Leitwert	S	1E-12
ITL1	Iterationsgrenze zur Best. des Arbeitspunktes (DC, OP)		40
ITL2	Iterationsgrenze zur Best. des Arbeitspunktes (DC, OP)		20

ITL4	Iterationsgrenze während einer TRAN-Analyse		10
ITL5	Tot. Iterationsgrenze für alle Punkte einer TRAN-Analyse		0 (∞)
LIMPTS	Max. Punkte für zu druckende Tabellen und Plots		0 (∞)
NUMDGT	Anzahl digitaler Ausgänge in zu druckenden Tabellen		4
PIVREL	rel. Größe des Pivotelements zur Lösung von Matrizen		1E-3
PIVTOL	abs. Größe des Pivotelements zur Lösung von Matrizen		1E-13
RELTOL	rel. Genauigkeit für Spannungen und Ströme		0.001
TNOM	Default-Temperatur	°C	27
DIGERRDEFAULT	max. Anz. Fehlermeldungen für dig. Bedingungsprüfer		20
DIGERRLIMIT	max. Anzahl digitaler Fehlermeldungen		∞
VNTOL	Genauigkeitsgrenze für Spannungen	V	1E-6
WIDTH	Druckbreite in der Ausgabedatei		80

4 Wahl der Signalquellen

PSPICE erlaubt eine Vielzahl von Signalquellen. Die primäre Unterscheidung ist die nach Spannungsquellen und Stromquellen. Daneben unterscheidet PSPICE unabhängige und abhängige Quellen. Die unabhängigen Quellen müssen entsprechend der gewählten Analysearten spezifiziert werden, wobei es auch möglich ist, eine Quelle für alle vorkommenden Analysearten in einer Anweisung festzulegen. Unabhängige Spannungsquellen ohne Angabe einer Analyseart und ohne Spannungsangabe lassen sich als Amperemeter in einer Schaltung einsetzen (z.B. beschreibt `VMESS 5 4` eine Spannungsquelle mit einer Spannung von 0 V zwischen den Knoten 5 und 4, deren Strom über `.PRINT`, `.PLOT` oder `.PROBE` abgerufen werden kann). Um die Spezifikation der unabhängigen Quellen zu erleichtern, bietet PSPICE einen „Stimulus Editor", der eine bequeme Eingabe und eine optische Kontrolle des gewählten Signalverlaufs gestattet. In der Demonstrationsversion von PSPICE erlaubt der „Stimulus Editor" leider nur das Editieren von Sinusquellen, daher kann die Behandlung dieses nützlichen Hilfsmittels nur beispielhaft erfolgen.

Die abhängigen Quellen sind Quellen, die durch Ströme bzw. Spannungen gesteuert werden. Bei den spannungsgesteuerten Quellen erlaubt PSPICE die erweiterte Steuerung über das „Analog Behavioral Modeling", auf das im Kapitel 9 näher eingegangen wird.

4.1 Gleichstromquellen

Die Gleichstromquellen sind unabhängige Quellen, die bei der Bestimmung des Arbeitspunktes und bei der DC-Übertragungsanalyse wirksam werden. Bei der Transient-Analyse wird der Wert übernommen, wenn dafür keine eigene Spezifikation erfolgte (siehe 4.3 zeitabhängige Quellen). Die Syntax für Spannungsquellen ist:

```
V<name> <+ node> <- node> [[DC]<value>]
```

Positive Ströme fließen immer in den (+)-Knoten hinein. Die Angabe DC ist optional und kann weggelassen werden. Beispielsweise gibt `VBIAS 10 0 2.5m` an, daß die Spannungsquelle mit dem Namen `VBIAS` mit positivem Pol an Knoten 10 und mit negativem Pol am Knoten 0 angeschlossen sein soll. Die Spannung der Quelle soll 2,5 mV betragen. Die Syntax für Stromquellen ist ähnlich.

```
I<name> <+ node> <- node> [[DC]<value>]
```

Auch hier gilt: positive Ströme fließen in den (+)-Knoten hinein. Wird z.B. eine Stromquelle mit IBIAS 10 0 2.5m angegeben, so wird die Spannung am Knoten 10 **negativ** sein, um den Strom von 2,5 mA in den Knoten 10 zu treiben.

4.2 Wechselstromquellen

Die Wechselstromquellen sind unabhängige Quellen, die nur bei der Analyse im Frequenzbereich (AC-Analyse) Anwendung finden. Die Syntax für Spannungsquellen ist:

```
V<name> <+ node> <- node> AC <magnitude value> [<phase value>]
```

`<magnitude value>` gibt den Spitzenwert der Wechselspannung an, und die optionale Angabe `[<phase value>]` bestimmt die Phasenlage des Signals in Grad. So würde die Angabe `VINPUT 2 3 AC .001 90` bedeuten, daß die Spannungsquelle `VINPUT` zwischen den Knoten 2 und 3 angeschlossen ist und für die AC-Analyse eine Wechselspannung von 1 mV erzeugt, die eine Phasenverschiebung von 90° besitzt. Ähnliches gilt für Stromquellen:

```
I<name> <+ node> <- node> AC <magnitude value> [<phase value>]
```

wobei `<magnitude value>` den Spitzenwert des Stromes angibt.

4.3 Zeitabhängige Quellen

Neben der Angabe einer konstanten DC-Komponente und einer AC-Komponente lassen sich speziell für die Transient-Analyse Quellen mit unterschiedlichem Zeitverhalten spezifizieren, die nur während der Transient-Analyse wirksam werden. Diese Quellen sind unabhängige Quellen. Es können wiederum Spannungs- und Stromquellen definiert werden, deren Syntax nahezu identisch ist. Die folgenden Beschreibungen beziehen sich der Vereinfachung wegen nur auf Spannungsquellen.

4.3.1 Sinusquelle

Diese Quelle erlaubt eine sinusförmige Anregung der Schaltung. Wird ein Dämpfungsfaktor angegeben, so erhält man eine abklingende Schwingung. Die Syntax einer Spannungsquelle ist:

```
V<name> <+ node> <- node>
+ SIN (<voff> <vampl> <freq> <td> <df> <phase>)
```

`<voff>` und `<vampl>` müssen angegeben werden. `<voff>` bezeichnet einen Gleichanteil, `<vampl>` den Spitzenwert der Spannung und `<freq>` die Frequenz. Wird die Frequenz weggelassen, so nimmt PSPICE die in der `.TRAN`-Anweisung spezifizierte Stopzeit als Periodendauer. `<td>` gibt eine Verzögerungszeit an, ab der die sinusförmige Anregung starten soll. `<df>` erlaubt eine gedämpfte Schwingung. Hier ist der reziproke Wert der Zeitkonstanten der e-Funktion anzugeben. `<phase>` gibt die Phasenlage an, mit der die Sinusschwingung startet.

Die teilweise recht umfangreichen Angaben, die zur Spezifikation der verschiedenen zeitabhängigen Quellen gemacht werden müssen, lassen sich recht einfach und übersichtlich mit dem „Stimulus Editor" von PSPICE eingeben. Der „Stimulus Editor" erlaubt das Editieren der „Circuit"-Datei bezüglich aller unabhängigen Quellen. Eine optische Kontrolle des Zeitverlaufs am Bildschirm erleichtert die Wahl der richtigen Werte. Bild 4.1 zeigt den Ausdruck einer durch den „Stimulus Editor" definierten Sinusquelle.

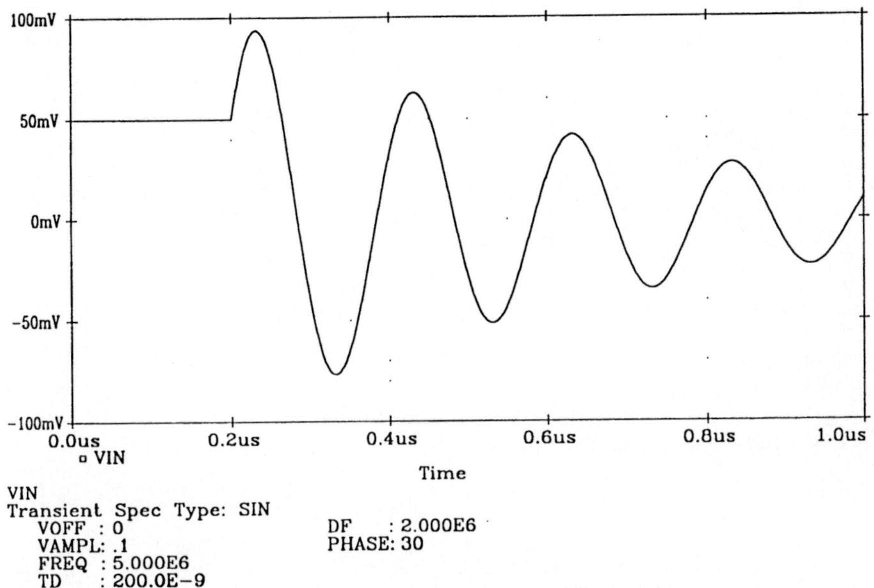

Bild 4.1 Spezifikation einer Sinusquelle mit „Stimulus Editor"

Diese Quelle dient zur Ansteuerung des Differenzverstärkers in Bild 4.2, der als Beispielschaltkreis (`EVAL.CIR`) dem Programmpaket PSPICE beigegeben ist.

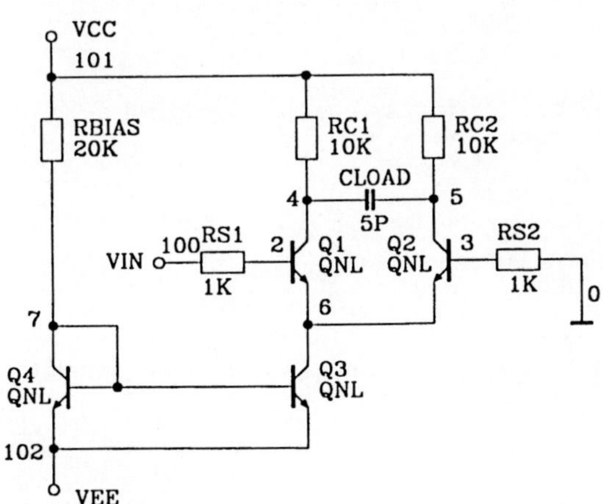

Bild 4.2
Differenzverstärker des Beispielschaltkreises `EVAL.CIR`

Die Quelle war vor Änderung durch den „Stimulus Editor“ eine ungedämpft schwingende Sinusquelle. Die neue gedämpft schwingende Quelle trägt der „Stimulus Editor“ in die „Circuit“-Datei ein (siehe die vergleichenden Ausschnitte in Bild 4.3 und Bild 4.4).

```
* The following statements describe the circuit to PSpice. It is
* a simple differential pair, with +12 and -12 volts as the
* supplies. VIN is the input for this circuit. It has an
* amplitude during AC analysis of 1 volt and a sine waveform
* during transient of .1 volt at 5 megahertz.
VIN 100 0 AC 1 SIN(0 0.1 5MEG)
* The power supplies are + and - SUPPLY volts. As mentioned
* above, expressions containing parameters can be used for values
* throughout the circuit file. Expressions are enclosed by
* ,,{´´ and ,,}´´ and allow arithmetic expressions.
VCC 101 0 DC {10*FACTOR}
VEE 102 0 {-10*FACTOR}
* The transistors' nodes are in the order collector - base -
* emitter. All transistors must refer to a model
* (QNL in this case).
Q1 4 2 6 QNL
```

Bild 4.3 Datei vor Aufruf des „Stimulus Editors“

```
* The following statements describe the circuit to PSpice. It is
* a simple differential pair, with +12 and -12 volts as the
* supplies. VIN is the input for this circuit. It has an
* amplitude during AC analysis of 1 volt and a sine waveform
* during transient of .1 volt at 5 megahertz.
VIN 100 0
+ AC 1 0
+ SIN( 0 .1 5.000E6 200.0E-9 2.000E6 30 )
* The power supplies are + and - SUPPLY volts. As mentioned
* above, expressions containing parameters can be used for values
* throughout the circuit file. Expressions are enclosed by
* ,,{´´ and ,,}´´ and allow arithmetic expressions.
VCC 101 0 DC {10*FACTOR}
VEE 102 0 {-10*FACTOR}
* The transistors' nodes are in the order collector - base -
* emitter. All transistors must refer to a model
* (QNL in this case).
Q1 4 2 6 QNL
```

Bild 4.4 Änderung der „Circuit“-Datei durch den „Stimulus Editor“

Bild 4.5 zeigt als Ergebnis der Transient-Analyse die Spannung am Ausgangsknoten 5 und die der ansteuernden Quelle.

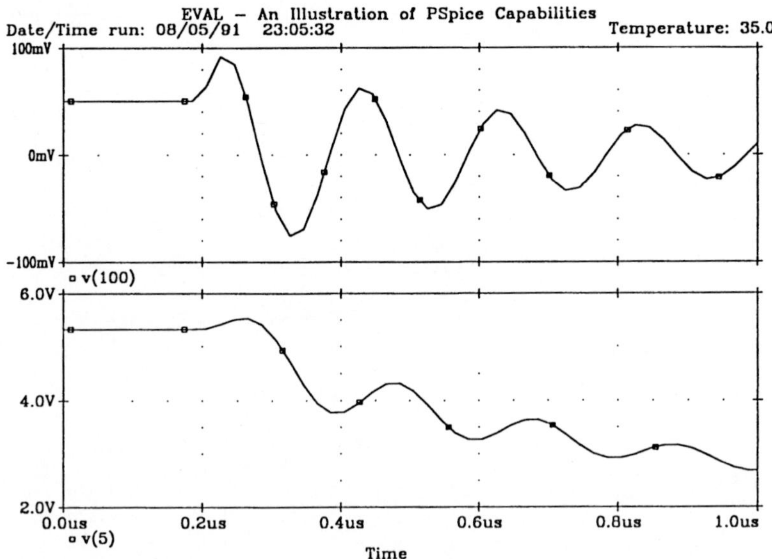

Bild 4.5 Transient-Analyse des Differenzverstärkers aus EVAL.CIR

4.3.2 Exponentialquelle

Diese Quelle erlaubt die Spezifikation eines exponentiell an- und abklingenden Impulses. Die Syntax ist für Spannungsquellen:

```
V<name> <+ node> <- node> EXP (<v1> <v2> <td1> <tc1> <td2> <tc2>)
```

<v1> bezeichnet den Startwert der Spannung. <v2> gibt den Spitzenwert der Spannung des Impulses an. <td1> gibt an, um welche Zeit die steigende Flanke verzögert sein soll. <tc1> gibt die Zeitkonstante der steigenden Flanke an. <td2> gibt an, um welche Zeit die fallende Flanke verzögert sein soll. <tc2> gibt die Zeitkonstante der fallenden Flanke an. So würde die Angabe VTEST 10 5 EXP (1 5 1 .2 2 .5) bedeuten, daß zwischen den Knoten 10 und 5 ein Spannungsimpuls generiert wird, dessen Anfangswert 1 V beträgt. Nach 1 s steigt die Spannung exponentiell mit einer Zeitkonstante von 0,2 s an, wobei sie sich dem Endwert von 5 V nähert. Nach 2 s fällt die Spannung exponentiell mit einer Zeitkonstante von 0,5 s bis zum Endwert von 1 V. Bild 4.6 zeigt den prinzipiellen Spannungsverlauf einer Exponentialquelle.

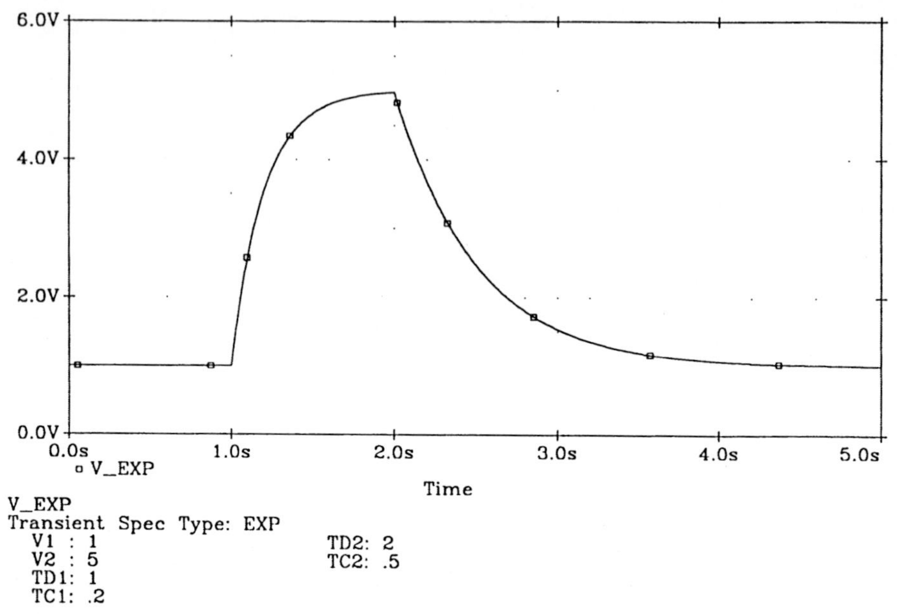

Bild 4.6 Spannungsverlauf der Exponentialquelle

4.3.3 Pulsquelle

Die Pulsquelle dient dazu, sich wiederholende Impulse mit definierter Anstiegs- und Abfallzeit vorgeben zu können. Die Syntax ist für Spannungsquellen:

```
V<name> <+ node> <- node>
+ PULSE (<v1> <v2> <td> <tr> <tf> <pw> <per>)
```

`<v1>` bezeichnet den Anfangswert der Spannung. `<v2>` gibt den Impulswert der Spannung an. `<td>` gibt an, um welche Zeit die erste steigende Flanke verzögert sein soll. `<tr>` gibt die Anstiegszeit der steigenden Flanke des Impulses an. `<tf>` gibt die Abfallzeit der fallenden Flanke des Impulses an. Werden beide Größen zu 0 gewählt, besetzt PSPICE sie mit dem im `.TRAN`-Befehl angegebenen Parameter `<print step value>`. `<pw>` gibt die Länge des Impulsdaches an. `<per>` gibt die Periodendauer an, mit der sich der spezifizierte Impuls wiederholen soll. So würde die Angabe `VTEST 10 5 PULSE (1 5 1 .1 .4 .5 2)` bedeuten, daß zwischen den Knoten 10 und 5 ein periodischer Spannungsimpuls generiert wird, dessen Anfangswert 1 V beträgt. Nach einer Wartezeit von 1 s steigt die Spannung innerhalb von 0,1 s linear auf 5 V an. Die Spannung bleibt dort 0,5 s lang, um dann innerhalb von 0,4 s auf den Anfangswert von 1 V zu fallen. Der nächste Spannungsanstieg erfolgt 2 s nach dem ersten Spannungsanstieg. Bild 4.7 zeigt den prinzipiellen Spannungsverlauf einer Pulsquelle.

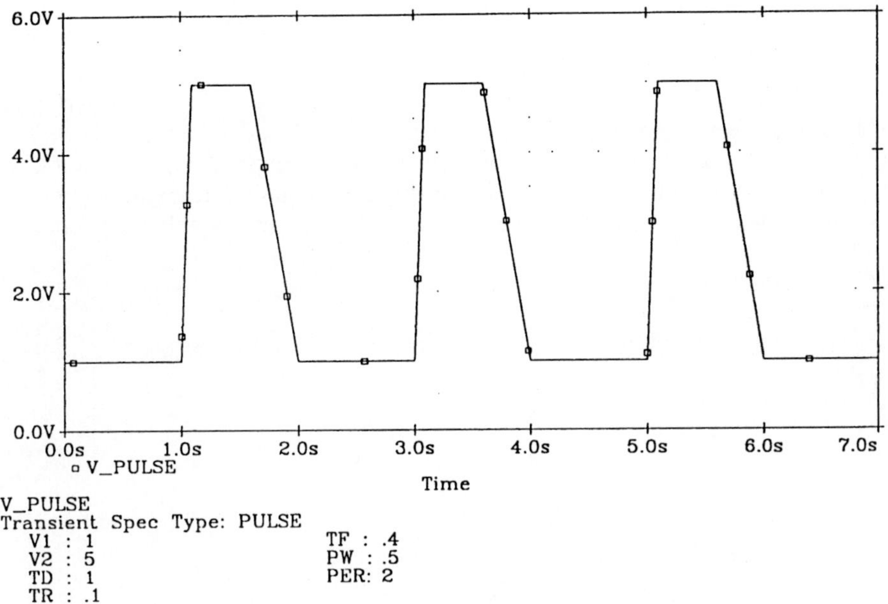

Bild 4.7 Spannungsverlauf der Pulsquelle

4.3.4 Polygonquelle

Mit der Polygonquelle ist es möglich, durch Approximation mittels Geradenstücken nahezu jede beliebige Kurvenform zu erzeugen. Die Syntax ist für Spannungsquellen

```
V<name> <+ node> <- node>
+ PWL [<time_scale_factor>] [<value_scale_factor>] (<tn> <vn>)
+ [[REPEAT FOR <n>] (<tn> <vn>) [ENDREPEAT]]
+ [[REPEAT FOREVER] (<tn> <vn>) [ENDREPEAT]]
```

`<tn>` `<vn>` beschreiben den Signalverlauf der Quelle. `<t1>` bezeichnet den ersten Zeitpunkt, an dem die Quelle die Spannung `<v1>` hat. `<t2>` bezeichnet den nächsten (zweiten) Zeitpunkt, an dem die Quelle den Wert `<v2>` einnimmt usw., bis zum Zeitpunkt `<tn>`, an dem die Quelle den Wert `<vn>` annimmt. Die Zeiten können optional mit dem Faktor `<time_scale_factor>` multipliziert werden. Gleiches gilt für die Spannungswerte, die mit `<value_scale_factor>` skalierbar sind. Wiederholt sich ein Signalverlauf, kann er mit einer `REPEAT FOR <n>`-Schleife bzw. mit einer `REPEAT FOREVER`-Schleife vereinfacht beschrieben werden. Weiterhin ist es möglich, den Funktionsverlauf in eine Datei zu speichern, dessen Name dann in der Polygonquellenbeschreibung angegeben wird. Die Syntax hierzu lautet:

```
PWL [<time_scale_factor>] [<value_scale_factor>] FILE <file name>
```

Beispiel:

```
V3 10 5 PWL (0 0 1 0 1.2 5 1.4 2 2 4 3 1)
```

beschreibt eine Quelle, die zum Zeitpunkt 0 eine Spannung von 0 V hat. Nach einer Sekunde steigt die Spannung innerhalb von 0,2 s auf 5 V an. In den nächsten 0,2 s fällt die Spannung auf 2 V, um dann bis zum Ablauf der zweiten Sekunde an der Gesamtzeit bis auf 4 V anzusteigen. Von der zweiten bis zur dritten Sekunde fällt die Spannung auf 1 V, wo sie dann den Rest der Zeit bleibt. Bild 4.8 zeigt den prinzipiellen Spannungsverlauf einer Polygonquelle.

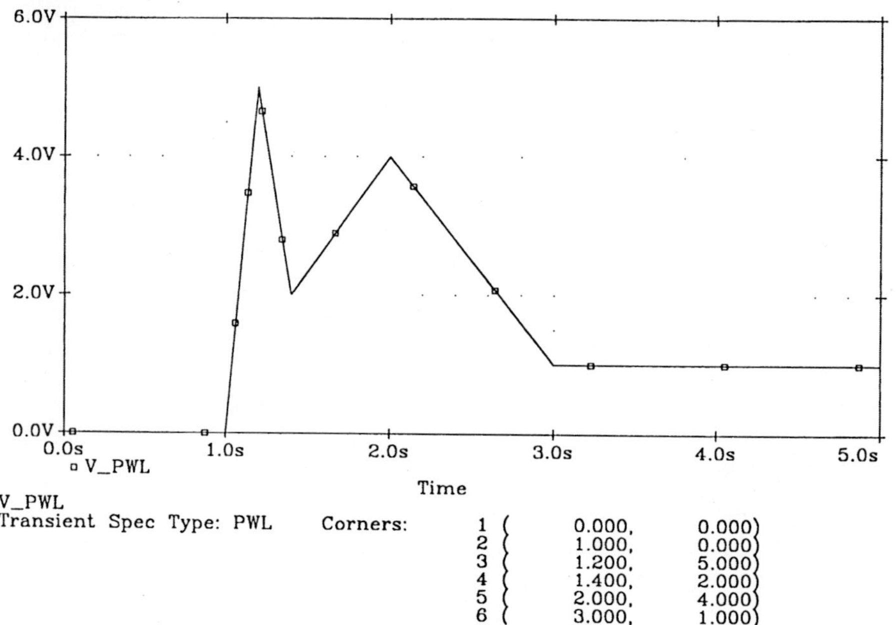

Bild 4.8 Spannungsverlauf der Polygonquelle

4.3.5 Frequenzmodulierte Quelle

Diese Quelle erlaubt die Spezifikation eines einfachen frequenzmodulierten Signals. Die Syntax ist für Spannnungsquellen:

```
V<name> <+node> <-node> SFFM (<voff> <vampl> <fc> <mod> <fm>)
```

`<voff>` gibt einen Gleichspannungsanteil an. `<vampl>` gibt die Spitzenamplitude der generierten Wechselspannung an. `<fc>` spezifiziert die Trägerfrequenz, die mit einem Modulationsindex von `<mod>` und einer Frequenz `<fm>` frequenzmoduliert ist. So bedeutet z.B. `VFM 10 5 SFFM (2 1 8 4 1)`, daß zwischen Knoten 10 und 5 eine frequenzmodulierte Sinusspannung erzeugt wird, die eine Amplitude von 1 V und einen

Gleichspannungsanteil von 2 V hat. Die Grundfrequenz ist 8 Hz, die Modulationsfrequenz ist 1 Hz und der Modulationsindex ist 4. Bild 4.9 zeigt den prinzipiellen Verlauf einer frequenzmodulierten Quelle.

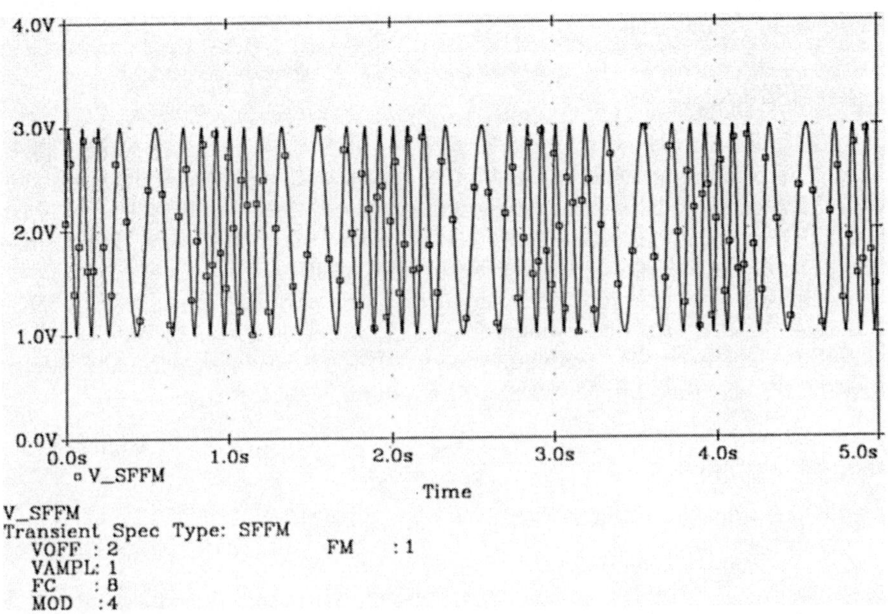

Bild 4.9 Spannungsverlauf der frequenzmodulierten Quelle

4.4 Gesteuerte Quellen

Gesteuerte Quellen sind abhängige Quellen, die durch spezifizierte Ströme oder Spannungen gesteuert werden. In ihrer einfachsten Ausführung (lineare gesteuerte Quelle) besteht nur ein Proportionalitätsfaktor zwischen der Eingangs- und Ausgangsgröße. In der Erweiterung lassen sich Polynome spezifizieren, die einen nichtlinearen Zusammenhang zwischen mehreren Eingangsgrößen und der Ausgangsgröße erlauben. PSPICE kennt vier solcher gesteuerten Quellen. Diese sind:

- Spannungsgesteuerte Spannungsquelle (Kennbuchstabe `E`)
- Stromgesteuerte Stromquelle (Kennbuchstabe `F`)
- Spannungsgesteuerte Stromquelle (Kennbuchstabe `G`)
- Stromgesteuerte Spannungsquelle (Kennbuchstabe `H`)

4.4.1 Lineare Quellen

Die Syntax für lineare Quellen ist bei Spannungssteuerung:

```
E<name> <+ node> <- node> <+ controlling node>
<- controlling node> <gain>
```

Bei Stromsteuerung ist die Syntax:

```
H<name> <+ node> <- node> <controlling V device name>
<transresistance>
```

<controlling node> bezeichnet die Knoten, an denen die Steuerspannung abgegriffen wird. Die Spannungssteuerung erfolgt in jedem Fall verlustfrei, d.h., aus den angegebenen Knoten wird kein Strom entnommen (es gibt keine galvanische Verbindung zur Quelle). <controlling V device name> bezeichnet eine Spannungsquelle, deren Strom zur Steuerung herangezogen wird. <gain> bzw. <transresistance> bezeichnen die linearen Übertragungsfaktoren. So bezeichnet die Angabe `FSENSE 1 2 VSENSE 10` eine stromgesteuerte Stromquelle zwischen den Knoten 1 und 2, die durch den Strom der Spannungsquelle `VSENSE` gesteuert wird. Der Strom der Quelle `FSENSE` ist 10mal größer wie der Strom durch `VSENSE`.

4.4.2 Nichtlineare Quellen

Die Syntax für nichtlineare Quellen ist bei Spannungssteuerung:

```
E<name> <+ node> <- node>
+ POLY (<value>) <<+ controlling node> <- controlling node>>
+ <<polynomial coefficient value>>
```

bzw. bei Stromsteuerung:

```
H<name> <+ node> <- node>
+ POLY (<value>) <<controlling V device name>>
+ <<polynomial coefficient value>>
```

Der nichtlineare Zusammenhang zwischen Eingangs- und Ausgangsgröße wird bei diesen Quellen durch eine Polynomfunktion erreicht. <value> hinter dem Schlüsselwort `POLY` bezeichnet die Anzahl der steuernden Quellen und damit die Dimension des Polynoms. Eine bestimmte Quelle kann mehrfach erscheinen. Auch kann die Ausgangsquelle als Eingangsquelle erscheinen. <<polynomial coefficient value>> bezeichnet eine Liste von Koeffizienten, die das Polynom und dessen Grad spezifizieren. Für spannungsgesteuerte Quellen (Typ `E` und `G`) muß die Anzahl der steuernden Knoten das Doppelte der Dimension sein. Für stromgesteuerte Quellen (Typ `F` und `H`) muß die Anzahl der stromfühlenden Spannungsquellen gleich der Dimension des Polynoms sein. Wenn die Spannungen einer spannungsgesteuerten Quelle (Typ `E`) mit V_1, V_2, ... V_n bezeichnet wären, dann sind die in der Liste spezifizierten Koeffizienten wie folgt dem Polynom zuzuordnen.

$$
\begin{aligned}
V_{out} = {} & P_0 + \\
& P_1V_1 + P_2V_2 + \ldots P_nV_n \\
& P_{n+1}V_1V_1 + P_{n+2}V_1V_2 + \ldots P_{n+n}V_1V_n \\
& . \\
& . \\
& P_{n!/(2(n-2)!)+2n}V_nV_n + \\
& P_{n!/(2(n-2)!)+2n+1}V_1^2V_1 + P_{n!/(2(n-2)!)+2n+2}V_1^2V_2 + \ldots \\
& . \\
& .
\end{aligned}
$$

Für den eindimensionalen Fall (eine steuernde Quelle) reduziert sich die obige Anordnung zu

$$V_{out} = P_0 + P_1V + P_2V^2 + \ldots P_nV^n$$

Es ist nicht nötig, daß alle Koeffizienten spezifiziert werden, aber es dürfen keine übersprungen werden. Z.B. bezeichnet

```
ESUM 100 101 POLY (4) (1,0) (2,0) (3,0) (4,0) 0.0 1.0 1.0 1.0 1.0
```

einen Summierer, der 4 Spannungen aufaddiert. Ein Quadrierer würde z.B. so aussehen:

```
ESQUARE 100 101 POLY (1) (1,0) 0.0 0.0 1.0
```

`ESQUARE` ist eine Spannungsquelle zwischen den Knoten 100 und 101, deren Spannungswert aus dem Quadrat der Spannung gebildet wird, die über den Knoten 1 und 0 liegt.

5 Auswertung der Ergebnisse

Die bei PSPICE anfallenden Ergebnisse einer Simulation fallen in zwei Kategorien, und zwar in solche, die nur in Textform darstellbar sind und solche, die wahlweise in Textform oder in graphischer Form darstellbar sind. Zu den Ergebnissen, die nur in Textform darstellbar sind, gehören die Schaltungsbeschreibung, die Arbeitspunktinformation, detaillierte Rauschergebnisse, Monte-Carlo- und Worst-Case-Ergebnisse und Laufzeitstatistiken. Knotenspannungen und Bauelementströme sind wahlweise über spezielle Befehle (`.PRINT` und `.PLOT`) in Textform abrufbar oder über den Befehl `.PROBE` durch einen nachfolgenden Postprozessor graphisch auswertbar.

5.1 Textausgabe

Die Ergebnisse, die über die Textausgabe abgerufen werden können, fallen in 4 Gruppen:

- Die Beschreibung der Schaltung. Das beinhaltet eine Netzliste, eine Bauteilliste, die Modellparameterliste usw.
- Die direkte Ausgabe von einigen Analysen, wie z.B. die Ergebnisse der `.SENS`- und der `.TF`-Analyse
- Tabellarische Ausdrucke und Zeilendruckerplots als Ausgabe der `.DC`-, `.AC`- und `.TRAN`-Analysen
- Laufzeitstatistiken, wie Rechenzeit und benötigter Speicherplatz

Welche Ausgabe erscheinen soll, läßt sich über die `.OPTIONS`-Anweisung bzw. über `.PRINT`- und `.PLOT`-Anweisungen angeben.

5.1.1 Ausgabe der Schaltungsbeschreibung

Die Ausgabe der Schaltungsbeschreibung läßt sich in vielerlei Weise beeinflussen.

- Ausgabe der „Circuit"-Datei. Dieser Ausgabeteil trägt den Titel „`CIRCUIT DESCRIPTION`". Er erscheint generell und kann mit der Option `NOECHO` über die `.OPTIONS`-Anweisung unterdrückt werden.
- Ausgabe einer Netz- oder Verdrahtungsliste. Dieser Ausgabeteil trägt den Titel „`ELEMENT NODE TABLE`". Er erscheint nur, wenn über die `.OPTIONS`-Anweisung die Option `NODE` angegeben wurde.
- Ausgabe der Modellparameter. Dieser Ausgabeteil trägt je nach Modelltyp einen anderen Titel. So lautet z.B. der Titel für Bipolartransistoren „`BJT MODEL PARAMETERS`". Er erscheint generell und kann mit der Option `NOMOD` über die `.OPTIONS`-Anweisung unterdrückt werden.

- Detaillierte Ausgabe aller in der Schaltung vorkommenden Bauelemente. Dieser Ausgabeteil trägt den Titel „CIRCUIT ELEMENT SUMMARY". Er erscheint nur, wenn über die .OPTIONS-Anweisung die Option LIST angegeben wurde.

5.1.2 Ausgabe von Arbeitspunktinformation und die direkte Ausgabe einiger Programmteile

Die Berechnung des Arbeitspunktes (.OP), die Kleinsignal-Übertragungsfunktion (.TF), die Empfindlichkeitsanalyse (.SENS), die Rauschanalyse (.NOISE), die Fourieranalyse (.FOUR), die Monte-Carlo-Analyse (.MC) und die Worst-Case-Analyse (.WCASE) erzeugen eine direkte Ausgabe. Direkt meint, daß weder eine .PRINT-Anweisung noch eine .PLOT-Anweisung nötig ist, um die Ergebnisse der einzelnen Analysen abzufragen. Das jeweilige Ausgabeformat ist abhängig von der gewählten Analyse und den darin berechneten Größen. Bei der Rauschanalyse (.NOISE) gibt es Abweichungen. Hier werden nur die in der .NOISE-Anweisung spezifizierten detaillierten Ausgaben direkt ausgegeben. Die Rauschwerte für alle Frequenzpunkte müssen über .PRINT und .PLOT abgefragt werden. Wenn die .OP-Anweisung in der „Circuit"-Datei weggelassen wird, kann die automatische Ausgabe des Arbeitspunktes mit der NOBIAS-Option in der .OPTIONS-Anweisung unterdrückt werden.

5.1.3 Ausgabe von tabellarischen Ergebnissen

Tabellarische Ergebnisse werden über die .PRINT-Anweisung abgefragt. Die Syntax dieser Anweisung ist

```
.PRINT[/DGTLCHG] [DC] [AC] [NOISE] [TRAN] [<output variable>]
```

DC, AC, NOISE und TRAN sind die Analysearten, von denen eine Ausgabe möglich ist. Exakt eine dieser Arten muß angegeben werden. Im Anschluß folgt eine Liste von Ausgabevariablen [<output variable>]. Diese Ausgabevariablen können folgendes spezifizieren:

- Eine Knotenspannung, z.B. V(4)
- Eine Spannung zwischen zwei Knoten, z.B. V(4,5)
- Eine Spannung an einem Bauteil mit 2 Anschlüssen, z.B. V(RC1)
- Eine Spannung an einem Bauteilanschluß, z.B. VC(Q2)
- Eine Spannung zwischen zwei Bauteilanschlüssen, z.B. VBE(Q2)
- Ein Strom durch ein Bauteil mit 2 Anschlüssen, z.B. I(CLOAD)
- Ein Strom, der in einen Bauteilanschluß hineinfließt, z.B. IC(Q2)

Die Ausgabe digitaler Signale verlangt die Form .PRINT/DGTLCHG. Für die Analyse im Frequenzbereich (AC-Analyse) lassen sich die Variablennamen wie folgt durch einen Zusatz modifizieren:

- Betrag (magnitude), z.B. VM(5) oder VCM(Q2)
- Betrag in Dezibel, z.B. VDB(4,5)
- Phasenlage, z.B. IP(VIN)
- Gruppenlaufzeit, z.B. VG(5)
- Realteil, z.B. IR(VIN)
- Imaginärteil, z.B. VI(4)

Kein Zusatz hat dieselbe Bedeutung wie der Zusatz M. Rauschergebnisse müssen über die Variablen INOISE und ONOISE (bzw. über DB(INOISE) und DB(ONOISE) bei Angabe in dB) abgefragt werden. Bild 5.1 zeigt dazu ein Beispiel einer tabellarischen Ausgabeform.

5.1.4 Ausdruck von Zeilendruckerplots

Die Ergebnisse der einzelnen Analysen lassen sich plotten. Da es sich hierbei aber um eine Textausgabe handelt, ist die Auflösung nicht besonders hoch. Die Syntax ist ähnlich wie beim tabellarischen Ausdruck und lautet:

```
.PLOT [DC] [AC] [NOISE] [TRAN] [<output variable>]
+ [<lower limit>, <upper limit>]
```

Im Gegensatz zur tabellarischen Ausgabe ist bei der Plotausgabe die Zahl der Ausgabevariablen auf 8 beschränkt. Der Wertebereich der Ausgabe kann mit <lower limit> und <upper limit> begrenzt werden. Das Beispiel einer Ergebnisausgabe als Zeilendruckerplot ist in Bild 5.2 dargestellt.

5.1.5 Ausgabe der Rechenstatistik

Hier kann abgelesen werden, wie lange der Rechner für die Berechnung der einzelnen Programmteile gebraucht hat und wieviel Speicherplatz die Berechnung benötigte. Dieser Ausgabeteil trägt den Titel „JOB STATISTICS SUMMARY“ und wird über die .OPTIONS-Anweisung durch die Option ACCT aktiviert.

```
****      TRANSIENT ANALYSIS                    TEMPERATURE =   35.000 DEG C


 TIME          V(100)       V(5)

  0.000E+00    5.000E-02    5.323E+00
  2.000E-08    5.000E-02    5.323E+00
  4.000E-08    5.000E-02    5.323E+00
  6.000E-08    5.000E-02    5.323E+00
  8.000E-08    5.000E-02    5.323E+00
  1.000E-07    5.000E-02    5.323E+00
  1.200E-07    5.000E-02    5.323E+00
  1.400E-07    5.000E-02    5.323E+00
  1.600E-07    5.000E-02    5.323E+00
  1.800E-07    5.000E-02    5.323E+00
  2.000E-07    5.984E-02    5.335E+00
  2.200E-07    8.422E-02    5.391E+00
  2.400E-07    8.673E-02    5.481E+00
  2.600E-07    5.707E-02    5.526E+00
  2.800E-07    8.668E-03    5.445E+00
  3.000E-07   -3.921E-02    5.209E+00
  3.200E-07   -6.896E-02    4.841E+00
  3.400E-07   -7.100E-02    4.418E+00
  3.600E-07   -4.673E-02    4.047E+00
  3.800E-07   -7.096E-03    3.822E+00
  4.000E-07    3.210E-02    3.784E+00
  4.200E-07    5.646E-02    3.904E+00
  4.400E-07    5.813E-02    4.099E+00
  4.600E-07    3.826E-02    4.265E+00
  4.800E-07    5.810E-03    4.318E+00
  5.000E-07   -2.631E-02    4.220E+00
  5.200E-07   -4.625E-02    3.996E+00
  5.400E-07   -4.762E-02    3.715E+00
  5.600E-07   -3.133E-02    3.462E+00
  5.800E-07   -4.754E-03    3.307E+00
  6.000E-07    2.153E-02    3.278E+00
  6.200E-07    3.786E-02    3.357E+00
  6.400E-07    3.899E-02    3.489E+00
  6.600E-07    2.565E-02    3.602E+00
  6.800E-07    3.893E-03    3.639E+00
  7.000E-07   -1.763E-02    3.574E+00
  7.200E-07   -3.100E-02    3.422E+00
  7.400E-07   -3.192E-02    3.230E+00
  7.600E-07   -2.100E-02    3.057E+00
  7.800E-07   -3.187E-03    2.949E+00
  8.000E-07    1.443E-02    2.927E+00
  8.200E-07    2.538E-02    2.978E+00
  8.400E-07    2.613E-02    3.065E+00
  8.600E-07    1.720E-02    3.141E+00
  8.800E-07    2.609E-03    3.166E+00
  9.000E-07   -1.182E-02    3.123E+00
  9.200E-07   -2.078E-02    3.021E+00
  9.400E-07   -2.140E-02    2.892E+00
  9.600E-07   -1.408E-02    2.775E+00
  9.800E-07   -2.136E-03    2.702E+00
  1.000E-06    1.009E-02    2.681E+00
```

Bild 5.1 Ergebnisse in tabellarischer Ausgabeform

```
****     TRANSIENT ANALYSIS                    TEMPERATURE =   35.000 DEG C

 LEGEND:

*: V(100)
+: V(5)

TIME         V(100)
(*)----------    -1.0000E-01 -5.0000E-02  0.0000E+00  5.0000E-02  1.0000E-01
(+)----------     2.0000E+00  3.0000E+00  4.0000E+00  5.0000E+00  6.0000E+00
                     - - - - - - - - - - - - - - - - - - - - - - - - - - -
0.000E+00  5.000E-02 .            .            .            *   +        .
2.000E-08  5.000E-02 .            .            .            *   +        .
4.000E-08  5.000E-02 .            .            .            *   +        .
6.000E-08  5.000E-02 .            .            .            *   +        .
8.000E-08  5.000E-02 .            .            .            *   +        .
1.000E-07  5.000E-02 .            .            .            *   +        .
1.200E-07  5.000E-02 .            .            .            *   +        .
1.400E-07  5.000E-02 .            .            .            *   +        .
1.600E-07  5.000E-02 .            .            .            *   +        .
1.800E-07  5.000E-02 .            .            .            *   +        .
2.000E-07  5.984E-02 .            .            .            .  *+        .
2.200E-07  8.422E-02 .            .            .            .    +   *   .
2.400E-07  8.673E-02 .            .            .            .     +   *  .
2.600E-07  5.707E-02 .            .            .            . *    +     .
2.800E-07  8.668E-03 .            .            . *          .     +      .
3.000E-07 -3.921E-02 .            .  *         .            .  +         .
3.200E-07 -6.896E-02 .       *    .            .          + .            .
3.400E-07 -7.100E-02 .       *    .            .    +       .            .
3.600E-07 -4.673E-02 .            .*           .+           .            .
3.800E-07 -7.096E-03 .            .          X .            .            .
4.000E-07  3.210E-02 .            .         +  .       *    .            .
4.200E-07  5.646E-02 .            .           +.            . *          .
4.400E-07  5.813E-02 .            .            .+           . *          .
4.600E-07  3.826E-02 .            .            .  +      *  .            .
4.800E-07  5.810E-03 .            .            . * +        .            .
5.000E-07 -2.631E-02 .            .     *      .  +         .            .
5.200E-07 -4.625E-02 .            .*           +            .            .
5.400E-07 -4.762E-02 .            .*       +   .            .            .
5.600E-07 -3.133E-02 .            .    *+      .            .            .
5.800E-07 -4.754E-03 .            .   +       *.            .            .
6.000E-07  2.153E-02 .            .   +        .     *      .            .
6.200E-07  3.786E-02 .            .    +       .         *  .            .
6.400E-07  3.899E-02 .            .     +      .         *  .            .
6.600E-07  2.565E-02 .            .       +    .      *     .            .
6.800E-07  3.893E-03 .            .       +    .*           .            .
7.000E-07 -1.763E-02 .            .      +*    .            .            .
7.200E-07 -3.100E-02 .            .    X       .            .            .
7.400E-07 -3.192E-02 .            .  + *       .            .            .
7.600E-07 -2.100E-02 .            .+      *    .            .            .
7.800E-07 -3.187E-03 .           +.           *.            .            .
8.000E-07  1.443E-02 .           +.            .   *        .            .
8.200E-07  2.538E-02 .            +            .      *     .            .
8.400E-07  2.613E-02 .            .+           .      *     .            .
8.600E-07  1.720E-02 .            . +          .   *        .            .
8.800E-07  2.609E-03 .            . +          .*           .            .
9.000E-07 -1.182E-02 .            . +       *  .            .            .
9.200E-07 -2.078E-02 .            +       *    .            .            .
9.400E-07 -2.140E-02 .           +.      *     .            .            .
9.600E-07 -1.408E-02 .         +  .        *   .            .            .
9.800E-07 -2.136E-03 .        +   .           *.            .            .
1.000E-06  1.009E-02 .        +   .            .  *         .            .
                     - - - - - - - - - - - - - - - - - - - - - - - - - - -
```

Bild 5.2 Ergebnisse als Zeilendruckerplot

5.2 Graphische Auswertung (PROBE)

Die graphische Auswertung geschieht bei PSPICE über das Programm PROBE, einem Postprozessor, der nach dem Simulationslauf von PSPICE aktiviert werden muß. PROBE erlaubt es, die verschiedenen Ergebnisse einer Simulation graphisch auf dem Bildschirm bzw. auf einem angeschlossenen Drucker oder Plotter auszugeben. PROBE ist so etwas wie ein „Software Oszilloskop". Während ein Programmlauf mit PSPICE dem Aufbau bzw. der Änderung einer Brettschaltung gleichkommt, entspricht ein Programmlauf mit PROBE der Untersuchung der Brettschaltung mit einem Oszilloskop.

PROBE kann entweder aus der MS-DOS-Umgebung gestartet werden oder über die PSPICE-Benutzeroberfläche (PSPICE Control Shell) aktiviert werden. Wenn PROBE aus einer der beiden Umgebungen aufgerufen wird, entnimmt es die Simulationsdaten einer Datei. Diese Datei ist mit `PROBE.DAT` bezeichnet, wenn der Start des PSPICE-Simulators aus der MS-DOS-Umgebung erfolgte. Wurde der Simulator über die PSPICE-Benutzeroberfläche aktiviert, so trägt diese Datei den Namen der „Circuit"-Datei mit der Erweiterung `.DAT`. Diese Datei mit den Simulationsdaten wird nur dann produziert, wenn sich die Anweisung `.PROBE` in der „Circuit"-Datei befindet und die Simulation fehlerfrei durchgeführt werden konnte. Je nach Umfang der simulierten Schaltung kann die Datei mit den Simulationsdaten sehr groß werden, da sie sämtliche Spannungen und Ströme der Schaltung enthält. Die Datenmenge läßt sich drastisch reduzieren, wenn man in der `.PROBE`-Anweisung ähnlich wie bei den `.PRINT`- und `.PLOT`-Anweisungen spezielle Spannungen oder Ströme spezifiziert.

Der graphische Postprozessor kann nach erfolgreicher Simulation unter MS-DOS mit dem Kommando `PROBE` aufgerufen werden. Bei der PSPICE-Benutzeroberfläche muß der entsprechende Menüpunkt aktiviert werden, um PROBE zu starten. Bei der PSPICE-Benutzeroberfläche kann man vereinbaren, daß der Aufruf von PROBE automatisch nach erfolgter Simulation geschehen soll.

PROBE kann mit vielen Bildschirmadaptern und Druckern/Plottern zusammenarbeiten. Die Bezeichnung der aktuell angeschlossenen Geräte muß in einer Konfigurationsdatei abgelegt sein. Einzelheiten dazu werden im Kapitel 12 gezeigt.

PROBE erlaubt die Benutzung einer Kommando-Datei. Ist eine Kommando-Datei beim Programmaufruf angegeben, werden alle Kommandos in dieser Datei nacheinander ausgeführt. Wenn das Ende der Datei erreicht ist, erwartet PROBE die Kommandos von der Tastatur. Ohne Angabe einer Kommando-Datei werden alle Kommandos von der Tastatur genommen. Die Kommandos in der Kommando-Datei sind dieselben, wie sie auch von der Tastatur einzugeben wären, bis auf folgende Ausnahmen:

- Der Name des Kommandos oder der erste Großbuchstabe des Kommandos kann benutzt werden.
- Alle Zeilen, die mit * beginnen, werden als Kommentarzeilen angesehen.
- Leerzeilen werden ignoriert.
- Die Kommandos „@`CR`", „@`DWN`", „@`UP`", „@`LEFT`", „@`RIGHT`" und „@`ESC`" dienen dazu, den Tastendruck auf die Tasten „Carriage Return", „Cursor down", „Cursor up", „Cursor left", „Cursor right" und „Escape" darzustellen.

- Das Kommando PAUSE läßt PROBE warten, bis irgendeine Taste auf der Tastatur gedrückt wird. Das kann hilfreich sein, um einen Kurvenzug in Ruhe anschauen zu können, bevor PROBE den nächsten Kurvenzug malt.

Ein Beispiel für den Inhalt solch einer Kommando-Datei könnte sein

```
* Selektiere die Transient-Analyse
Transient_analysis
* Bringe die Spannung zwischen Knoten 4 und 5 zur
* Anzeige und warte auf Tastendruck
Add_trace
V(4,5)
Pause
* Beende PROBE
Exit
Exit_program
```

Die Möglichkeit zur Nutzung einer Kommando-Datei kann dann sehr hilfreich sein, wenn z.B. immer dieselbe Simulation durchgeführt wird und man dabei immer nach demselben Kurvenzug Ausschau hält, weil man nur kleine Änderungen in der „Circuit"-Datei vornimmt. Man kann eine Kommando-Datei aber auch dazu benutzen, um nach einem langen Simulationslauf (z.B. über Nacht) einen Ausdruck auf dem Drucker zu erzeugen.

Anstatt die Kommando-Datei mühevoll mit der Hand über einen Texteditor eingeben zu müssen, läßt sich die Kommando-Datei auch automatisch über das Anlegen einer Log-Datei generieren. Während der Ausführung von PROBE werden alle Kommandos in dieser Log-Datei abgespeichert und stehen hinterher zur weiteren Bearbeitung zur Verfügung. Diese Weiterverarbeitung kann z.B. sein:

- Einfügen von Leerzeilen und Kommentaren, um die Lesbarkeit zu erhöhen.
- Einfügen des „PAUSE"-Kommandos, um Kurvenzüge begutachten zu können, bevor es im Ablauf weitergeht.
- Entfernen des „Exit_program"-Kommandos vom Ende der Datei, um ein automatisches Verlassen von PROBE zu vermeiden.

5.2.1 Auswahl vom Hauptmenü

Nach dem Start von PROBE befindet man sich üblicherweise im Hauptmenü. Das Hauptmenü erlaubt es, einzelne Abschnitte des Simulationsergebnisses auszuwählen.

Wenn eine Simulation mit PSPICE abläuft, so werden die Ergebnisse jeder einzelnen Analyse in einem separaten Abschnitt in der Datei mit den Simulationsdaten abgelegt. Das heißt, es existieren eigene Abschnitte für jede Analyseart (DC-Übertragungsanalyse, AC-Analyse, Transient-Analyse), die durchgeführt wurde, für jede Temperatur und für jeden Schaltkreis, der sich in der „Circuit"-Datei befindet. Enthält z.B. die „Circuit"-Datei zwei Schaltkreise, wovon ein Schaltkreis bei zwei Temperaturen mittels Transient-Analyse untersucht werden soll, und der andere Schaltkreis jeweils mittels

DC-Übertragungsanalyse und AC-Analyse untersucht werden soll, dann enthält die Datei mit den Simulationsdaten 4 Abschnitte.

Wenn die Datei mit den Simulationsdaten nur einen einzigen Abschnitt enthält, wird das Hauptmenü und das im nachfolgenden beschriebene Abschnittsmenü übersprungen, und PROBE zeigt sofort das Plotmenü. Das Hauptmenü enthält folgende Kommandos:

- `Exit_program` (oder Drücken der `<ESC>`-Taste) verläßt PROBE und gibt die Kontrolle zurück zu MS-DOS oder zur „PSPICE Control Shell".
- `Dc_sweep` wählt den Abschnitt aus der Datei mit den Simulationsdaten, der die DC-Übertragungsanalyse enthält. Dieses Kommando erscheint nur, wenn die Datei solch eine Analyse enthält.
- `Ac_sweep` wählt den Abschnitt aus der Datei mit den Simulationsdaten, der die AC-Analyse enthält. Dieses Kommando erscheint nur, wenn die Datei eine entsprechende Analyse enthält.
- `Transient_analysis` wählt den Abschnitt, der die Transient-Analyse enthält. Auch dieses Kommando erscheint nur, wenn auch die Datei Daten aus einer Transient-Analyse enthält.

5.2.2 Auswahl vom Abschnittsmenü

Enthält die Datei mit den Simulationsdaten mehrere Abschnitte der im Hauptmenü ausgewählten Analyseart, kann hier angegeben werden, welcher Abschnitt zur Anzeige gebracht werden soll. Das Abschnittsmenü erscheint deshalb auch nur in solchen Fällen. Folgende Kommandos sind hier möglich:

- `Exit` (oder Drücken der `<ESC>`-Taste) kehrt zum Hauptmenü zurück.
- `All_ <type_of_analysis>` selektiert alle Abschnitte der im Hauptmenü spezifizierten Analyse.
- `Select_sections` erlaubt die Auswahl bestimmter Abschnitte mit Hilfe des Cursors. Der angewählte Abschnitt erscheint in heller Darstellung und kann über die Leertaste selektiert werden. Selektierte Abschnitte haben ein „ > "-Zeichen vor dem Namen. Durch Drücken der `<CR>`-Taste wird die Auswahl übernommen und zum Plotmenü verzweigt.

5.2.3 Auswahl vom Plotmenü

Das Plotmenü ist **das** zentrale Menü von PROBE. Hier werden vielfältige Funktionen gesteuert. Diese sind: Selektieren von Kurvenzügen, Verändern der Plotbereiche, Plotsteuerung, Anzeigesteuerung, Definition von Makros, Steuerung der Ausgabe zum Drucker bzw. Plotter, Anzeige von Cursor, Zoomen der Kurvenzüge und Beschriften der Kurvenzüge. Mit dem Aufruf dieser Funktionen erscheint dann meist ein Untermenü, das eine Reihe von Möglichkeiten erlaubt.

PROBE hat über das Kommando `Plot_control` die Möglichkeit, mehrere Plots auf dem Bildschirm oder Drucker darzustellen. Einer dieser Plots ist selektiert (Anzeige:

SEL>>), und die meisten der oben erwähnten Befehle können dann nur den selektierten Plot beeinflussen. Die Funktionen des Plotmenüs sind im einzelnen:

- Exit (oder Drücken der <ESC>-Taste): verläßt das Plotmenü und kehrt zurück zum Hauptmenü.
- Add_trace: bringt einen neuen Kurvenzug im selektierten Plot zur Anzeige. Dieser Kurvenzug kann jede Art von Ausgangsvariable aus der Simulationsdatei sein oder ein arithmetischer Ausdruck, der Ausgangsvariable mit einschließt. Um die Liste der verfügbaren Variablennamen zu bekommen, kann man entweder die <F4>-Taste oder die rechte Maustaste drücken. Dann wird die Liste im oberen Bildschirmbereich dargestellt, und man kann über die Cursor-Tasten einen Variablennamen auswählen, der mit der <CR>-Taste in den Eingabebereich der Add_trace-Anweisung übernommen wird. Im Eingabebereich kann editiert werden, um z.B. aus den gewählten Variablen einen arithmetischen Ausdruck zu formen. Das Format und die Bedeutung der Ausgangsvariable ist dieselbe wie bei der .PRINT- bzw. .PLOT-Anweisung mit folgenden Ausnahmen:
  - V(<name>) und Vxy(<name>) sind nicht verfügbar, wie z.B. V(R3) oder VCE(Q13). Die Form Vx(<name>) ist allerdings möglich (z.B. VC(Q5)).
  - Um Rauschwerte anzuzeigen, ist V(ONOISE) anstatt ONOISE für das Ausgangsrauschen zu nehmen. In ähnlicher Weise ist V(INOISE) bzw. I(INOISE) statt INOISE für die Eingangsrauschgröße zu nehmen.
  - Zusätzlich zu den Ausgangsvariablen steht die Laufvariable der jeweiligen Analyse zur Verfügung. Bei der DC-Übertragungsanalyse sind es die durchfahrenen Quellen, bei der AC-Analyse ist es die Frequenz (mit dem Namen „Frequency“) und bei der Transient-Analyse ist es die Zeit (mit dem Namen „Time“), die als zusätzliche Variable wählbar sind.

Wie oben angedeutet, sind arithmetische Ausdrücke erlaubt. Im Gegensatz zu PSPICE unterscheidet PROBE zwischen Groß- und Kleinschreibung. Das ermöglicht PROBE, ein kleines m für milli (10^{-3}) und ein großes M für mega (10^{+6}) als Skalierungsfaktor zu benutzen. Die Skalierungsfaktoren MEG und MIL entfallen bei PROBE. Neben den Operatoren „+“, „-“, „*“ und „/“ sind die folgenden Funktionen erlaubt:

ABS(x)	Absolutwert von x
SGN(x)	Vorzeichen von x { -1 (bei $x < 0$); 0 (bei $x = 0$); +1 (bei $x > 0$) }
SQRT(x)	$\sqrt{x}$
EXP(x)	e-Funktion von x
LOG(x)	natürlicher Logarithmus von x
LOG10(x)	10er Logarithmus von x
M(x)	Betrag von x (Magnitude)
P(x)	Phasengang von x (Phase)
R(x)	Realteil von x (Realpart)
IMG(x)	Imaginärteil von x (Imaginarypart)
G(x)	Gruppenlaufzeit von x (Group delay)

`PWR(x,y)`	$\lvert x\rvert^y$
`SIN(x)`	Sinus von x (x im Bogenmaß)
`COS(x)`	Kosinus von x (x im Bogenmaß)
`TAN(x)`	Tangens von x (x im Bogenmaß)
`ATAN(x)`	Arcustangens von x (Resultat im Bogenmaß)
`ARCTAN(x)`	Arcustangens von x (Resultat im Bogenmaß)
`d(x)`	Ableitung von x bezüglich der Variable der X-Achse
`s(x)`	Integral von x über den Bereich der Variable der X-Achse
`AVG(x)`	Laufender Mittelwert von x über den Bereich der Variable der X-Achse
`RMS(x)`	Laufender Effektivwert von x über den Bereich der Variable der X-Achse
`MIN(x)`	Minimalwert des Realteils von x
`MAX(x)`	Maximalwert des Realteils von x

Ein Beispiel zur Nutzung arithmetischer Ausdrücke: Mit Hilfe der DC-Übertragungsanalyse soll das Ausgangskennlinienfeld eines Transistors ermittelt werden. Die verwendete Schaltung zeigt Bild 5.3.

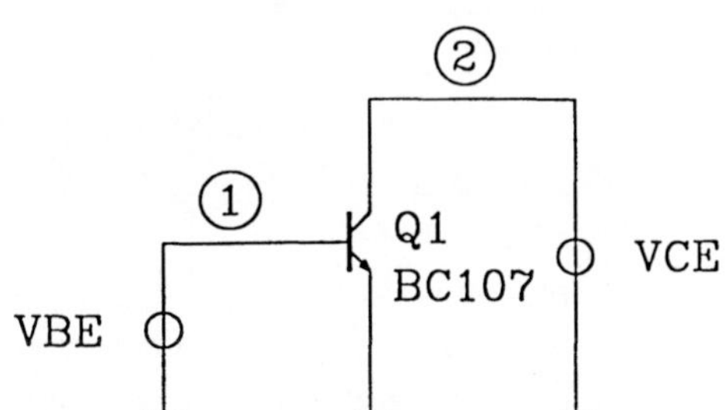

Bild 5.3
Schaltung zur Ermittlung des Ausgangskennlinienfeldes eines Transistors

Die Umsetzung der Schaltung in eine „Circuit"-Datei zeigt Bild 5.4.

```
Kennlinien bc107
*
*
vbe 1 0
vce 2 0
q1 2 1 0 bc107
*
.DC vce 0 12 0.1 vbe 0.6 0.7 0.02
*
.model bc107 npn (is=8.18e-14 bf=340 rb=174 vaf=62 cje=8p
+ cjc=3.5p tf=0.61n)
*
.end
```

Bild 5.4 „Circuit"-Datei zur Ermittlung des Ausgangskennlinienfeldes eines Transistors

Zur Erzielung einer Kurvenschar hat die `.DC`-Anweisung ein verschachteltes Argument. Das Bild 5.5 zeigt nun das Simulationsergebnis.

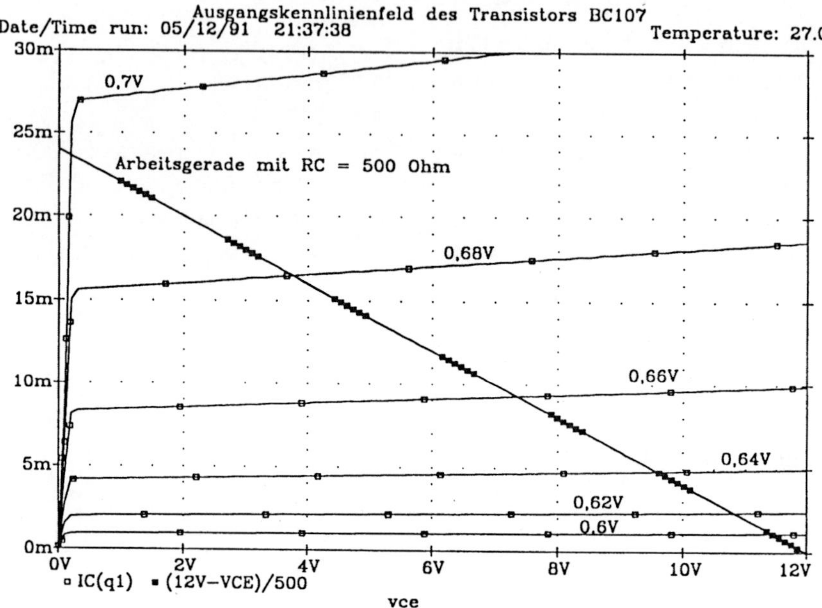

Bild 5.5 Ausgangskennlinienfeld des Transistors BC107

Die Variable in X-Richtung ist die Kollektor-Emitter-Spannung `VCE`, welche von 0 bis 12 V variiert. In Y-Richtung ist der Kollektorstrom aufgetragen. Wünscht man nun noch die Arbeitsgerade eines 500 Ω-Widerstands in der Darstellung, so läßt sich diese mit dem arithmetischen Ausdruck

```
(12V-VCE)/500
```

zur Anzeige bringen. Ein weiteres Beispiel ist die Darstellung der Verlustleistung im Transistor in Abhängigkeit von der Kollektor-Emitter-Spannung. Der dazugehörige arithmetische Ausdruck würde lauten:

```
VCE*IC(Q1)+VBE*IB(Q1)
```

Bei der Definition eines neuen Kurvenzuges kann man sich auch auf einen schon gezeigten Kurvenzug beziehen. Ein bestehender Kurvenzug wird mit `#<trace number>` definiert. Zeigt z.B. der bestehende Kurvenzug die Spannung am Knoten 1 (`V(1)`) und man definiert einen neuen Kurvenzug mit `#1*5`, dann ist diese neue Definition gleichbedeutend mit `V(1)*5`.

Neben arithmetischen Ausdrücken lassen sich auch vordefinierte Makros anwenden. Auf die Definition von Makros wird weiter unten eingegangen.

Existieren von einer Analyseart mehrere Abschnitte und wurden alle Abschnitte im Abschnittsmenü selektiert, dann erscheinen normalerweise von allen Abschnitten die dazugehörigen Kurvenzüge als Kurvenschar. Will man die Darstellung auf einen Kurvenzug aus einem bestimmten Abschnitt reduzieren, so muß man dem Variablennamen die Zeichenfolge „@<number>“ nachstellen, wobei <number> die Nummer des gewählten Abschnitts bezeichnet. Beispielweise zeigt V(4)@2 die Spannung an Knoten 4 aus dem Abschnitt 2.

Die Auswahl digitaler Signale geschieht in der gleichen Art und Weise wie bei analogen Signalen. Es können Einzel- oder Bussignale dargestellt werden, wobei durch Anhängen eines Semikolons und eines beliebigen Namens dem Signal dieser neue Name zugewiesen werden kann. Für die Auswahl von Bussignalen ist darüber hinaus eine Kurzform möglich. Statt z.B. AD4 AD3 AD2 AD1 ist auch die Form AD[4:1] erlaubt. Schließt man die Knotennamen zusätzlich in geschweifte Klammern ein, erfolgt keine Einzeldarstellung der Signale, sondern es wird nur ein allgemeiner Kurvenverlauf mit den jeweils gültigen hexadezimalen Gesamtwerten gezeichnet. Es können zur gleichen Zeit sowohl digitale als auch analoge Signale dargestellt werden. In diesem Fall teilt PROBE den Bildschirm in einen digitalen und einen analogen Plotbereich auf.

- Remove_trace: entfernt einen oder alle Kurvenzüge aus dem Plot.
- X-axis: zeigt das Achsenmenü. Es erlaubt die Veränderung des Plotbereichs in der X-Achse. Die einzelnen Menüpunkte sind
  - Exit (oder Taste <ESC>): Rückkehr zum Plotmenü.
  - Log: Logarithmische Darstellung.
  - Linear: Lineare Darstellung.
  - Auto_range: Automatische Bereichswahl.
  - Set_range: Eingabe eines Anzeigebereichs in der Form <value>, <value> oder <value> <value> oder (<value>, <value>).
  - Restrict_data: Einschränkung des Wertebereichs für die FFT oder andere bereichsorientierte Funktionen (s(x), AVG(x), RMS(x), MIN(x) und MAX(x)).
  - Unrestrict_data: Hebt die Einschränkung des Wertebereiches wieder auf.
  - X_variable: Bestimmt die Variable für die X-Achse.
  - Fourier: Führt eine schnelle Fouriertransformation (FFT) durch. Alle Kurvenzüge werden der Transformation unterworfen. Die X-Achse ändert dabei ihre Bezeichnung von TIME auf FREQUENCY und umgekehrt. Da die Anzahl der Datenpunkte einer FFT eine Zweierpotenz sein muß, interpoliert PROBE die zur Verfügung stehenden Datenpunkte zu einem neuen Satz von Datenpunkten, wobei die Anzahl eine naheliegende Zweierpotenz ist. (Ein Beispiel: eine Transient-Analyse überstreicht einen Zeitbereich von 0 bis 100 μs und erzeugt dabei 200 Datenpunkte. PROBE interpoliert diese Datenpunkte zu einem neuen Satz von 256 Datenpunkten.)
  - Quit_fourier: Beendet den FFT-Modus.
- Y_axis: zeigt das Achsenmenü. Es erlaubt die Veränderung des Plotbereichs in der Y-Achse. Die Menüpunkte sind ähnlich wie bei dem „X-axis“-Menüpunkt. Es

fehlen allerdings die Punkte Restrict_data, Unrestrict_data, X-variable, Fourier und Quit_fourier. Zusätzliche Funktionen sind:

- add_aXis: Fügt bis zu 3 Y-Achsen hinzu.
- Remove_axis: Löscht aktive Y-Achse.
- Change_title: Ändert die Bezeichnung der Y-Achse.
- selecT_axis: Dient zur Auswahl einer Y-Achse. Das Gitterkreuz des Plots stellt sich auf die aktive Y-Achse ein.
- color_Option: Legt fest, wie mehrere Kurvenzüge farblich dargestellt werden sollen. Es besteht die Wahl zwischen Normal (so viele Farben wie möglich), sequential_per_axis (nur die verfügbaren Farben werden benutzt) und Match_axis (nur die Farbe, die auch die entsprechende Y-Achse besitzt).

- Plot_control: zeigt das Menü zur Art der Anzeige. Die einzelnen Menüpunkte sind
  - Exit (oder Taste <ESC>): Rückkehr zum Plotmenü.
  - Add_plot: Bringt einen zusätzlichen Plot zur Anzeige, indem es die bestehenden Plots nach unten „quetscht“, um dann in der entstandenen Lücke den neuen Plot anzuzeigen, der zum selektierten Plot wird.
  - Remove_plot: Entfernt den selektierten Plot. Die verbleibenden Plots werden „gezogen“, um die Lücke zu füllen.
  - Select_plot: Erlaubt die Selektion eines anderen Plots.
  - always_Use_symbols: Fügt zusätzlich in die Kurvenzüge Symbole zur Unterscheidung der Kurvenzüge ein.
  - auTo_symbols: Fügt zusätzliche Symbole nur dann ein, wenn es der Übersichtlichkeit dient.
  - Never_use_symbols: Verbietet den Gebrauch von Symbolen.
  - Mark_data_points: Markiert die Punkte der Kurve, die als Datenpunkte aus der Simulationsdatei vorliegen.
  - Do_not_mark_data_points: Gegenteil von „Mark_data_points“.
  - Change_digital_plot_size:
    - Modify_plot_size: Ändert die Größe des digitalen Plotbereichs, wenn gleichzeitig digitale und analoge Signale dargestellt sind.
    - Change_display_name_size: Ändert die Anzahl der Zeichen, die PROBE für die Beschriftung der digitalen Signale an der Y-Achse reserviert.

- Display_control: dient zur Verwaltung von Schirmbildern. Die einzelnen Menüpunkte sind:
  - Exit (oder Taste <ESC>): Rückkehr zum Plotmenü.
  - Restore: Fragt nach einem Namen eines Schirmbildes und holt die abgespeicherten Werte wieder zurück. Das aktuelle Schirmbild wird unter dem Namen LAST_DISPLAY gespeichert. Beide müssen die gleiche Analyseart besitzen.

- Save: Fragt nach einem Namen und speichert das aktuelle Schirmbild unter diesem Namen ab.
- List_displays: Listet alle verfügbaren Schirmbilder auf.
- View_display_detail: Fragt nach einem Namen und listet die Parameter dieses Schirmbildes auf.
- One_delete: Fragt nach einem Namen eines Schirmbildes und löscht es
- All_delete: Löscht alle Schirmbilder.

- digital_Trace_commands: Mit diesem Menü können Kurvenverläufe im digitalen Plotbereich manipuliert werden.
  - Move_trace: Verschiebt ein digitales Signal innerhalb des Plotbereichs.
  - Insert_trace: Fügt ein weiteres Signal an eine beliebige Position im digitalen Plotbereich ein. Es gilt die gleiche Eingabesyntax wie im Menü Add_trace.
  - Change_trace: Ersetzt ein digitales Signal durch ein neues. Es gilt die gleiche Eingabesyntax wie im Menü Add_trace.

- Macros: Dieses Menü erlaubt die Definition und das Ändern von Makros. Die einzelnen Menüpunkte sind:
  - Exit (oder Taste <ESC>): Rückkehr zum Plotmenü.
  - Define_macro: Dient zur Definition eines Makros. Die Syntax eines Makros lautet:

    ```
    <macro name>[(<arg>[,<arg>])] = <definition>
    ```

    Wenn das Makro Argumente verlangt, darf zwischen Makroname und „(" kein Leerzeichen stehen. Beispiele für Makros sind

    ```
    ADD(A,B) = A + B
    10X(A) = 10*A
    PI=3.14159
    ```

    Makros werden im Menüpunkt Add_trace eingesetzt. Dort würde z.B. die Eingabe „ADD(V(1),V(2))" die Spannungen V(1) und V(2) addieren und auf dem Bildschirm darstellen. Die Makros werden in der Datei PROBE.MAC gespeichert. Bei jedem Aufruf von PROBE stehen sie wieder zur Verfügung. Die Datei PROBE.MAC kann mit einem Texteditor editiert werden. Ein Makro muß einschließlich Name und Argumente in einer Zeile mit maximal 80 Zeichen stehen. Zeilen, die mit „ * " beginnen, gelten als Kommentare. Nach einem Makro darf ebenfalls, getrennt durch ein „ ; ", ein Kommentar stehen. Leerzeilen werden ignoriert.
  - Modify_macro: Ändert ein existierendes Makro.
  - Copy_macro: Kopiert ein Makro.
  - List_macros: Listet alle existierende Makros.
  - One_delete: Löscht ein Makro.
  - All_delete: Löscht alle Makros.

- Hard_copy: Druckt oder plottet das aktuelle Schirmbild. Das Ausgabegerät ist in der Konfigurationsdatei festgelegt. Wenn mehr als ein Gerät angegeben ist, wird nach dem Ausgabegerät gefragt. Anschließend muß die Papiergröße gewählt werden. Es stehen die folgenden Größen zur Auswahl:

  Papiergröße Printer: „1_page_long“, „2_page_long“ und „other_length“

  Papiergröße Plotter: A = 8,5" x 11"
B = 11" x 17"
C = 17" x 22"
D = 22" x 34"

  Erfolgt der Druck in eine Datei, wird nach einem Dateinamen gefragt.

- Cursor: Mit Hilfe zweier Cursor läßt sich eine Kurve vermessen. Die X- und Y-Werte sowie deren Differenzen werden laufend angezeigt. Die Cursor können entweder über die Tastatur oder mit der Maus gesteuert werden. Die Tasten <Cursor Right> und <Cursor Left> bewegen den ersten Cursor entlangt der Kurve. <HOME> und <END> positionieren ihn an den Anfang bzw. an das Ende. Sind mehrere Kurven dargestellt, wechselt die Tastenkombination <CTRL> <Cursor Right> bzw. <CTRL> <Cursor Left> zwischen den einzelnen Kurven. Der zweite Cursor läßt sich mit den gleichen Tasten in Verbindung mit der <SHIFT>-Taste steuern. Steht eine Maus zur Verfügung, positioniert die linke Maustaste den ersten Cursor auf den Kurvenpunkt, der dem Mauscursor am nächsten liegt. Die rechte Maustaste ist für den zweiten Cursor verantwortlich. Durch Anklicken des Kurvensymbols in der Legende wird die gewünschte Kurve ausgewählt. Das Cursormenü enthält im einzelnen:

  - Exit (oder Taste <ESC>): Rückkehr zum Plotmenü.
  - Hard_copy: Erzeugt einen Ausdruck vom aktuellen Bild incl. Cursor.
  - Peak: Setzt den zuletzt bewegten Cursor auf das nächste Maximum. Die Bewegungsrichtung entspricht der zuletzt durchgeführten.
  - Trough: Setzt den zuletzt bewegten Cursor auf das nächste Minimum.
  - sLope: Setzt den zuletzt bewegten Cursor auf die nächste steilste positive oder negative Steigung. Er wird in die Mitte der dazugehörigen Datenpunkte positioniert.
  - Min: Setzt den zuletzt bewegten Cursor auf das absolute Minimum der Kurve.
  - maX: Setzt den zuletzt bewegten Cursor auf das absolute Maximum der Kurve.
  - Search_commands: Setzt die Suchbedingung für „Peak“, „Trough“, „sLope“, „Min“ und „maX“. Die Syntax lautet:

    Search [<direction>] [#<consecutive points>#]
+ [<range x> [,<range y>]] + [for] [<repeat>:] <condition>

    Die Argumente können folgende Werte annehmen:

    - [<direction>]: Forward oder Backward: Es wird vorwärts bzw. rückwärts gesucht.
    - [#<consecutive points>#]: Definiert die Anzahl der aufeinanderfolgenden Punkte, die notwendig sind, um die Bedingung zu erfüllen.

  - `[(<range x> [,<range y>)]`: Setzt den X- und Y-Bereich fest, in dem die Suche durchgeführt werden soll.
  - `[<repeat>]`: Die gesetzte Bedingung muß `[<repeat>]`-mal erfüllt worden sein, um die Suche zu beenden.
  - `<condition>`: Setzt die Bedingung, die zur Beendigung der Suche führt. Diese Bedingung kann sein:
- `LEvel <<value> [,<posneg>]>`: Suchen nach dem Y-Wert `<value>`, `[,<posneg>]` gibt die Steigung an (`Positive`, `Negative` oder `Both`).
- `SLope[<posneg>]`: Suchen nach der nächsten steilsten Steigung. `<posneg>` kann `Positive`, `Negative` oder `Both` sein.
- `PEak`: Suchen nach dem nächsten Maximum.
- `TRough`: Suchen nach dem nächsten Minimum.
- `MAx`: Suchen nach dem absoluten Maximum.
- `MIn`: Suchen nach dem absoluten Minimum.
- `XValue <value>`: Suchen nach dem X-Wert `<value>`.

Beispiel:

```
search forward #4# (1n,5n) for 5:level(3,positive)
```

Es wird in Vorwärtsrichtung nach dem 5. Vorkommen eines 3 Volt Y-Pegels gesucht. Dieser Wert muß nach einer positiven Steigung folgen, d.h. die Y-Werte müssen vorher ansteigen. Außerdem muß er 4 aufeinanderfolgende Punkte besitzen, deren Werte kleiner oder gleich 3 Volt sind. In X-Richtung beschränkt sich die Suche auf den Bereich von 1n bis 5n, der Y-Bereich ist unbeschränkt.

- `Zoom`: dient zur Vergrößerung von Kurvenausschnitten. Der gewünschte Bereich kann durch Verschieben eines Kreuzes mittels der Cursortasten oder mit der linken Maustaste spezifiert werden. Die Menüpunkte sind im einzelnen:
  - `Exit` (oder Taste `<ESC>`): Rückkehr zum Plotmenü
  - `Specify_region`: Wählt den zu zoomenden Bereich. Die erste Ecke wählt man durch Positionieren des Cursors mit Hilfe der Cursortasten und anschließendem Drücken der `<SPACE>`-Taste oder durch ständiges Drücken der linken Maustaste. Die zweite Ecke wird ebenfalls durch die Cursortasten und die `<SPACE>`-Taste oder durch Loslassen der linken Maustaste festgelegt.
  - `X_zoom_in`: Vergrößert um den Faktor 2 in X-Richtung. Ursprung ist das Kreuz.
  - `Y_zoom_in`: Vergrößert um den Faktor 2 in Y-Richtung. Ursprung ist das Kreuz.
  - `Zoom_out`: Verkleinert um den Faktor 2 in X- und Y-Richtung. Ursprung ist das Kreuz.
  - `Pan`: Verschiebt den aktuellen Ausschnitt. Die Ausschnittsgröße bleibt unverändert.

  - Auto_range: Wählt die X- und Y-Achsen so, daß alle Kurven wieder vollständig dargestellt werden.

- Label: Mithilfe des „Label"-Menüs kann das aktuelle Schirmbild beschriftet werden. Hier befinden sich die Punkte:
  - Exit (oder Taste <ESC>): Rückkehr zum Plotmenü.
  - Poly_line: Zeichnet einen Kurvenzug aus Geradenstücken.
  - Arrow: Zeichnet einen Pfeil.
  - Box: Zeichnet ein Rechteck.
  - Circle: Zeichnet einen Kreis.
  - ellipSe: Zeichnet eine Ellipse.
  - tItle: Ändert die Titelzeile, die bei einem Ausdruck (Hard-Copy) geschrieben wird.
  - Delete_one: Löscht ein gezeichnetes Element aus dem Schirmbild.
  - delete_all: Löscht alle gezeichneten Elemente außer tItle.
  - Move: Verschiebt ein gezeichnetes Element.
  - Refresh: Löscht alle Elemente und zeichnet das aktuelle Schirmbild neu.
  - conFig_colors: Dient zur Manipulation der Farben des Hintergrundes, des Vordergrundes, der Kurven, des Cursors und der Maus. Näheres hierzu in Kapitel 12.1.4.

6 Angewandte Beispiele für Simulationen

In diesem Kapitel soll anhand von Mustersimulationen gezeigt werden, wie man Problemstellungen aus der elektronischen Schaltungstechnik mit Hilfe von PSPICE bewältigen kann. Dabei soll auch gezeigt werden, wie man für bestimmte Anwendungsfälle die relevanten Meßgrößen ermitteln kann, wie z.B. die Rauschzahl oder den „3rd order intercept point" (Kennzahl zur Charakterisierung von Verzerrungsprodukten 3. Ordnung) eines Verstärkers.

6.1 Differenzverstärker

Anhand dieses Beispiels soll gezeigt werden, daß zur Ermittlung der Übertragungskennlinie eines Differenzverstärkers auch die Transient-Analyse benutzt werden kann. Weiter soll demonstriert werden, wie man durch die Anwendung der mathematischen Möglichkeiten in PROBE die Aussagefähigkeit eines Analyseergebnisses wesentlich erhöhen kann.

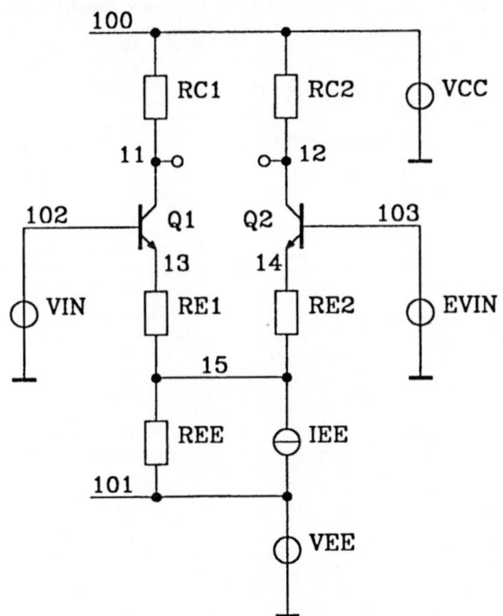

Bild 6.1
Schaltung eines Differenzverstärkers

Wenn man einen Differenzverstärker (siehe Bild 6.1) simulieren möchte, muß man ihn erst einmal entwerfen, d.h. man hat einen Transistortyp auszuwählen, muß den Arbeitspunkt festlegen und die zur Funktion nötigen Bauelemente berechnen. Als Transistortyp bietet sich ein Transistor an, dessen Modell der Bibliothek des Demopaketes beigegeben ist. Aus dieser Bibliothek eignet sich recht gut der NPN-Transistor 2N3904 für den Einsatz als Differenzverstärkerbauelement. Der Transistor 2N3904 hat seine höchste Stromverstärkung im Kollektorstrombereich von 1 mA < I_C < 20 mA. Ein vernünftiger

Wert für den Arbeitspunkt des Transistors ist $I_C = 4$ mA. Die Versorgungsspannung sei $U_{CC} = +12$ V und $U_{EE} = -12$ V. An den Kollektorwiderständen solle eine mittlere Spannung von $U_{RC1} = U_{RC2} = 8$ V abfallen. Aus Kollektorstrom und Spannungsabfall errechnen sich die Kollektorwiderstände zu

$$R_{C1} = \frac{U_{RC1}}{I_C} = 2\ \text{k}\Omega = R_{C2} \tag{6.1}$$

Der Emittersummenstrom ergibt sich zu $I_{EE} = 8$ mA. Der Spannungsabfall am gemeinsamen Emitterwiderstand R_{EE} solle $U_E = 12$ V betragen. Damit wird

$$R_{EE} = \frac{U_E}{I_{EE}} = \frac{12\ \text{V}}{8\ \text{mA}} = 1{,}5\ \text{k}\Omega \tag{6.2}$$

Mit den Widerständen R_{E1} und R_{E2} läßt sich die Differenzverstärkung durch Gegenkopplung reduzieren und damit der Bereich der Eingangsspannung erhöhen. Die Widerstände sollen während der Simulation durch Parametervariation von 0 bis 80 Ω durchfahren werden (Parameterliste: {0,10,30,80}). Der maximale Eingangsspannungsbereich beträgt ohne Gegenkopplung ungefähr $U_{in} = \pm 100$ mV. Damit liegt der Aussteuerbereich der Eingangsquellen fest. Durch die Anordnung mit zwei Eingangsquellen, bei der die zweite Quelle durch die erste gesteuert wird und das inverse Signal abgibt, folgt für die Differenzeingangsspannung $U_d = 2 \cdot U_{in} = \pm 200$ mV.

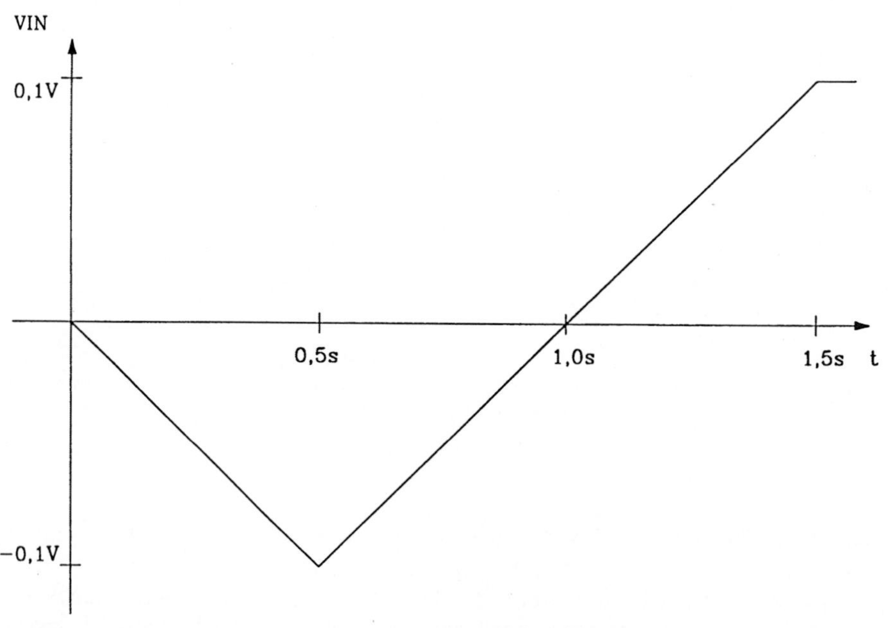

Bild 6.2 Verlauf der Spannung `vin`

Als Analyseart bietet sich zur Untersuchung des Differenzverstärkers prinzipiell die DC-Analyse an. Aber man kann dasselbe Ergebnis auch über die Transient-Analyse erzielen. Dazu ist es günstig, für die Eingangsspannung den in Bild 6.2 gezeigten Spannungsverlauf über der Zeit zu benutzen.

Zum Zeitpunkt $t = 0$ ist die Spannung `vin` = 0 und durchfährt zwischen $t = 0{,}5$ s bis $t = 1{,}5$ s den gesamten vorgesehenen Spannungsbereich. Läßt man sich während der Transient-Analyse nur den Zeitbereich von $t = 0{,}5$ s bis $t = 1{,}5$ s anzeigen, hat man schon direkt eine Variation der Eingangsgröße wie bei der DC-Analyse.

Nachdem nun alle Parameter bekannt sind und im Schaltbild Knotennummern eingetragen wurden, kann man zur Umsetzung des Schaltplanes in die „Circuit"-Datei schreiten. In Bild 6.3 ist dies geschehen.

```
Differential amplifier
*
*  declarations
*
.options noecho node nomod list acct
.param  vsupply=12
.param  emitterdeg=0
.param  emittercom=1.5k
.param  emittercur=0
*
*  circuit description
*
rc1    100   11  2k
rc2    100   12  2k
q1      11   102 13   q2n3904
q2      12   103 14   q2n3904
re1     13   15       {0.001+emitterdeg}
re2     14   15       {0.001+emitterdeg}
ree      5   101      {emittercom}
*
*  sources
*
vcc    100   0        {1.0*vsupply}
vee    101   0        {-1.0*vsupply}
iee     15   101      {emittercur}
vin    102   0        pwl(0 0.0 0.5 -0.1 1.5 0.1)
evin   103   0  102   0   -1
*evin  103   0  102   01
*
*  analyses
*
.dc    lin   vin     -0.1 0.1  0.01
.tran 0.02  1.5       0.5
.step param emitterdeg  list 0 10 30 80
*
* models
*
.model Q2N3904 NPN(Is=6.734f Xti=3 Eg=1.11 Vaf=74.03 Bf=416.4 Ne=1.259
+  Ise=6.734f Ikf=66.78m Xtb=1.5 Br=.7371 Nc=2 Isc=0 Ikr=0 Rc=1
```

```
+  Cjc=3.638p Mjc=.3085 Vjc=.75 Fc=.5 Cje=4.493p Mje=.2593 Vje=.75
+  Tr=239.5n Tf=301.2p Itf=.4 Vtf=4 Xtf=2 Rb=10)
*
* output
*
.probe
*
* end of circuit file
*
.end
```

Bild 6.3 „Circuit"-Datei für den Differenzverstärker

Im ersten Abschnitt der Datei befinden sich die Deklarationen der verwendeten Parameter. Diese sind:

`vsupply`	=	Versorgungsspannung
`emitterdeg`	=	Gegenkopplungswiderstand zur Verstärkungseinstellung
`emittercom`	=	Innenwiderstand der Emitterstromquelle bzw. Emitterwiderstand
`emittercur`	=	Strom der Emitterstromquelle

Die auch darin enthaltene `.OPTIONS`-Anweisung soll erreichen, daß Knotentabelle und Elementtabelle in die Ausgabedatei aufgenommen werden.

Im zweiten Abschnitt folgt die Beschreibung der Schaltung. Da der Wert eines Bauelementes nicht Null sein darf, bilden sich die Gegenkopplungswiderstände aus einem sehr niedrigen Wert (0,001 Ω) und dem Parameter.

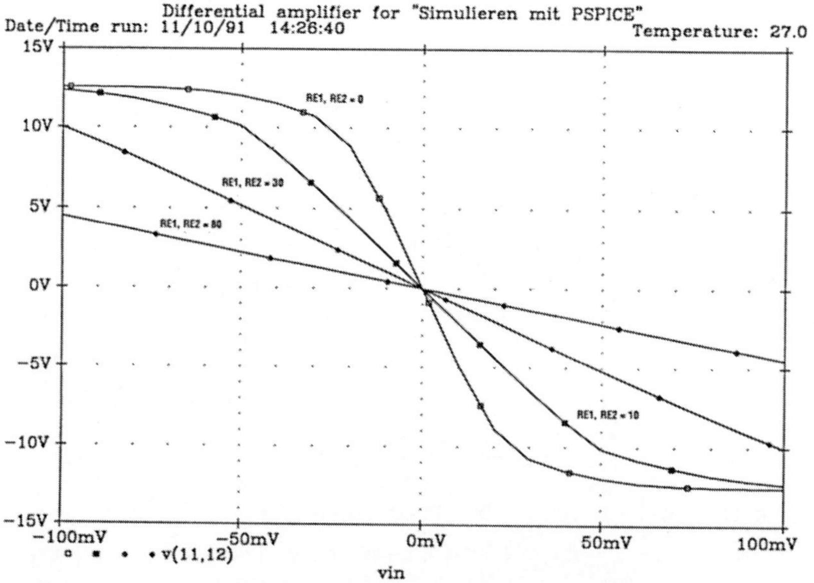

Bild 6.4 DC-Transferkurve mit verschiedener Emittergegenkopplung

Im dritten Abschnitt befinden sich die verwendeten Quellen. Die Quelle `evin` am zweiten Eingang trägt die negierte Spannung `vin`. Das entspricht einer reinen Differenzansteuerung. Zur späteren Überprüfung der Gleichtaktverstärkung darf `evin` das Signal nicht invertieren. Dieser Fall ist in der Datei durch ein Kommentarsternchen schon vorbereitet.

Im vierten Abschnitt finden sich die Befehle zum Steuern der Analysen. Neben der DC-Analyse wird auch eine Transient-Analyse vorgenommen. Bei dieser Transient-Analyse kann die Zeitachse beliebig groß gewählt werden, der Anzeigebereich muß nur mit dem zeitlichen Ablauf der Quelle `vin` zusammenpassen. Mit der `.STEP`-Anweisung werden insgesamt 4 individuelle Simulationsläufe mit unterschiedlichem Parameter `emitter-deg` gestartet.

Im fünften Abschnitt erfolgt die Beschreibung des gewählten Transistormodells. Diese Beschreibung ist original aus der Bibliothek (`EVAL.LIB`) des Demo-Programmpaketes kopiert worden.

Im sechsten Abschnitt sorgt die `.PROBE`-Anweisung für die Erzeugung einer Zwischendatei mit allen Simulationsergebnissen, die graphisch ausgewertet werden können.

Ist die „Circuit"-Datei ordnungsgemäß eingegeben, kann der Simulator über den Menüpunkt `Analysis` gestartet werden. Nach erfolgreicher Simulation befindet man sich im Hauptmenü von PROBE und kann nun auswählen, von welcher Analyse die Ergebnisse ausgewertet werden sollen. Ein Ergebnis der DC-Analyse ist im Bild 6.4 dargestellt.

Es zeigt die Differenzausgangsspannung in Abhängigkeit der Eingangsspannung `vin` (der halben Differenzeingangsspannung!) mit dem Gegenkopplungswiderstand R_{E1} bzw. R_{E2} als Parameter. Die Angabe der Parameterwerte an den Kurven erfolgte dabei nicht automatisch, sondern manuell mit der Zeichenhilfe von PROBE. Am Simulationsergebnis kann man deutlich erkennen, daß eine lineare Übertragung großer Eingangssignale nur bei entsprechend hohem Gegenkopplungswiderstand stattfinden kann.

Das gleiche Ergebnis, jetzt aber über die Transient-Analyse ermittelt, ist in Bild 6.5 dargestellt.

Die Unstetigkeit der dargestellten Kurvenzüge ist nicht real, sondern ergibt sich aus der geringen Anzahl der Berechnungspunkte, die gewählt wurde, um die Simulationszeit klein zu halten. PROBE interpoliert die Berechnungspunkte linear, d.h. mit Geradenstücken.

PROBE erlaubt als X-Koordinate jede beliebige vorhandene Größe, also auch die Differenzeingangsspannung. Ein kleines Problem besteht aber nun darin, daß es letztendlich vier eigenständige Simulationen sind und PROBE nur eine der vier Differenzeingangsspannungen als X-Achse verarbeiten kann. Daher ist hier die Differenzeingangsspannung der ersten Simulation durch Angabe von `V(102,103)@1` ausgewählt worden. Die Transient-Analyse bietet hier im Vergleich zur DC-Analyse einen Zeitvorteil. Während der DC-Analyse erfolgt nämlich jeweils während der Variation der Laufvariablen ein Plattenzugriff. Dieser entfällt bei der Transient-Analyse.

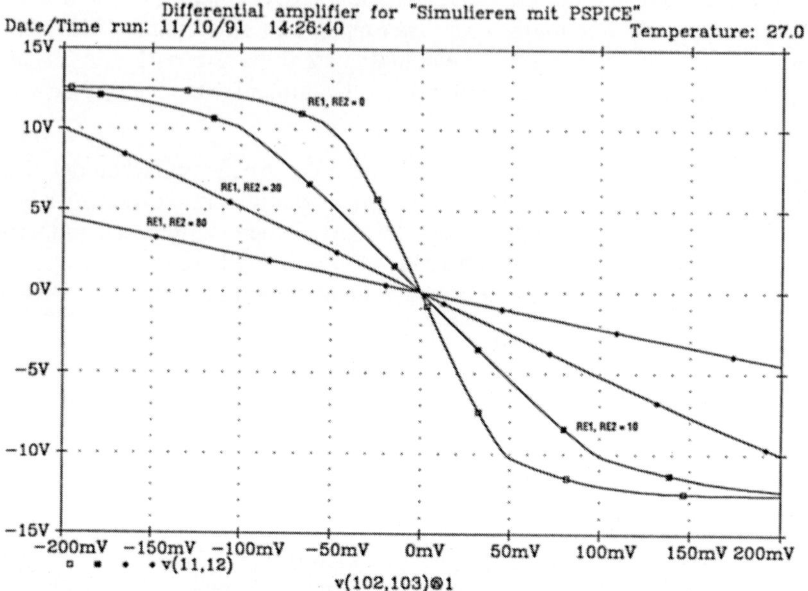

Bild 6.5 Großsignalübertragungskurve mit Hilfe der Transient-Analyse

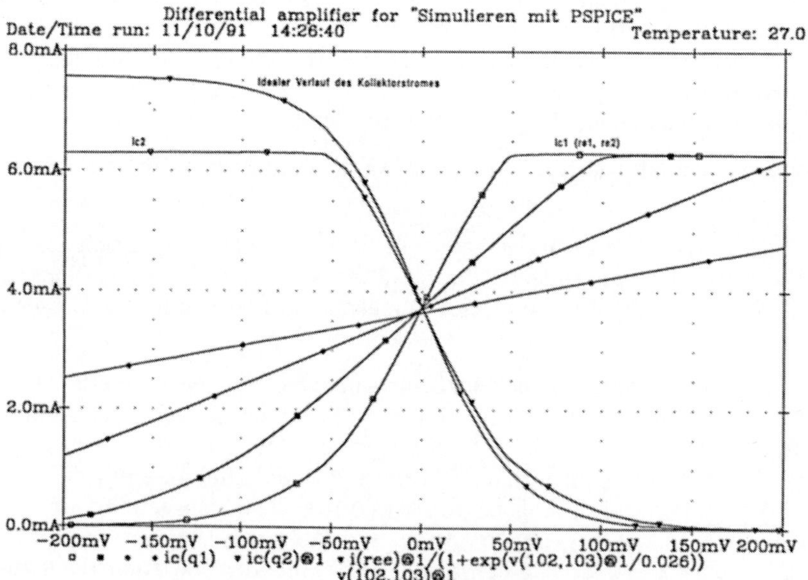

Bild 6.6 Kollektorstrom der Transistoren

Ein weiteres Ergebnis der Transient-Analyse ist in Bild 6.6 dargestellt. Es handelt sich um den Verlauf des Kollektorstromes. Man sieht am Simulationsergebnis, daß bei hohen Kollektorströmen offensichtlich ein Sättigungseffekt eintritt, denn alle Kurvenscharen münden in denselben Maximalwert. Interessant wäre nun der Vergleich mit dem idealen Verlauf. PROBE erlaubt dazu nahezu beliebige mathematische Ausdrücke mit den Simulationsgrößen. Der ideale Verlauf des Kollektorstromes folgt der Gleichung

$$I_c = \frac{I_E}{1+e^{U_{ind}/U_T}} \tag{6.3}$$

Da dieser ideale Verlauf nur einmal benötigt wird und nicht bei jeder Teilsimulation, benutzt man am besten die Größen des ersten Simulationsdurchlaufes, hier also den Emittersummenstrom `i(ree)@1` und die Differenzeingangsspannung `V(102,103)@1`. Die Größe U_T beträgt bei 27 °C ca. 26 mV. Bild 6.6 zeigt, daß der reale (simulierte) Verlauf im oberen Strombereich erheblich von der idealen Kennlinie abweicht. Der Grund dafür ist darin zu suchen, daß wohl der Arbeitspunkt falsch gewählt war.

Informationen darüber finden sich in der „Output"-Datei, die man sich mit dem „Output Browser" (vgl. Kapitel 12) anschauen kann. In Bild 6.7 bis 6.10 sind einzelne Teilbereiche der Ausgabedatei abgebildet.

```
** 05/27/91 16:35:24 **** Evaluation PSpice(January 1991) **
Differential amplifier
****  ELEMENT NODE TABLE
****************************************************************
0    vcc  vee  vin  evin
11   q1   rc1
12   q2   rc2
13   q1   re1
14   q2   re2
15   iee  re1  re2  ree
100  rc1  rc2  vcc
101  iee  ree  vee
102  q1   vin
103  q2   evin
```

Bild 6.7 PSPICE-Ausgabedatei des Differenzverstärkers: die Knotentabelle

Bild 6.7 zeigt alle Knoten und die Namen der Bauelemente, die an diesen Knoten angeschlossen sind.

```
** 05/27/91 16:35:24 *** Evaluation PSpice (January 1991) **
Differential amplifier
****  CIRCUIT ELEMENT SUMMARY
**************************************************************
*
****  RESISTORS
NAME  NODES MODEL VALUE      TC1  TC2  TCE
rc1   100   11    2.00E+03
rc2   100   12    2.00E+03
re1   13    15    1.00E-03
re2   14    15    1.00E-03
ree   15    101   1.50E+03
*
**** VOLTAGE-CONTROLLED VOLTAGE SOURCES
NAME +    -    FUNCTION  GAIN        CONTROLLING NODES
evin 103  0    LINEAR    -1.00E+00   (102, 0)
*
**** INDEPENDENT SOURCES
NAME  NODES       DC VALUE    AC VALUE   AC PHASE
vcc   100   0     1.20E+01    0.00E+00   0.00E+00 degrees
vee   101   0     -1.20E+01   0.00E+00   0.00E+00 degrees
vin   102   0     0.00E+00    0.00E+00   0.00E+00 degrees
         TRANSIENT:   PWL
         Corner Time  0.00E+00
        Corner Value  0.00E+00
         Corner Time  5.00E-00
        Corner Value  -1.00E-01
         Corner Time  1.50E+00
        Corner Value  1.00E-01

iee   15    101   0.00E+00    0.00E+00      0.00E+00 degrees
*
**** BIPOLAR JUNCTION TRANSISTORS
NAME  C    B    E    S MODEL   AREA
q1    11   102  13   0 q2n3904 1.00E+00
q2    12   103  14   0 q2n3904 1.00E+00
```

Bild 6.8 PSPICE-Ausgabedatei des Differenzverstärkers: Zusammenstellung aller Schaltelemente

Bild 6.8 zeigt geordnet alle Schaltelemente und deren Daten.

```
*** 05/27/91 16:35:24 ****** Evaluation PSpice (January 1991) ***
Differential amplifier
**** INITIAL TRANSIENT SOLUTION TEMPERATURE = 27.000 DEG C
**** CURRENT STEP                 PARAM EMITTERDEG = 0
*****************************************************************
NODE     VOLTAGE  NODE   VOLTAGE  NODE    VOLTAGE  NODE    VOLTAGE
(  11)   4.5127   (  12) 4.5127   ( 13)  -.6995    ( 14)  -.6995
(  15)   -.6995   ( 100) 12.0000  ( 101) -12.0000  ( 102) 0.0000
( 103)   0.0000

VOLTAGE SOURCE  CURRENTS
NAME      CURRENT
vcc   -7.487E-03
vee    7.534E-03
vin   -2.319E-05

TOTAL POWER DISSIPATION   1.80E-01   WATTS
. (hier weitere Arbeitspunktberechnungen wegen Parameterliste)
.
JOB CONCLUDED
```

Bild 6.9 PSPICE-Ausgabedatei des Differenzverstärkers: Arbeitspunktberechnung

In Bild 6.9 ist das Ergebnis der Arbeitspunktberechnung dargestellt. Die Zahlenwerte zeigen, daß die Vorgaben recht gut erfüllt werden.

```
**** 05/27/91 16:35:24 ***** Evaluation PSpice (January 1991) ***
Differential amplifier
****   JOB STATISTICS SUMMARY
****   CURRENT STEP   PARAM EMITTERDEG = 80
*****************************************************************
  NUNODS   NCNODS NUMNOD  NUMEL  DIODES    BJTS  JFETS    MFETS  GASFETS
      10       10     14     12       0       2      0        0        0
NDIGITAL    NSTOP  NTTAR  NTTBR   NTTOV  IFILL    IOPS   PERSPA
       0       18     52     58      29      6      95   82.099
  NUMTTP   NUMRTP NUMNIT  DIGTP  DIGEVT DIGEVL MEMUSE
      60        0    180      0       0      0  12532

                        SECONDS    ITERATIONS
MATRIX SOLUTION          14.32             17
MATRIX LOAD              32.95
READIN                    1.60
SETUP                      .16
DC SWEEP                 83.05            349
BIAS POINT                5.32             28
AC and NOISE              0.00              0
TRANSIENT ANALYSIS       59.77            180
OUTPUT                    0.00
OVERHEAD                   .44
TOTAL JOB TIME          150.34
```

Bild 6.10 PSPICE-Ausgabedatei des Differenzverstärkers: Statistik

Das Bild 6.10 zeigt die Statistik der Simulation, unter anderem mit der Angabe, wie lange die Rechnung gedauert hat. Aus Bild 6.6 ging hervor, daß die Transistoren in Sättigung kommen und den hohen Emittersummenstrom (Strom der Quelle `vee` aus Bild 6.9) von `i(vee)` = 7,534 mA nicht verarbeiten können.

Abhilfe schafft hier die Reduktion des Emittersummenstroms z.B. auf 6 mA durch Erhöhung des Widerstandes R_{EE} von 1,5 Ω auf 1,8 Ω. In Bild 6.11 ist das Ergebnis nach der Änderung dargestellt.

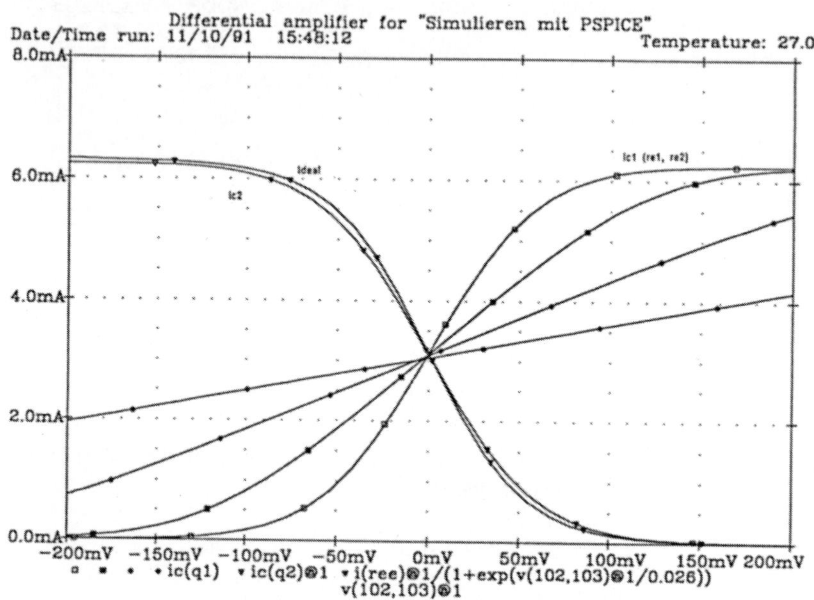

Bild 6.11 Kollektorstrom der Transistoren bei angepaßtem Emitterwiderstand

Man sieht, daß die Transistoren nicht mehr in Sättigung geraten und daß der Kollektorstrom der Transistoren recht gut dem idealen Verlauf folgt. Die Änderung hat auch zur Folge, daß die Kollektorspannung ansteigt, wie aus Bild 6.12 entnommen werden kann (Spannung an Knoten 11 und 12 sind jetzt 5,7577 V und waren vorher 4,5127 V).

```
**** 05/27/91 22:20:25 ********* Evaluation PSpice (January 1991)
*****
Differential amplifier
****      INITIAL TRANSIENT SOLUTION  TEMPERATURE = 27.000 DEG C
****      CURRENT STEP                      PARAM EMITTERDEG =  0
*******************************************************************
******
NODE   VOLTAGE  NODE   VOLTAGE  NODE   VOLTAGE  NODE   VOLTAGE
(  11) 5.7577   (  12) 5.7577   (  13) -.6941   (  14) -.6941
(  15) -.6941   ( 100) 12.0000  ( 101) -12.0000 ( 102) 0.0000
( 103) 0.0000

VOLTAGE SOURCE  CURRENTS   NAME   CURRENT
vcc  -6.242E-03
vee   6.281E-03
vin  -1.937E-05
TOTAL POWER DISSIPATION  1.50E-01  WATTS
```

Bild 6.12 Arbeitspunkt nach der Änderung des Emitterwiderstandes

Die Simulation mit ihren Ergebnissen läßt sich durch die Fähigkeiten von PROBE weiter nutzen. So kann durch Differentiation der Differenzausgangsspannung und anschließender Negation die Kleinsignaldifferenzverstärkung dargestellt werden.

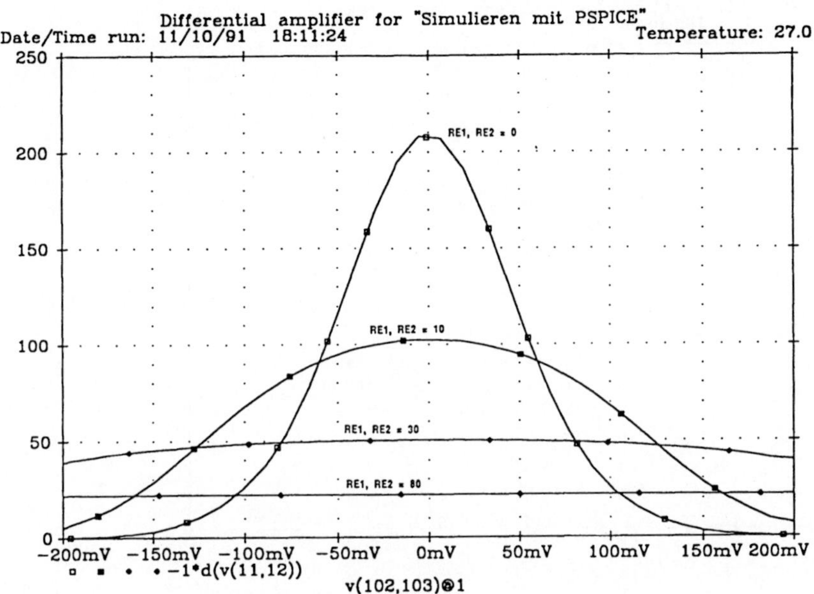

Bild 6.13 Kleinsignaldifferenzverstärkung für verschiedene Gegenkopplungen

Bild 6.13 zeigt wie erwartet, daß die höchste Differenzverstärkung dann auftritt, wenn keine Gegenkopplung vorliegt (`RE1 = RE2 = 0`). Es zeigt sich weiterhin, daß sich der theoretisch zu erwartende Näherungswert

$$A_{Vd} \approx \frac{U_{RC}}{U_T} = \frac{6{,}2\ \text{V}}{0{,}026\ \text{V}} = 238 \tag{6.4}$$

recht gut mit dem Simulationsergebnis $A_{Vd} \approx 210$ deckt.

Durch eine kleine Änderung in der „Circuit"-Datei, läßt sich auch die Gleichtaktverstärkung anzeigen. Dazu muß die gesteuerte Spannungsquelle `evin` vom invertierenden Betrieb auf nichtinvertierenden Betrieb umgestellt werden. In Bild 6.3 ist die entsprechende Programmzeile durch ein Kommentarzeichen gekennzeichnet. Das Simulationsergebnis in Bild 6.14 mit einer Gleichtaktverstärkung von $A_{Vd} = 0{,}55$ zeigt wiederum recht gute Übereinstimmung mit dem theoretisch zu erwartenden Näherungswert.

$$A_{Vc} \approx \frac{R_C}{2R_{EE}} = \frac{2\ \text{k}\Omega}{2 \cdot 1{,}8\ \text{k}\Omega} = 0{,}555 \tag{6.5}$$

Die Gleichtaktverstärkung läßt sich reduzieren, wenn der gemeinsame Emitterwiderstand R_{EE} vergrößert wird. Der benötigte Emitterstrom von $I_{EE} = 6$ mA muß dann aus der Stromquelle kommen, da der Spannungsabfall an R_{EE} zu klein ist, um diesen Strom fließen zu lassen. Die nötige Änderung in der „Circuit“-Datei ist daher die Erhöhung des Parameters `emittercom` auf `1meg` und des Parameters `emittercur` auf `6m`.

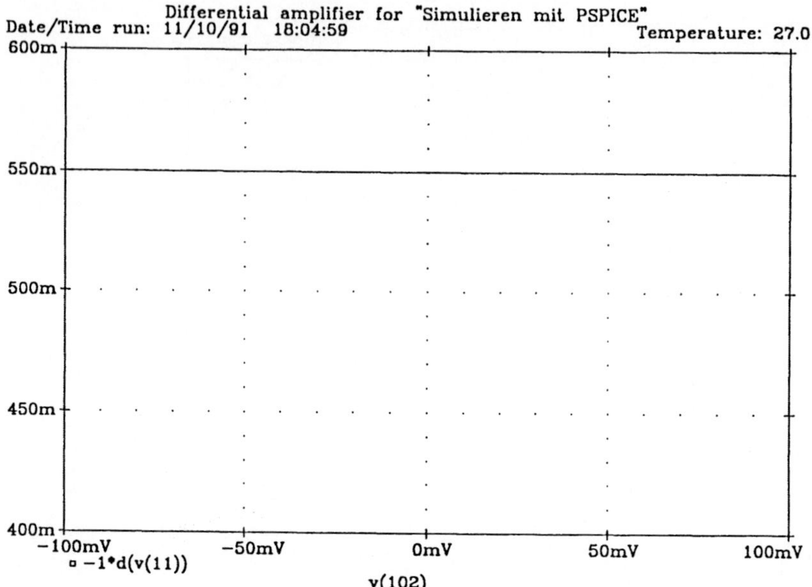

Bild 6.14 Kleinsignalgleichtaktverstärkung mit einem Emitterwiderstand von $R_{EE} = 1{,}8\ k\Omega$

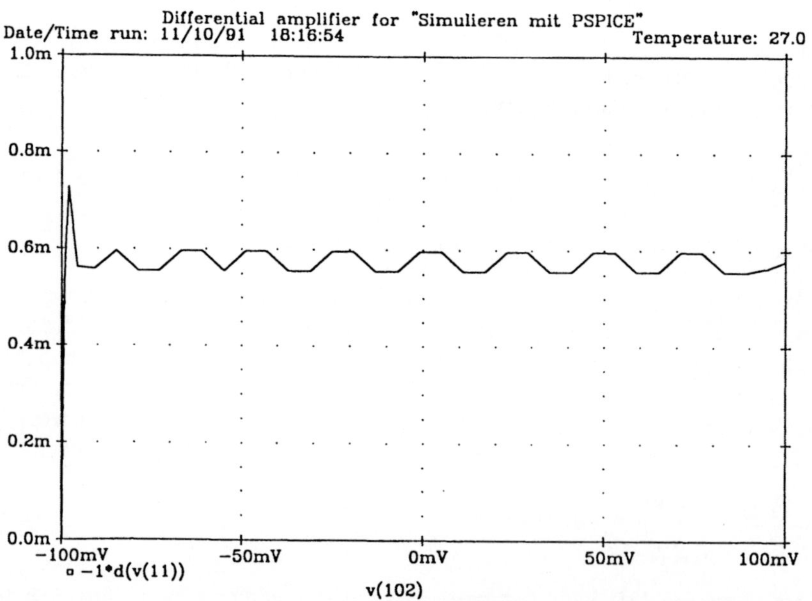

Bild 6.15 Kleinsignalgleichtaktverstärkung bei einem Emitterwiderstand von $R_{EE} = 1\ M\Omega$

Das Simulationsergebnis (Bild 6.15) zeigt die erwartete Reduktion oder Gleichtaktverstärkung ($A_{Vc} \approx 0{,}6 \cdot 10^{-3}$). Auch hier stimmt der theoretische Näherungswert

$$A_{Vc} = \frac{R_C}{2R_{EE}} = \frac{2\,\text{k}\Omega}{2 \cdot 1\,\text{M}\Omega} = 1 \cdot 10^{-3} \tag{6.6}$$

recht gut mit dem Simulationsergebnis überein. Bei den Auswertungen in Bild 6.14 und Bild 6.15 wurde nur die Gleichtaktverstärkung der linken Teilschaltung ausgewertet, die, da es sich um die Gleichtaktverstärkung handelt, identisch zur rechten Teilschaltung sein muß.

6.2 LC-Filter

Das nächste Beispiel soll die Möglichkeiten der reinen AC-Analyse demonstrieren. Simuliert werden soll ein LC-Tiefpaßfilter 2. Ordnung. Unüblich ist dabei die Aufteilung in vier Filter mit unterschiedlichen Eingangswiderständen. So kann das Verhalten des Filters bei unterschiedlichen Güten in einer einzigen Simulation untersucht werden.

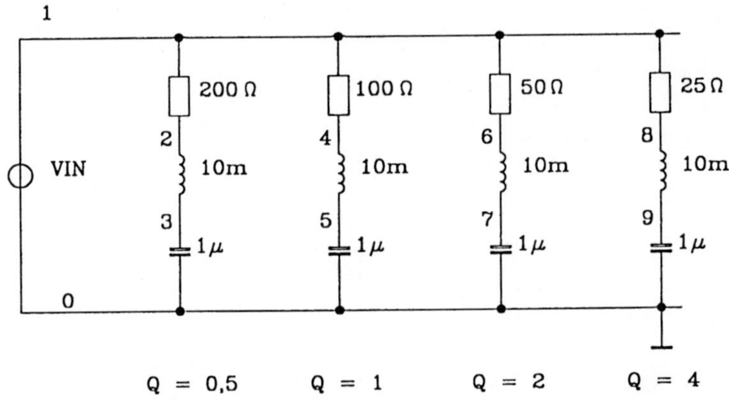

Bild 6.16 Schaltung von vier Tiefpaßfiltern zweiter Ordnung mit unterschiedlicher Güte

Die Schaltung zeigt Bild 6.16. Als Spannungsquelle ist entsprechend der vorgesehenen AC-Analyse eine AC-Quelle mit einer Spannung von 1 V vorgesehen. Da die AC-Analyse eine Kleinsignalanalyse ist, spielt die Amplitude keine Rolle.

Die Wahl von 1 V erleichtert die Überprüfung der Ausgangsantwort auf das Eingangssignal, denn wenn das Eingangssignal 1 V ist, braucht man kein Verhältnis auszurechnen, da das Ausgangssignal schon das Verhältnis repräsentiert.

Die Bauelementwerte des Tiefpaßfilters sind so gewählt, daß die Resonanzfrequenz in den Audiobereich fällt. Jede Teilschaltung hat eine andere Güte (Q = 0,5; 1; 2; 4). Die Schaltungsbeschreibung ist in Bild 6.17 gezeigt.

```
Vier LC-Tiefpässe zweiter Ordnung
*
* Q = 0.5
*
r1  1   2   200
l1  2   3   10m
c1  3   0   1u
*
* Q = 1.0
*
r2  1   4   100
l2  4   5   10m
c2  5   0   1u
*
* Q = 2.0
*
r3  1   6   50
l3  6   7   10m
c3  7   0   1u
*
* Q = 4.0
*
r4  1   8   25
l4  8   9   10m
c4  9   0   1u
*
* Spannungsquelle
*
vin 1   0   ac  1
*
* Analysen
*
.AC DEC 100 100 10k
.PROBE
.END
```

Bild 6.17 „Circuit"-Datei des Tiefpaßfilters

Als Ergebnis der Simulation ist zuerst in Bild 6.18 der Amplitudengang (Betrag der Amplitude) dargestellt. Die Spannung am Knoten 3 (`VM(3)`) entspricht einer Güte von Q = 0,5. Am Knoten 5 (`VM(5)`) ist die Güte Q = 1. Der Amplitudengang für eine Güte von Q = 2 findet sich am Knoten 7 (`VM(7)`), der für Q = 4 am Knoten 9 (`VM(9)`). Die Kurven zeigen deutlich, wie mit zunehmender Güte die Spannungsamplitude bei der Resonanzfrequenz zunimmt.

Neben dem Amplitudengang kann man sich auch den Phasengang anzeigen lassen. Bild 6.19 zeigt den Phasengang für die verschiedenen Güten:

`VP(3)` $\rightarrow$ $Q = 0.5$

`VP(5)` $\rightarrow$ $Q = 1$

`VP(7)` $\rightarrow$ $Q = 2$

`VP(9)` $\rightarrow$ $Q = 4$

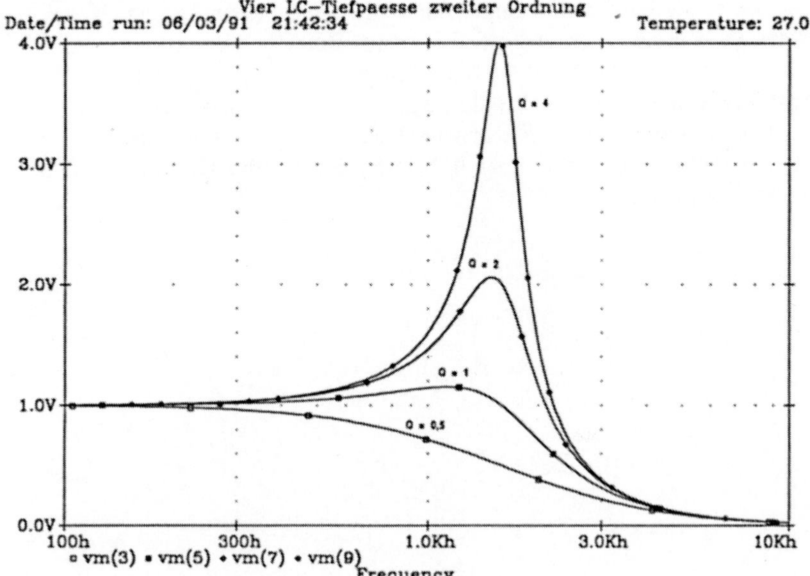

Bild 6.18 Amplitudengang der vier Tiefpaßfilter

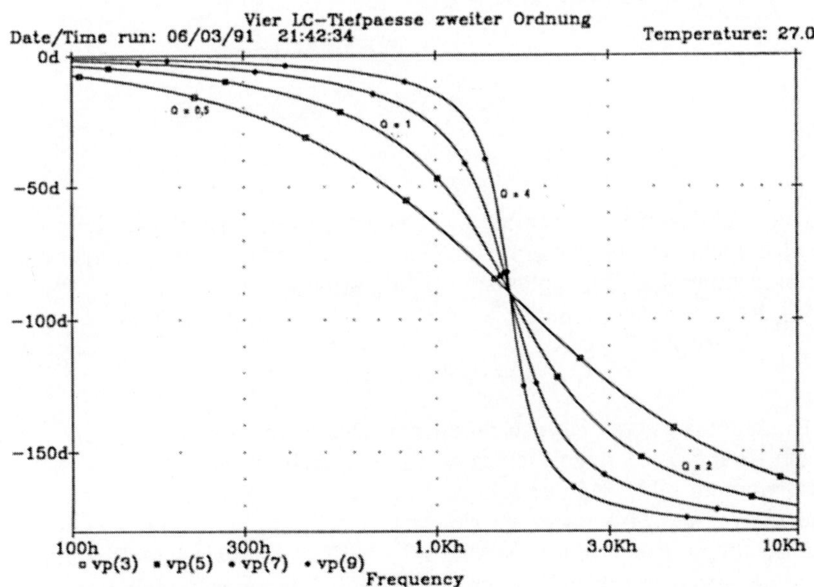

Bild 6.19 Phasengang der vier Tiefpaßfilter

Je höher die Güte, desto steiler der Phasendurchlauf im Bereich der Resonanzfrequenz, bzw. desto stärker die relative Änderung der Phase im Bereich der Resonanzfrequenz. Diese relative Änderung der Phase wird auch als Gruppenlaufzeit (Ableitung der Phase nach der Frequenz) bezeichnet. Man kann sie direkt anzeigen lassen, so wie es in Bild 6.20 geschehen ist. Bei niedriger Güte ist der Verlauf der Gruppenlaufzeit, wie zu erwarten war, flach. Je höher die Güte, desto höher der Betrag der Gruppenlaufzeit im Bereich der Resonanzfrequenz.

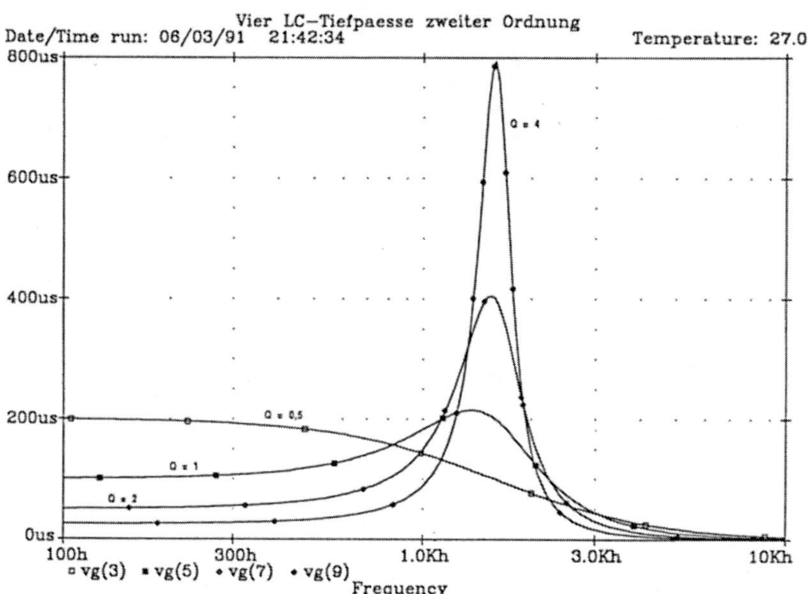

Bild 6.20 Gruppenlaufzeit der vier Tiefpaßfilter

Möchte man den Verlauf der Eingangsimpedanz anzeigen, so kann man das in Kenntnis der Zusammenhänge leicht bewerkstelligen. Die Eingangsimpedanz ist der Quotient aus komplexer Eingangsspannung und komplexem Eingangsstrom.

$$\underline{Z}_{\text{in}} = \frac{\underline{U}}{\underline{I}} = \frac{|\underline{U}|}{|\underline{I}|} e^{\text{j}(\varphi_{\text{u}} - \varphi_{\text{i}})} \tag{6.7}$$

Der Betrag der Eingangsimpedanz ist also durch den Quotienten aus dem Betrag der Spannung und dem Betrag des Stromes gegeben, während sich die Phase aus der Winkeldifferenz von Spannung und Strom errechnet. Der Betrag der Spannung findet sich am Knoten 1. Der Betrag des Stromes ergibt sich aus dem Strom durch den jeweiligen Widerstand. Zur Berechnung der Phase ist die Winkeldifferenz zwischen Eingangsspannung und Eingangstrom zu bilden. Da der Winkel der Eingangsspannung per Vorgabe 0 Grad für alle Frequenzen beträgt, reicht es zur Ermittlung der Phase der Eingangsimpedanz aus, wenn die negierte Phase des Stromes durch die jeweiligen Widerstände angezeigt wird. Bild 6.21 und Bild 6.22 zeigen das Ergebnis obiger Überlegungen.

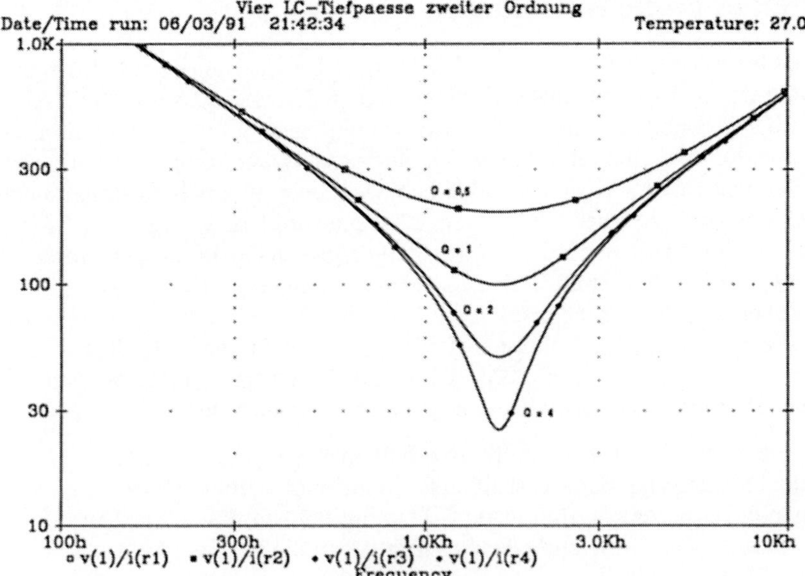

Bild 6.21 Betrag der Eingangsimpedanz der vier Tiefpaßfilter

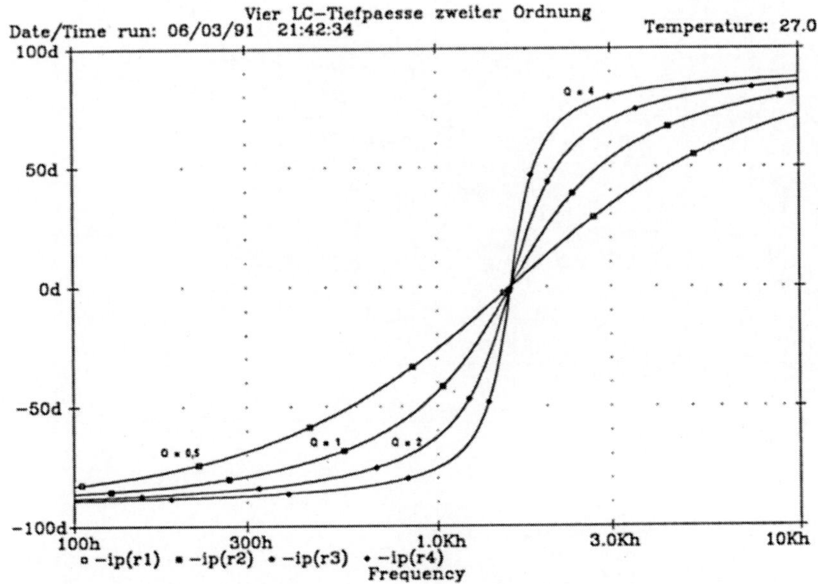

Bild 6.22 Phase der Eingangsimpedanz der vier Tiefpaßfilter

6.3 Einfacher Operationsverstärker

Unkompensierte Operationsverstärker neigen bei falscher Beschaltung zum Schwingen. Der Untersuchung der Schwingneigung soll dieses Beispiel gewidmet sein. Die Demoversion von PSPICE erlaubt maximal 10 Transistorfunktionen in einer Simulation, so daß es damit unmöglich ist, einen modernen Operationsverstärker komplett zu simulieren. Man kann dann entweder ein Makromodell benutzen, oder man hält Ausschau nach einem älteren Operationsverstärker (früher versuchte man, mit so wenig Transistoren wie möglich auszukommen). Ein für diese Zwecke geeigneter Operationsverstärker ist der Typ TAA 761. Leider findet man in den Datenbüchern außer einem Schaltbild keinerlei Angaben über Art der Transistoren oder über die Werte der benutzten Widerstände. Die in diesem Beispiel simulierte Schaltung benutzt deshalb die Transistormodelle aus der PSPICE-Beispieldatei `EVAL.CIR` und Widerstandswerte, die sich anhand der Stromaufnahme und der prinzipiellen Funktion errechnen ließen.

Aufschluß über die Stabilität eines Verstärkers erhält man z.B. durch die Analyse des Amplituden- und Phasengangs der Leerlaufverstärkung über der Frequenz. Üblicherweise benutzt man dazu die AC-Analyse. Bild 6.23 zeigt die Anordnung zur Ermittlung der Leerlaufverstärkung. Die Umsetzung des Schaltbildes in die dazugehörige „Circuit“-Datei ist in Bild 6.24 dargestellt.

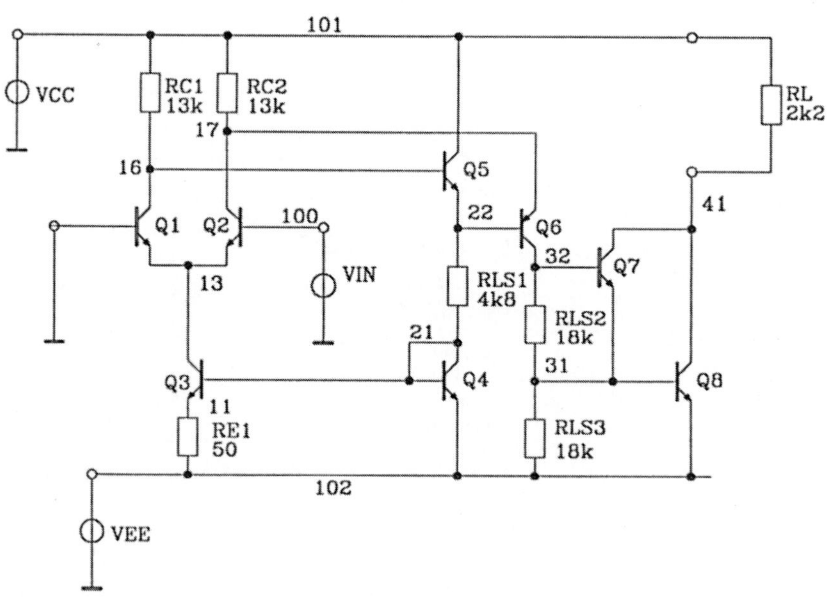

Bild 6.23 Schaltung des Operationsverstärkers TAA 761

```
Simulation des Operationsverstaerkers TAA 761
*
* Schaltungsbeschreibung
*
Q1   16   0    13   QNL
Q2   17   100  13   QNL
Q3   13   21   11   QNL
Q4   21   21   102  QNL
Q5   101  16   22   QNL
Q6   32   22   17   QPL
Q7   41   32   31   QNL
Q8   41   31   102  QNL
RC1  101  16   13K
RC2  101  17   13K
RE1  11   102  50
RLS1 22   21    4.8K
RLS2 32   31   18K
RLS3 31   102  18K
RL   101  41    2.2K
*
* Modellbeschreibung
*
.MODEL QNL NPN (BF=80 RB=100 CCS=2PF TF=0.3NS TR=6NS CJE=3PF
+  CJC=2PF VA=50)
.MODEL QPL PNP (BF=80 RB=100 CCS=2PF TF=0.3NS TR=6NS CJE=3PF
+  CJC=2PF VA=50)
*
* Quellen
*
VIN  100  0    AC     1
VCC  101  0    DC    10
VEE  102  0    DC   -10
*
* Analysen
*
.AC  DEC  10   1    100MEGHZ
.PROBE
.END
```

Bild 6.24 „Circuit"-Datei des Operationsverstärkers TAA 761

Die AC-Analyse soll aber auch Aufschluß darüber geben, inwieweit die Schaltung mit den benutzten Näherungen für die Transistor- und Widerstandswerte das Orginalverhalten eines TAA761 repräsentiert.

In Bild 6.25 ist das Ergebnis der AC-Analyse dargestellt. Damit der Amplitudengang und der Phasengang bildfüllend in einem Plot darstellbar wird, ist die Kurve des Phasengangs mit einem Korrekturfaktor versehen. Ein Winkel von –180° entspricht nun einem Skalenwert von 80.

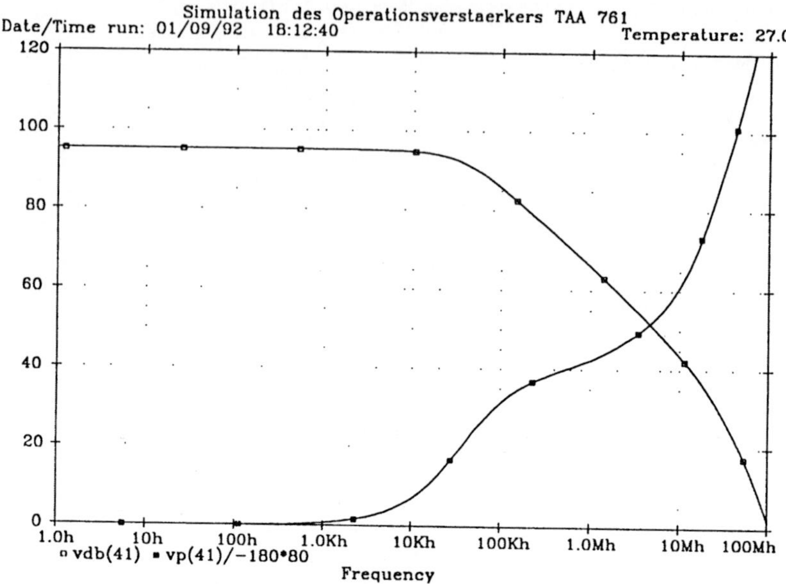

Bild 6.25 Simulierte Kennlinie des TAA 761

Ein Operationsverstärker wird üblicherweise mit einer Gegenkopplung versehen, die es ermöglicht, einen nahezu beliebigen Verstärkungsfaktor einzustellen. Diese „äußere Verstärkung" kann allerdings nur kleiner sein als die Leerlaufverstärkung des OPs. Durch die Gegenkopplung wird der beschaltete Operationsverstärker zu einem Regelkreis. Der Anteil an der Leerlaufverstärkung, der nicht als „äußere Verstärkung" abgegeben wird, dient dem Regelkreis als Schleifenverstärkung. Bei einer Frequenz von 10 Hz beträgt die Leerlaufverstärkung z.B. 95 dB. Hat man das Gegenkopplungsnetzwerk so dimensioniert, daß die äußere Verstärkung 60 dB beträgt, so bleiben noch 35 dB als Schleifenverstärkung übrig.

Instabil wird ein Regelkreis, wenn bei einem Phasenwinkel der Schleifenverstärkung von 0°, 360° usw. der Betrag der Schleifenverstärkung größer oder gleich eins (≥ 0 dB) ist. Benutzt man zur Gegenkopplung den invertierenden Eingang, so ergibt sich durch den Operationsverstärker eine Grundphasendrehung um 180°. Der kritische Punkt ist dann dort, wo die zusätzliche Phasendrehung bei den höheren Frequenzen 180° beträgt (die Summe ergibt 360°). Aus dem Simulationsergebnis läßt sich ablesen, daß die Leerlaufverstärkung des Operationsverstärkers an diesem kritischen Punkt ($f \approx 20$ MHz) noch ca. 34 dB beträgt. Das bedeutet, daß die Gesamtanordnung aus Operationsverstärker und Gegenkopplungsnetzwerk dann stabil ist, wenn die äußere Verstärkung größer als 34 dB ist.

Das Bild 6.26 zeigt in ähnlicher Darstellung wie Bild 6.25 die Kennlinien aus dem Datenbuch. Der Vergleich zeigt, daß die Simulation einen etwas besseren Operationsverstärker hervorgebracht hat (höhere Leerlaufverstärkung, größere Bandbreite). Ansonsten zeigen die Kurven einen ähnlichen Verlauf.

Als weiteres Ergebnis der AC-Analyse soll kurz die PSPICE-Ausgabedatei angesehen werden. In Bild 6.27 befindet sich noch einmal die Schaltungsbeschreibung, Bild 6.28 listet die Modellparameter der Transistoren auf. Bild 6.29 liefert die Spannungen aller Knoten, die Ströme aller Spannungsquellen und die Verlustleistung der Schaltung.

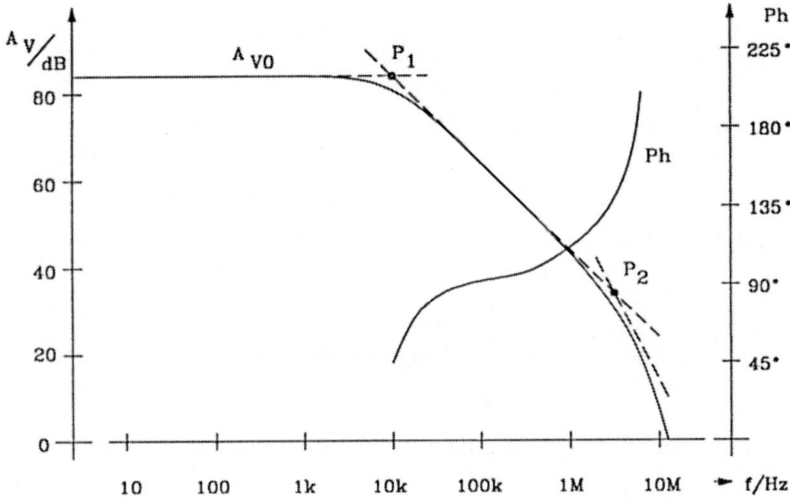

Bild 6.26 Kleinsignalkennlinien des TAA 761 aus dem Datenbuch

```
** 01/09/92 18:12:40 *** Evaluation PSpice (January 1991) **
Simulation des Operationsverstaerkers TAA 761
****    CIRCUIT DESCRIPTION
*******************************************************************
*
* Schaltungsbeschreibung
*
Q1      16    0    13  QNL
Q2      17  100    13  QNL
Q3      13   21    11  QNL
Q4      21   21    102 QNL
Q5     101   16    22  QNL
Q6      32   22    17  QPL
Q7      41   32    31  QNL
Q8      41   31    102 QNL
RC1    101   16         13K
RC2    101   17         13K
RE1     11  102         50
RLS1    22   21          4.8K
```

```
RLS2   32   31        18K
RLS3   31  102        18K
RL    101   41         2.2K
*
* Modellbeschreibung
*
.MODEL QNL NPN (BF=80 RB=100 CCS=2PF TF=0.3NS TR=6NS CJE=3PF CJC=2PF
+ VA=50)
.MODEL QPL PNP (BF=80 RB=100 CCS=2PF TF=0.3NS TR=6NS CJE=3PF CJC=2PF
+ VA=50)
*
* Quellen
*
VIN   100   0   AC     1
VCC   101   0   DC    10
VEE   102   0   DC   -10
*
* Analysen
*
.AC  DEC  10 1  100MEGHZ
.PROBE
.END
```

Bild 6.27 PSPICE-Ausgabedatei des TAA 761, Schaltungsbeschreibung

```
** 01/09/92 18:12:40 *** Evaluation PSpice (January 1991) **
Simulation des Operationsverstaerkers TAA 761
****    BJT MODEL PARAMETERS
**************************************************************
        QNL                 QPL
        NPN                 PNP
IS      100.000000E-18 100.000000E-18
BF       80                 80
NF        1                  1
VAF      50                 50
BR        1                  1
NR        1                  1
RB      100                100
RBM     100                100
CJE       3.000000E-12   3.000000E-12
CJC       2.000000E-12   2.000000E-12
CJS       2.000000E-12   2.000000E-12
TF      300.000000E-12 300.000000E-12
TR        6.000000E-09   6.000000E-09
```

Bild 6.28 PSPICE-Ausgabedatei des TAA 761, Modellparameter der Transistoren

```
** 01/09/92 18:12:40 *** Evaluation PSpice (January 1991) **
Simulation des Operationsverstaerkers TAA 761
**** SMALL SIGNAL BIAS SOLUTION   TEMPERATURE = 27.000 DEG C
************************************************************
NODE  VOLTAGE NODE  VOLTAGE  NODE  VOLTAGE NODE  VOLTAGE
( 11) -9.9612 ( 13) -.7473   ( 16)  4.6598 ( 17)  4.5446
( 21) -9.1970 ( 22) 3.8596   ( 31) -9.1797 ( 32) -8.4793
( 41) -2.0267 (100) 0.0000   (101) 10.0000 (102) -10.0000

     VOLTAGE SOURCE CURRENTS
     NAME       CURRENT
     VIN        -4.350E-06
     VCC        -8.986E-03
     VEE         8.995E-03
     TOTAL POWER DISSIPATION  1.80E-01   WATTS

          JOB CONCLUDED

          TOTAL JOB TIME          23.56
```

Bild 6.29 PSPICE-Ausgabedatei des TAA 761, Kleinsignalarbeitspunkt

Das oben Gesagte läßt sich leicht verifizieren, wenn man einen gegengekoppelten Verstärker aufbaut (siehe Bild 6.30) und dessen Sprungantwort bestimmt.

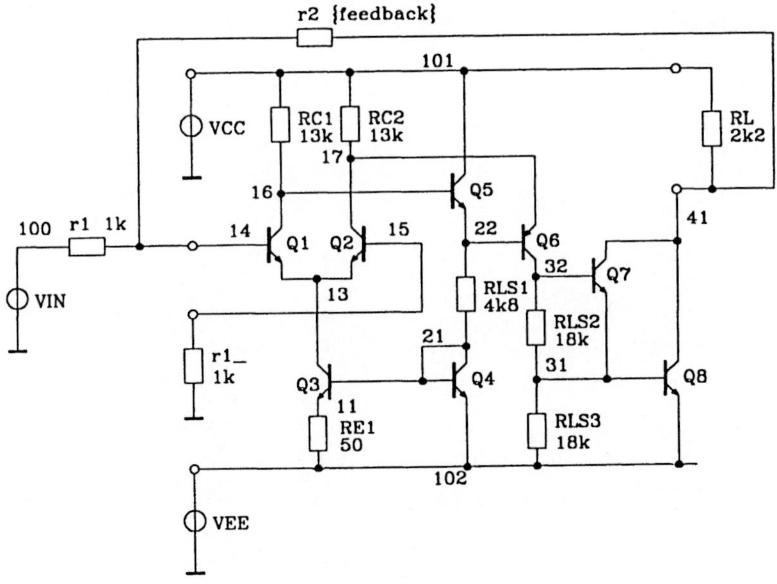

Bild 6.30 Schaltung des TAA 761 zur Transient-Analyse

Zur Gegenkopplung wird das Ausgangssignal über den Widerstand `r2` zum invertierenden Eingang geführt. Das Eingangssignal wird über den Widerstand `r1` zum invertierenden Eingang geführt. Der nichtinvertierende Eingang ist über `r1_` mit Masse verbunden. `r1_` dient hier zur Kompensation der Eingangsströme des Operationsverstärkers. Über das Verhältnis von `r2` zu `r1` wird die „äußere Verstärkung" eingestellt.

Will man die Sprungantwort eines Verstärkers ermitteln, so benutzt man die Transient-Analyse. Der Verstärker ist mit einem Spannungssprung anzuregen. Dazu eignet sich eine Pulsquelle. Die hier im Beispiel verwendete Pulsquelle hat eine Spannung von ± 2 mV und eine Periodendauer von 2 μs bei einem Impuls-Pausenverhältnis von 1. Die Flankensteilheit beträgt 20 ns. Die Transient-Analyse erstreckt sich dann sinnvollerweise über einen Zeitraum im Mikrosekundenbereich (hier von $t = 0{,}5\ \mu$s bis $t = 2{,}5\ \mu$s). Um verschiedene „äußere Verstärkungen" zu durchfahren, wird der Gegenkopplungswiderstand `r2` mittels Parameterliste verändert. Die unterschiedlichen Verstärkungen sind 60 dB ($A_V = 1000$), 54 dB ($A_V = 500$), 40 dB ($A_V = 100$) und 34 dB ($A_V = 50$). Bild 6.31 zeigt die dazugehörige Umsetzung in eine „Circuit"-Datei.

```
Simulation des Operationsverstaerkers TAA 761
*
* Schaltungsbeschreibung
*
Q1    16   14   13   QNL
Q2    17   15   13   QNL
Q3    13   21   11   QNL
Q4    21   21  102   QNL
Q5   101   16   22   QNL
Q6    32   22   17   QPL
Q7    41   32   31   QNL
Q8    41   31  102   QNL
r1   100   14          1k
r1_   15    0          1k
r2    41   14        {feedback}
RC1  101   16        13K
RC2  101   17        13K
RE1   11  102        50
RLS1  22   21         4.8K
RLS2  32   31        18K
RLS3  31  102        18K
RL   101   41         2.2K
*
* Modellbeschreibung
*
.MODEL QNL NPN (BF=80 RB=100 CCS=2PF TF=0.3NS TR=6NS CJE=3PF CJC=2PF
+ VA=50)
.MODEL QPL PNP (BF=80 RB=100 CCS=2PF TF=0.3NS TR=6NS CJE=3PF CJC=2PF
+ VA=50)
.param feedback=1meg
*
* Quellen
*
VIN 100 0 pulse(0.002 -0.002 0.5e-6 2e-8 2e-8 0.98e-6 2e-6)
```

```
VCC  101  0  DC 10
VEE  102  0  DC -10
*
* Analysen
*
.step param feedback list 1meg 500k 100k 50k
.tran 20n 2.5u 0.5u
.PROBE
.END
```

Bild 6.31 „Circuit"-Datei für die Transient-Analyse

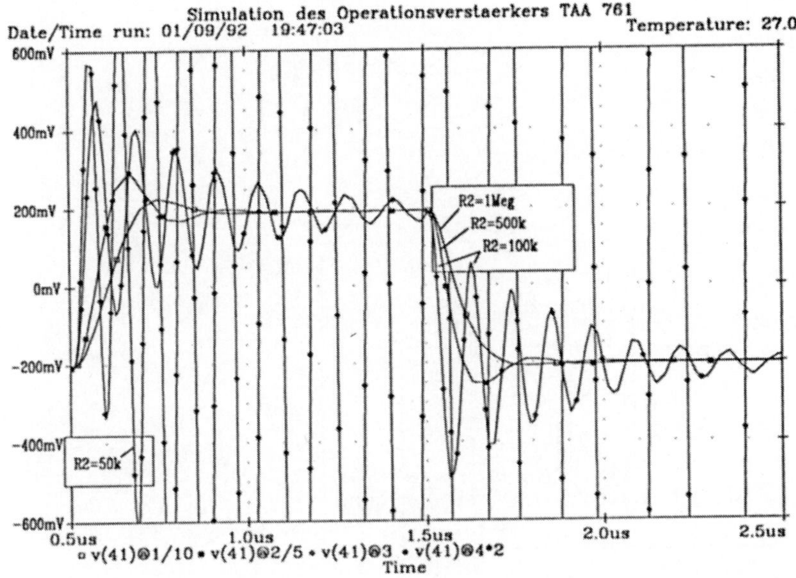

Bild 6.32 Sprungantwort des beschalteten TAA761 für verschiedene Verstärkungsfaktoren

Das Ergebnis der Transient-Analyse ist in Bild 6.32 dargestellt.

Da hier der Einfluß der Wahl der „äußeren Verstärkung" auf die Stabilität der Gesamtschaltung untersucht werden soll, wurden die einzelnen Kurvenzüge so skaliert, daß sie prinzipiell deckungsgleich sind. Bei Reduktion der „äußeren Verstärkung" kann man deutlich die wachsende Instabilität erkennen, die sich in zunehmendem Überschwingen äußert, bis hin zur dauerhaften Oszillation bei $A_V = 34$ dB (`r2` = 50 kΩ).

6.4 Einfacher Transistorverstärker

In diesem Beispiel soll ein einfacher Transistorverstärker untersucht werden, der schon im Kapitel 2 kurz vorgestellt wurde. Das Verstärkerelement ist ein Transistor BC107, der in Emittergrundschaltung mit Stromgegenkopplung zur Arbeitspunktstabilisierung betrieben wird. Die wichtigsten Daten zur Dimensionierung der Schaltung:

I_C = 0,1 mA
U_{CE} = 3 V
U_{BE} = 0,54 V
U_{RE} = 1,5 V
I_Q = 20 μA
U_{CC} = 12 V
R_G = 5 kΩ
R_L = 100 kΩ
C_K = 100 μF

Die Schaltung ist in Bild 6.33 dargestellt.

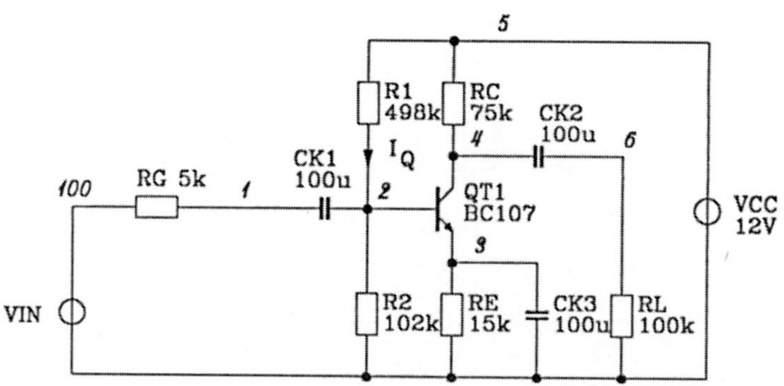

Bild 6.33 Schaltung eines einfachen Transistorverstärkers

Zuerst soll eine AC-Analyse durchgeführt werden, um den Amplitudengang und den Phasengang der Verstärkung über der Frequenz zu erhalten. Als Erweiterung der AC-Analyse ist die Rauschanalyse vorgesehen, um zu zeigen, wie man die Rauschzahl eines Verstärkers bestimmen kann. Eine Transient-Analyse mit der Fourier-Analyse als Erweiterung soll Rückschlüsse auf den Klirrgrad bei Großsignalaussteuerung liefern. Die Umsetzung des Schaltplanes und der geplanten Analysen liefert die Schaltungsbeschreibung in Bild 6.34.

```
Simulation eines Transistorverstaerkers
*
* Schaltungsbeschreibung
*
rg  100 1   5k
ck1   1 2 100u
r1    5 2 498k
r2    2 0 102k
rc    5 4  75k
qt1   4 2    3 bc107
re    3 0  15k
ck3   3 0 100u
ck2   4 6 100u
rl    6 0 100k
*
* Modellbeschreibung
*
.model bc107 npn (is=8.18e-14 bf=340 rb=174 vaf=62 cje=8p
+    cjc=3.5p tf=0.61n kf=3.52e-16)
*
* Quellen
*
VIN 100 0 AC 1 SIN (0 0.01 1k)
VCC 5 0 DC 12
*
* Analysen
*
.AC DEC 10 1 100MEGHZ
.NOISE V(6) VIN 40
.TRAN 0.1m 10m
.FOUR 1k V(6)
.PROBE
.END
```

Bild 6.34 „Circuit"-Datei des einfachen Transistorverstärkers

Das Ergebnis der AC-Analyse zeigt Bild 6.35. Ein Transistorverstärker in Emitterschaltung invertiert das Signal. Um nun Amplituden- und Phasengang in ein Diagramm zeichnen zu können, wurde dem Phasengang eine zusätzliche Phasenverschiebung von 180° dazuaddiert.

Das Ergebnis zeigt eine Leistungsbandbreite des Verstärkers von ca. 6 Hz bis 100 kHz bei einer Verstärkung von ca. 43 dB. Im Bild 6.36 kann der Arbeitspunkt des Verstärkers verifiziert werden.

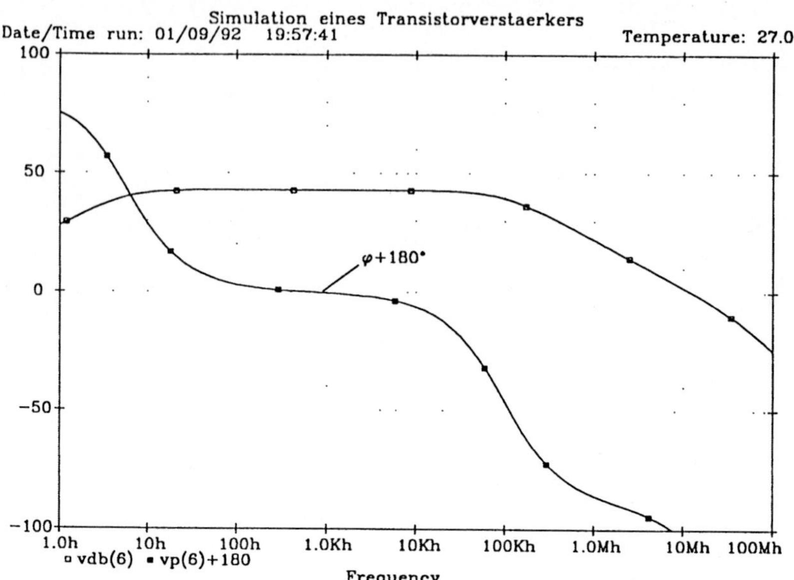

Bild 6.35 Frequenz- und Phasengang des einfachen Transistorverstärkers

```
**** 01/15/92 08:25:30 **** Evaluation PSpice (January 1991)
Simulation eines Transistorverstaerkers
**** SMALL SIGNAL BIAS SOLUTION  TEMPERATURE = 27.000 DEG C
************************************************************
NODE  VOLTAGE  NODE  VOLTAGE  NODE  VOLTAGE   NODE  VOLTAGE
(  1) 0.0000   (  2) 2.0165   (  3) 1.4769    (  4) 4.6365
(  5) 12.0000  (  6) 0.0000   (100) 0.0000

     VOLTAGESOURCE CURRENTS
     NAME          CURRENT
     VIN           0.000E+00
     VCC           -1.182E-04
     TOTAL POWER DISSIPATION   1.42E-03 WATTS
```

Bild 6.36 Arbeitspunkt des einfachen Transistorverstärkers

Die Vorgaben U_{RE} = 1,5 V (Spannung am Knoten 3) und U_{CE} = 3 V (Spannung am Knoten 4 minus Spannung am Knoten 3) werden weitgehend erfüllt. Das Ergebnis der Rauschanalyse ist in den Bildern 6.37 und 6.38 gezeigt. Aufgrund der gewählten Parameter liefert die Rauschanalyse nach jeweils 40 Datenpunkten (= Frequenzschritte) eine detaillierte Rauschberechnung, in der man die einzelnen Rauschanteile, die die Schaltung produziert, überprüfen kann. Da in der .AC-Anweisung 10 Frequenzschritte pro Dekade spezifiziert waren, finden sich detaillierte Rauschberechnungen für die Frequenzen 1 Hz, 10 kHz und 100 MHz, wobei hier aber nur die Berechnungen bei den Frequenzen 1 Hz und 10 kHz näher analysiert werden sollen.

```
** 01/15/92 08:25:30 *** Evaluation PSpice (January 1991) **
Simulation eines Transistorverstaerkers
**** NOISE ANALYSIS   TEMPERATURE = 27.000 DEG C
************************************************************

  FREQUENCY = 1.000E+00 HZ

***** TRANSISTOR SQUARED NOISE VOLTAGES (SQ V/HZ)
            qt1
RB       1.946E-15
RC       0.000E+00
RE       0.000E+00
IB       2.087E-15
IC       1.641E-15
FN       2.292E-12
TOTAL    2.298E-12

**** RESISTOR SQUARED NOISE VOLTAGES (SQ V/HZ)

          rg        r1        r2        rc        re        rl
TOTAL 4.984E-14 5.511E-16 2.690E-15 4.031E-16 1.869E-15 3.027E-16

**** TOTAL OUTPUT NOISE VOLTAGE        = 2.354E-12 SQ V/HZ
                                       = 1.534E-06 V/RT HZ

     TRANSFER FUNCTION VALUE:
     V(6)/VIN                          = 2.452E+01
     EQUIVALENT INPUT NOISE AT VIN     = 6.256E-08 V/RT HZ
```

Bild 6.37 Rauschanalyse bei 1 Hz

Bei $f = 1$ Hz hat der Transistor einen hohen Rauschanteil durch das $1/f$-Rauschen (Parameter FN in Bild 6.37), der das Gesamtrauschen bestimmt. Die äquivalente spektrale Rauschspannung, die man an der Spannungsquelle VIN messen kann, beträgt $\texttt{INOISE} = 6{,}256 \cdot 10^{-8}\ \mathrm{V}/\sqrt{\mathrm{Hz}}$. Aus dieser äquivalenten spektralen Rauschspannung läßt sich recht einfach die Rauschzahl bestimmen.

$$F = \frac{(\texttt{inoise})^2}{4kTR_\mathrm{G}} = \frac{6{,}256 \cdot 10^{-8} \cdot 6{,}256 \cdot 10^{-8}}{4 \cdot 1{,}38 \cdot 10^{-23} \cdot 300 \cdot 5000} = 47{,}3 \tag{6.8}$$

Das Rauschmaß ergibt sich durch Logarithmieren und Multiplizieren mit 10 zu $F = 16{,}7$ dB. Bei $f = 10$ kHz ergeben sich andere Verhältnisse. Hier läßt sich das $1/f$-Rauschen vernachlässigen.

```
** 01/15/92 08:25:30 *** Evaluation PSpice (January 1991) **
Simulation eines Transistorverstaerkers
**** NOISE ANALYSIS  TEMPERATURE = 27.000 DEG C
************************************************************

  FREQUENCY = 1.000E+04 HZ

**** TRANSISTOR SQUARED NOISE VOLTAGES (SQ V/HZ)

        qt1
RB     6.004E-14
RC     0.000E+00
RE     0.000E+00
IB     4.429E-14
IC     5.039E-14
FN     4.865E-15
TOTAL 1.596E-13

**** RESISTOR SQUARED NOISE VOLTAGES (SQ V/HZ)

         rg        r1        r2        rc        re        rl
TOTAL 1.538E-12 1.545E-14 7.541E-14 3.540E-16 5.832E-22 2.655E-16

**** TOTAL OUTPUT NOISE VOLTAGE        = 1.789E-12 SQ V/HZ
                                       = 1.338E-06 V/RT HZ
     TRANSFER FUNCTION VALUE:
     V(6)/VIN                          = 1.362E+02

     EQUIVALENT INPUT NOISE AT VIN     = 9.819E-09 V/RT HZ
```

Bild 6.38 Rauschanalyse bei 10 kHz

Das Rauschen des Verstärkers wird im wesentlichen vom Basisbahnwiderstand (RB), vom Kollektorstrom (IC), vom Basisstrom (IB) und vom unteren Basisspannungsteilerwiderstand (R2) bestimmt und ergibt sich zu:

$$F = \frac{9{,}805 \cdot 10^{-9} \cdot 9{,}805 \cdot 10^{-9}}{4 \cdot 1{,}38 \cdot 10^{-23} \cdot 300 \cdot 5000} = 1{,}161 = 0{,}65 \text{ dB} \tag{6.9}$$

Zur Bestimmung des Klirrfaktors wurde in der „Circuit"-Datei für die Transient-Analyse die Schaltung mit einer Sinusspannung angeregt, die eine Frequenz von f = 1 kHz hat (`VIN 100 0 AC 1 SIN(0 0.01 1k)`). Des weiteren wurde in der Steueranweisung zur Spezifikation der Fourieranalyse dieselbe Frequenz zum Analysieren vorgegeben (`.FOUR 1k V(6)`). Daher läßt sich der Klirrfaktor direkt aus dem entsprechenden Abschnitt der Ausgabedatei ablesen (siehe Bild 6.39).

```
** 01/15/92 08:25:30 *** Evaluation PSpice (January 1991) **
Simulation eines Transistorverstaerkers
**** FOURIER ANALYSIS   TEMPERATURE = 27.000 DEG C
***************************************************************

FOURIER COMPONENTS OF TRANSIENT RESPONSE V(6)
DC COMPONENT = -6.429264E-02

HARMONIC FREQUENCY  FOURIER   NORMALIZED PHASE      NORMALIZED
NO       (HZ)       COMPONENT COMPONENT  (DEG)      PHASE(DEG)
1        1.000E+03  1.303E+00 1.000E+00   1.795E+02  0.000E+00
2        2.000E+03  8.163E-02 6.267E-02   8.804E+01 -9.145E+01
3        3.000E+03  1.318E-03 1.012E-03   8.438E+01 -9.511E+01
4        4.000E+03  2.522E-03 1.936E-03   1.325E+02 -4.698E+01
5        5.000E+03  2.930E-03 2.250E-03   1.410E+02 -3.853E+01
6        6.000E+03  7.674E-03 5.892E-03   2.668E+01 -1.528E+02
7        7.000E+03  2.572E-02 1.975E-02  -7.882E+01 -2.583E+02
8        8.000E+03  1.307E-03 1.004E-03   1.662E+02 -1.333E+01
9        9.000E+03  1.652E-02 1.268E-02   1.064E+02 -7.305E+01
TOTAL HARMONIC DISTORTION = 6.725922E+00 PERCENT
```

Bild 6.39 Fourieranalyse bei 1 kHz

Aus Bild 6.39 geht ein Klirrfaktor von 6,7% hervor.

Bei den obigen Betrachtungen zum Rauschen interessiert unter Umständen, mit welchem Generatorwiderstand die Schaltung betrieben werden muß, um eine optimale Rauschanpassung zu bekommen. Außerdem wäre eine Darstellung der Rauschzahl in Abhängigkeit von der Frequenz sinnvoll. Die frequenzabhängige Darstellung ist prinzipiell gegeben, wenn man in PROBE die nötigen Berechnungen mit der Variablen `V(INOISE)` durchführt und zur Anzeige bringt. Problematisch wird es dann, wenn der Generatorwiderstand über eine Parameterliste verändert wird. Hier wäre es wünschenswert, eine Größe zu haben, die dem aktuellen Generatorwiderstand entspricht, damit man die Rauschzahl automatisch berechnen lassen kann. In PROBE steht der Generatorwiderstand direkt nicht zur Verfügung. Mit Hilfe einer Stromquelle und eines Widerstandes, der denselben Wert hat wie der Generatorwiderstand, kann man sich jedoch eine Spannung erzeugen, deren Wert proportional zum Generatorwiderstand ist. Bild 6.40 zeigt dazu die „Circuit"-Datei, die die entsprechenden Erweiterungen enthält.

```
Simulation eines Transistorverstaerkers
**
* Schaltungsbeschreibung
*
rgen   100  1   {generatorwid}
ck1    1    2   100u
r1     5    2   498k
r2     2    0   102k
rc     5    4    75k
qt1    4    2   3 bc107
re     3    0    15k
ck3    3    0   100u
```

```
ck2     4    6   100u
rl      6    0   100k
*
* Umformung des Generatorwiderstandes in eine PROBE-Groesse
itest rg 0 ac -1
rtest rg 0 {generatorwid}
*
* Modellbeschreibung
*
.model bc107 npn (is=8.18e-14 bf=340 rb=174 vaf=62 cje=8p
+ cjc=3.5p tf=0.61n kf=3.52e-16)
.param generatorwid=5k
*
* Quellen
*
VIN 100 0 AC 1
VCC 5 0 DC 12
*
* Analysen
*
.step param generatorwid list 500 1k 5k 10k 50k 100k
.AC DEC 10 1 100MEGHZ
.NOISE V(6) VIN
.PROBE
.END
```

Bild 6.40 „Circuit"-Datei zur Erzeugung von Rauschkennlinien

Zur Darstellung der Rauschzahl braucht man nur die spektrale Rauschspannung zu quadrieren und durch die dem Generatorwiderstand proportionale Spannung und einem konstanten Faktor (kt4 = $1{,}656 \cdot 10^{-20}$ Ws) zu teilen. Bild 6.41 zeigt das Ergebnis. Der konstante Faktor kt4 wurde in PROBE als „Macro" vereinbart und steht damit bei jeder Rauschanalyse zur Verfügung. Man sieht, daß die Wahl von RG = 5 kΩ die niedrigste Rauschzahl liefert. Die Darstellung des Rauschmaßes ($10 \cdot \log F$) findet sich in Bild 6.42.

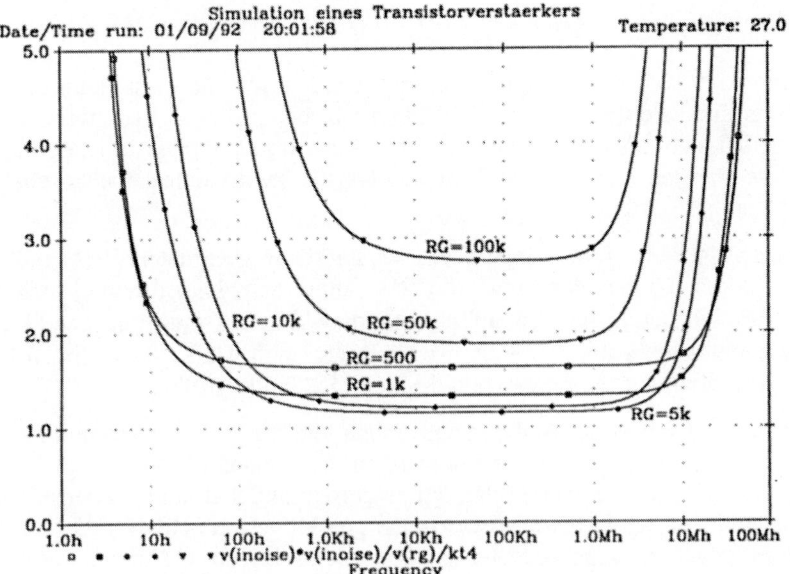

Bild 6.41 Rauschzahl in Abhängigkeit vom Generatorwiderstand

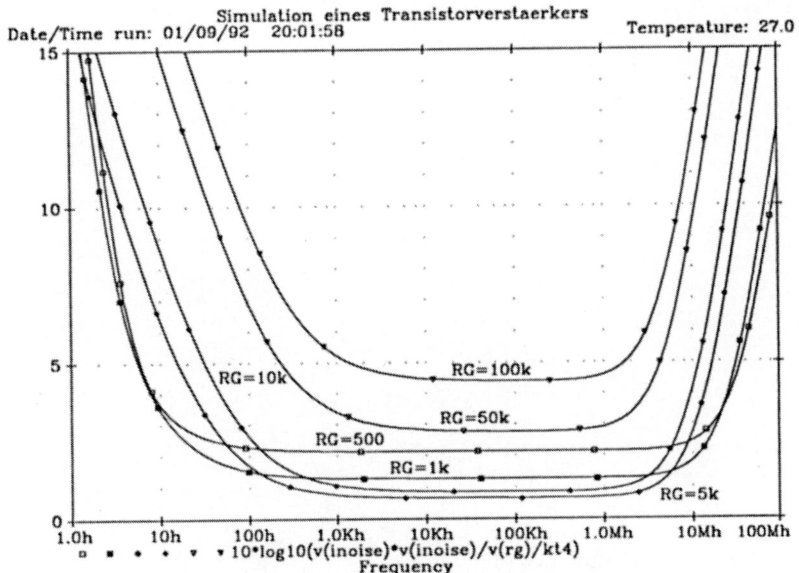

Bild 6.42 Rauschmaß in Abhängigkeit vom Generatorwiderstand

6.5 Oszillatoren

Im folgenden soll anhand von drei Beispielen gezeigt werden, wie man Oszillatoren simulieren kann. Das erste Beispiel ist ein RC-Phasenschieberoszillator, das zweite ein Meißneroszillator, bei dem das Signal durch Transformatorkopplung zurückgeführt wird, und das dritte Beispiel ist ein Wien-Robinson-Oszillator, der eine Brückenschaltung zur Phasendrehung benutzt.

Ein Oszillator wird aufgebaut, in dem man einen Verstärker in geeigneter Weise rückkoppelt. Wie im Kapitel 6.3 erläutert, muß die sogenannte Schwingbedingung erfüllt sein. Sie besagt, daß der Betrag der Schleifenverstärkung ≥ 1 sein muß und der Phasenwinkel der Schleifenverstärkung 0°, 360° usw. betragen muß. Daher ist es sinnvoll, einen Oszillator erst einmal auf seine Schwingfähigkeit hin zu überprüfen.

Dazu ist die Schaltung an geeigneter Stelle aufzutrennen und der Amplituden- und Phasengang der Schleifenverstärkung über der Frequenz zu bestimmen (AC-Analyse). Dabei ist unter Umständen darauf zu achten, daß die aufgetrennte Schaltung mit derselben Impedanz am Ausgang belastet wird wie vorher in der geschlossenen Schleife. Wenn die Oszillationsfähigkeit gegeben ist, so bedeutet das aber nicht, daß der Oszillator mit geschlossener Schleife in einer Transient-Analyse schwingen muß.

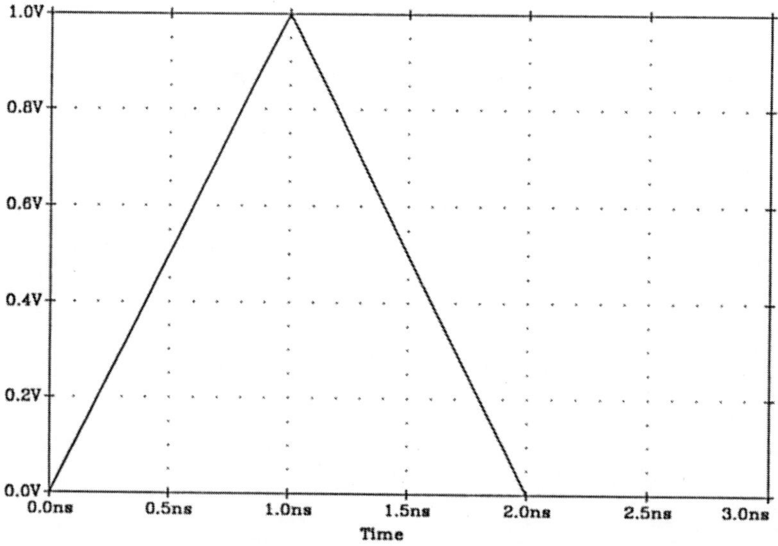

Bild 6.43 Spannungsverlauf eines Oszillationsstimulus

6.5.1 Oszillationsstimulus

Wie in der realen Welt, wo das thermische Rauschen für eine Anfachung der Schwingungen sorgt, ist auch in einer Simulation eine Schwingungsanregung nötig. Am einfachsten läßt sich so ein Oszillationsstimulus durch einen kurzen Impuls realisieren, der zu Anfang der Simulation auf die Schaltung gegeben wird. Bild 6.43 zeigt einen solchen Oszillationsstimulus.

6.5.2 RC-Oszillator

Das verstärkende Element des RC-Oszillators ist ein invertierender Verstärker, also ein Verstärker, der eine Phasendrehung von 180° verursacht. Das Rückkopplungsnetzwerk muß, damit die Phasenbedingung erfüllt wird, noch weitere 180° Phasendrehung beisteuern. Dies geschieht durch drei in Reihe geschaltete RC-Hochpässe. Die Dämpfung, die die Hochpässe einbringen, muß vom Verstärker wieder ausgeglichen werden. Bild 6.44 zeigt die Schaltung des verwendeten RC-Phasenschieberoszillators. Widerstand R5 dient zum Schließen der Schleife, er wird daher bei der AC-Analyse zur Überprüfung der Schwingbedingung weggelassen. Die Umsetzung der Schaltung zur Durchführung der AC-Analyse ist in Bild 6.45 gezeigt.

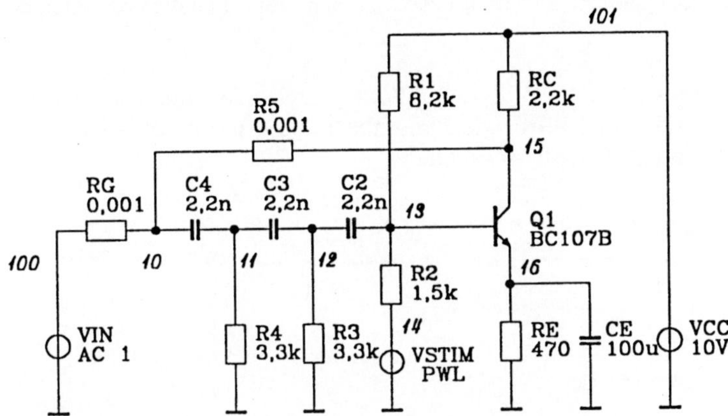

Bild 6.44 Schaltung eines RC-Phasenschieberoszillators

```
RC-Oszillator (Phasenschieberoszillator)
*
* Schaltungsbeschreibung
*
rc 101  15   2.2k
q1  15  13   16 bc107
re  16   0   470
ce  16   0   10u
r1 101  13   8.2k
r2  13  14   1.5k
c2  12  13   2.2n
```

```
r3  12   0   3.3k
c3  11  12   2.2n
r4  11   0   3.3k
c4  10  11   2.2n
rg 100  10   0.001
*
* Modellbeschreibung
*
.model bc107 npn (is=8.18e-14 bf=340 rb=174 vaf=62 cje=8p
+ cjc=3.5p tf=0.61n kf=3.52e-16)
*
* Signalquellen
*
vcc 101 0 dc 10
vstim 14 0
vin 100 0 ac 1
*
* Analysen
*
.ac dec 50 100 1meg
.probe
.end
```

Bild 6.45 Schaltungsbeschreibung des RC-Phasenschieberoszillators zur Simulation des offenen Kreises

Das Ergebnis der AC-Analyse zeigt Bild 6.46. Vom Amplitudengang her ist die Schwingbedingung bei ca. 8,5 kHz erfüllt. Die Phasenbedingung ist bei ca. 12 kHz erfüllt. Also sollte die Schaltung als Oszillator arbeiten.

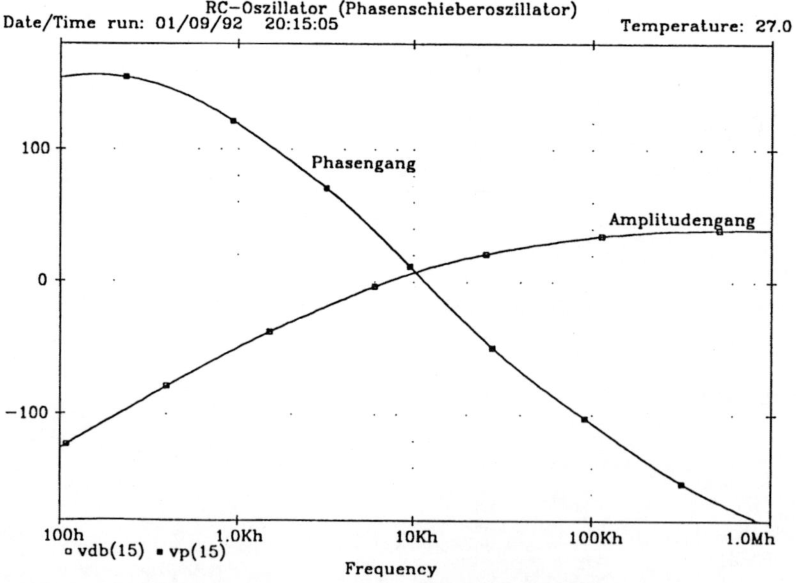

Bild 6.46 Amplituden- und Phasengang des offenen Kreises

Zur weiteren Analyse wird die Quelle VIN entfernt und der Kreis über R5 geschlossen. Für die Transient-Analyse ist ein geeignetes Zeitfenster zu wählen, damit die auftretenden Schwingungen gut analysiert werden können. Bild 6.47 zeigt die zu diesem Zweck geänderte „Circuit“-Datei.

```
RC-Oszillator (Phasenschieberoszillator)
*
* Schaltungsbeschreibung
*
rc 101  15   2.2k
q1  15  13   16 bc107
re  16   0   470
ce  16   0   10u
r1 101  13   8.2k
r2  13  14   1.5k
c2  12  13   2.2n
r3  12   0   3.3k
c3  11  12   2.2n
r4  11   0   3.3k
c4  10  11   2.2n
r5  15  10   0.001
*
* Modellbeschreibung
*
.model bc107 npn (is=8.18e-14 bf=340 rb=174 vaf=62 cje=8p
+ cjc=3.5p tf=0.61n kf=3.52e-16)
*
* Signalquellen
*
vcc 101 0 dc 10
vstim 14 0 pwl(0 0 1n 1 2n 0)
*
* Analysen
*
.tran  100n 4m
.probe
.end
```

Bild 6.47 Schaltungsbeschreibung des RC-Phasenschieberoszillators zur Simulation des geschlossenen Kreises

Das Ergebnis der Transient-Analyse (Bild 6.48) zeigt, daß die Schwingungen des Oszillators ca. 1,7 ms nach dem Anstoßen ihre volle Amplitude erreichen. Wenn man das Simulationsergebnis mit den in PROBE eingebauten Möglichkeiten zur spektralen Analyse hin untersucht, ergibt sich ein Ausdruck nach Bild 6.49. Es zeigt, daß sich eine Schwingfrequenz von 8,5 kHz ergibt, und daß das Signal keine hohe spektrale Reinheit aufweist.

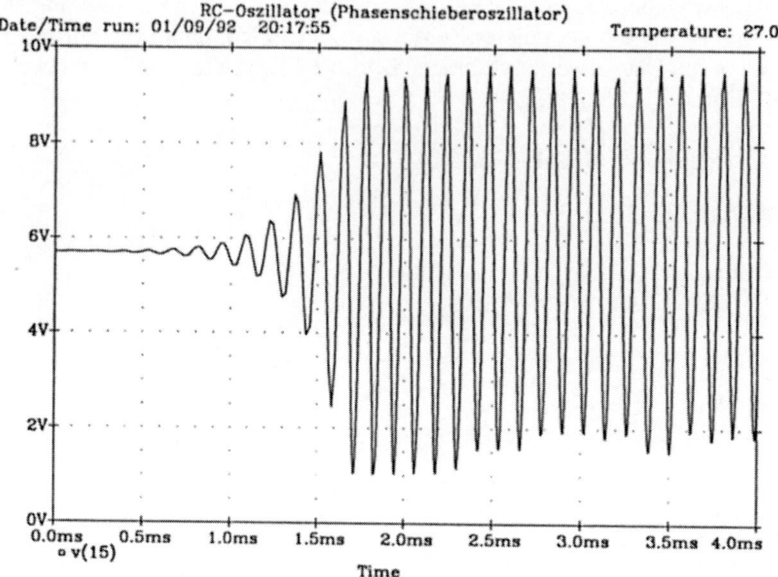

Bild 6.48 Spannungsverlauf am Ausgang bei geschlossenem Kreis

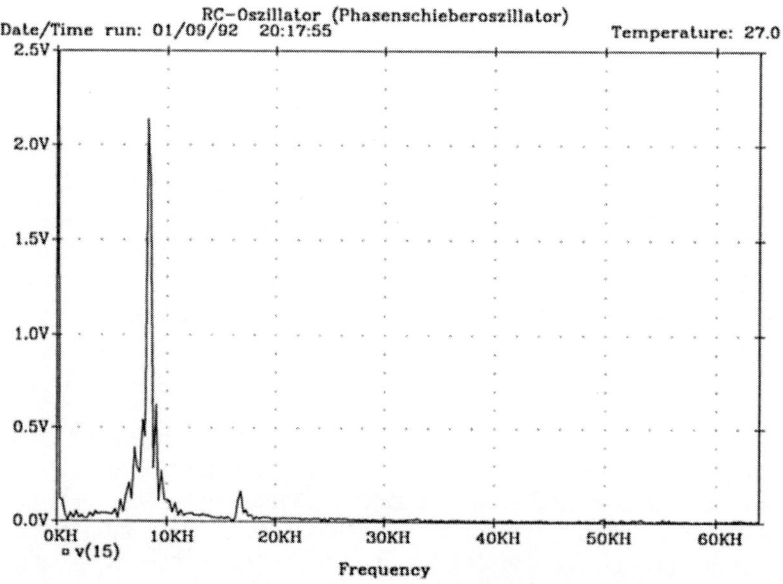

Bild 6.49 Spektrale Verteilung der Ausgangsspannung

6.5.3 Meißneroszillator

Der Meißneroszillator ist ein schwingkreisgekoppelter Oszillator (siehe auch die Schaltung in Bild 6.50). Im Resonanzfall sind an der Spule L_C Strom und Spannung in „Phase", d.h. die Spannung am Knoten 15 ist dann genau um 180° gegenüber der Spannung am Knoten 13 phasenverschoben (invertierender Verstärker). Man braucht also nur das Signal phasenrichtig mit einer Zusatzschaltung auszukoppeln, um die Schwingbedingung zu erfüllen.

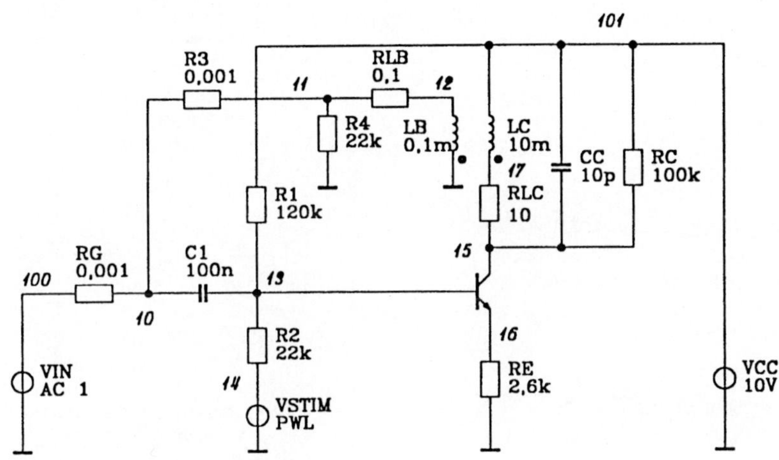

Bild 6.50 Schaltung eines Meißneroszillators

Wie im vorangegangenen Beispiel dient hier der Widerstand R3 dazu, die Schleife zu schließen. Der Widerstand R4 ersetzt für den Fall des offenen Kreises die Belastung durch den Transistoreingang. Zuerst auch hier wieder eine AC-Analyse zur Überprüfung der Schwingbedingung. Bild 6.51 zeigt die dazugehörige „Circuit"-Datei und Bild 6.52 zeigt das Ergebnis der AC-Analyse. Wie aus Bild 6.52 hervorgeht, ist die Schwingbedingung bei ca. 450 kHz erfüllt.

```
Meissneroszillator
*
* Schaltungsbeschreibung
*
lc   101   17   10m
rlc   17   15   10
rc   101   15   100k
cc   101   15   10p
q1    15   13   16 bc107
re    16    0   2.6k
lb    12    0   0.1m
rlb   12   11   0.1
```

```
kl    lc   lb   0.95
r1    15   13   120k
r2    13   14   22k
c1    10   13   100n
*r3   11   10   0.001   ;tran
r4    11    0   22k     ;ac
rg   100   10   0.001   ;ac
*
* Modellbeschreibung
*
.model bc107 npn (is=8.18e-14 bf=340 rb=174 vaf=62 cje=8p
+  cjc=3.5p tf=0.61n kf=3.52e-16)
*
* Signalquellen
*
vcc 101 0 dc 10
vstim 14 0 pwl(0 0 1n 0.1 2n 0)
vin 100 0 ac 1    ;ac
*
* Analysen
*
.ac dec 50 1k 10meg   ;ac
*.tran 0.3u 45u 15u   ;tran
.probe
.end
```

Bild 6.51 Schaltungsbeschreibung des Meißneroszillators zur Simulation des offenen Kreises

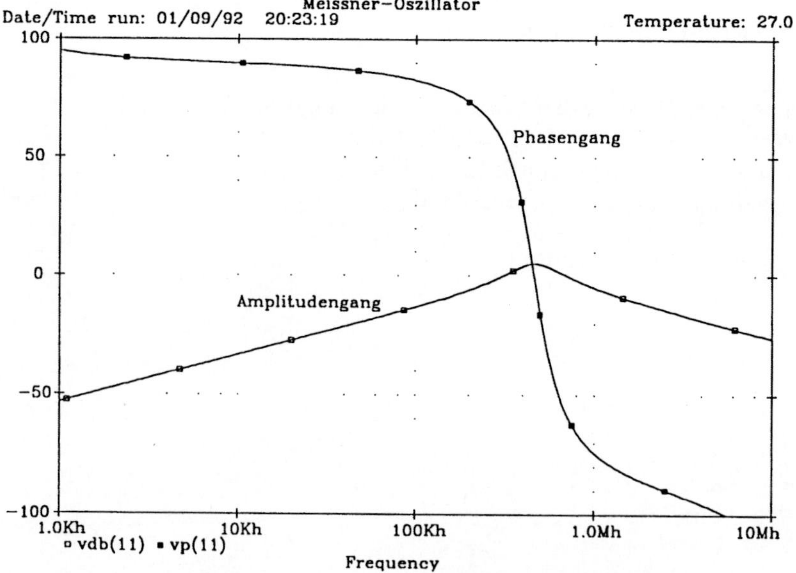

Bild 6.52 Amplituden- und Phasengang des offenen Kreises

Der Kreis kann also geschlossen werden. R4, RG, VIN und die .AC-Anweisung entfallen. Dazu kommen nun R3 und die .TRAN-Anweisung, so wie das im Bild 6.53 geschehen ist.

```
Meissneroszillator
*
* Schaltungsbeschreibung
*
lc   101  17   10m
rlc   17  15   10
rc   101  15   100k
cc   101  15   10p
q1    15  13   16 bc107
re    16   0   2.6k
lb    12   0   0.1m
rlb   12  11   0.1
kl    lc  lb   0.95
r1    15  13   120k
r2    13  14   22k
c1    10  13   100n
r3    11  10   0.001    ;tran
*r4   11   0   22k      ;ac
*rg  100  10   0.001    ;ac
*
* Modellbeschreibung
*
.model bc107 npn (is=8.18e-14 bf=340 rb=174 vaf=62 cje=8p
+  cjc=3.5p tf=0.61n kf=3.52e-16)
*
* Signalquellen
*
vcc 101 0 dc 10
vstim 14 0 pwl(0 0 1n 0.1 2n 0)
*vin 100 0 ac 1              ;ac
*
* Analysen
*
*.ac dec 50 1k 10meg         ;ac
.tran 0.3u 45u 15u           ;tran
.probe
.end
```

Bild 6.53 Schaltungsbeschreibung des Meißneroszillators zur Simulation des geschlossenen Kreises

Das Ergebnis in Bild 6.54 zeigt die auftretende Schwingung. Durch den LC-Resonanzkreis ist die Amplitude der Schwingung größer als die Versorgungsspannung. Man sieht auch, daß der Transistor zu gewissen Zeiten in Sättigung kommt (V(15) ≈ 2 V). Dort, wo Sättigung auftritt, entfaltet das Simulationsprogramm die höchste Rechenaktivität, was auch durch die sehr kleinen Zeitintervalle während der Simulation an diesen Stellen zum Ausdruck kommt. Die spektrale Verteilung in Bild 6.55 bescheinigt, bis auf die

Oberwellen durch die Sättigung, dem Meißneroszillator eine höhere spektrale Reinheit als dem RC-Oszillator. Die Unstetigkeiten im Spannungsbereich zwischen 4 V und 24 V sind nicht real, sondern ergeben sich aus dem zu gering gewählten Wert für `<print step value>` bei der Spezifikation der Transient-Analyse, um die Dauer der Simulation nicht zu lang werden zu lassen.

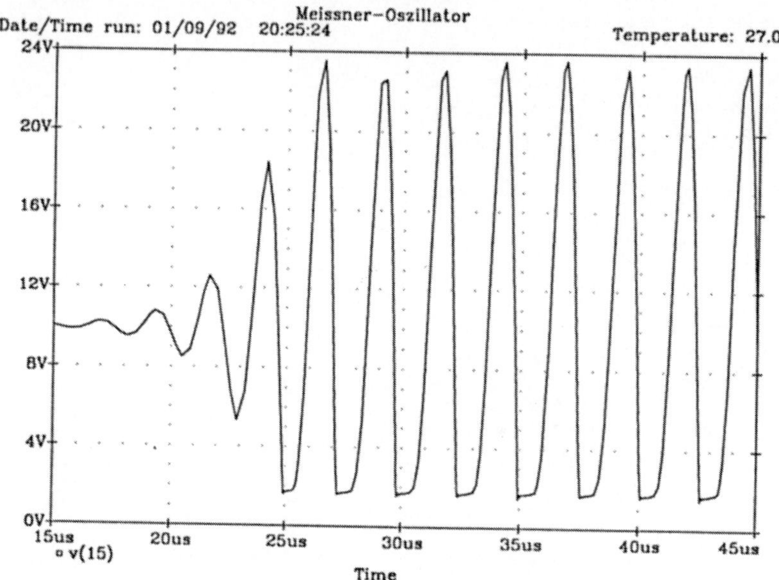

Bild 6.54 Spannungsverlauf am Ausgang bei geschlossenem Kreis

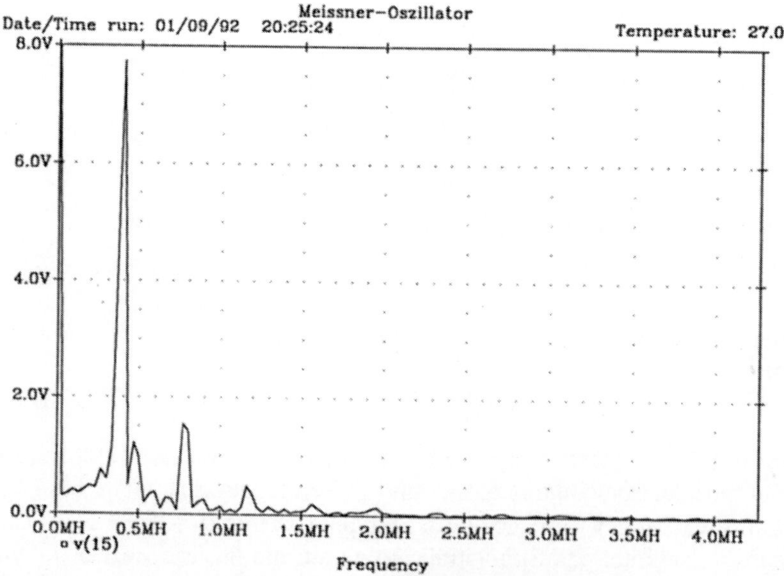

Bild 6.55 Spektrale Verteilung der Ausgangsspannung

Im Bild 6.56 ist zusätzlich auch die Spannung an der Basis des Transistors gezeigt. Auch hier sind deutlich die Probleme zu sehen, die PSPICE hat, wenn Sättigung auftritt (V(13) ≈ 2,3 V). Bei Sättigung ist der Transistor extrem nichtlinear und die Lösung der transzendenden Gleichungen, mit denen der Transistor nachgebildet wird, erfordert viele Iterationen. Die Rechenungenauigkeit führt dann zu den scheinbaren Einschwingvorgängen, die man bei V(13) ≈ 2,3 V sehen kann.

6.5.4 Wien-Robinson-Oszillator

Der Wien-Robinson-Oszillator benutzt eine leicht verstimmte Brückenschaltung zur frequenzabhängigen Phasendrehung (siehe Bild 6.57). Die Wien-Robinson-Brücke muß verstimmt sein, da das Netzwerk sonst bei erfüllter Phasenbedingung eine unendlich hohe Dämpfung hätte (dies wäre in diesem Beispiel für R4 = 5 kΩ der Fall). Durch die Verstimmung wird einerseits die Dämpfung reduziert, andererseits verschlechtert sich aber dadurch die spektrale Reinheit, weil der Phasendurchgang bei der Resonanzfrequenz nicht mehr so steil ist. Man versucht deshalb, die Verstimmung so klein wie möglich zu machen. Dadurch wird jedoch die Dämpfung so hoch, daß man günstigerweise einen Operationsverstärker einsetzt, um dies auszugleichen.

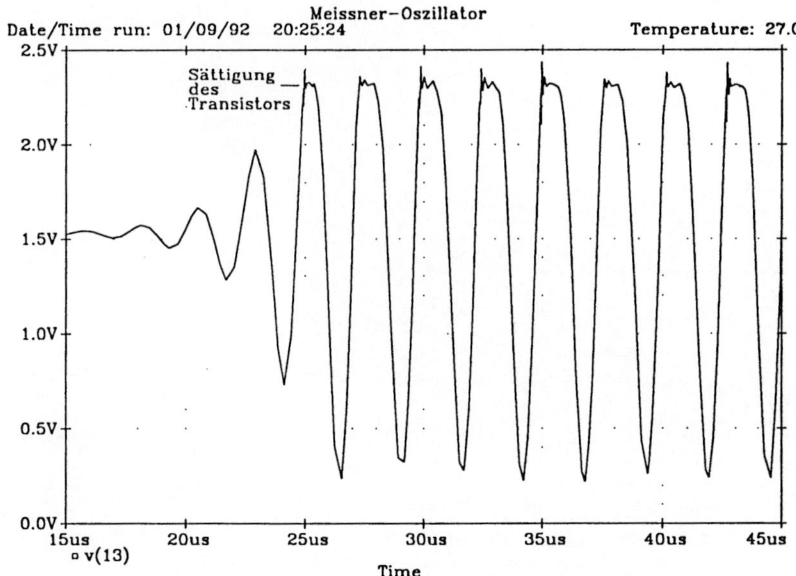

Bild 6.56 Spannungsverlauf an der Basis des Transistors des Meißneroszillators

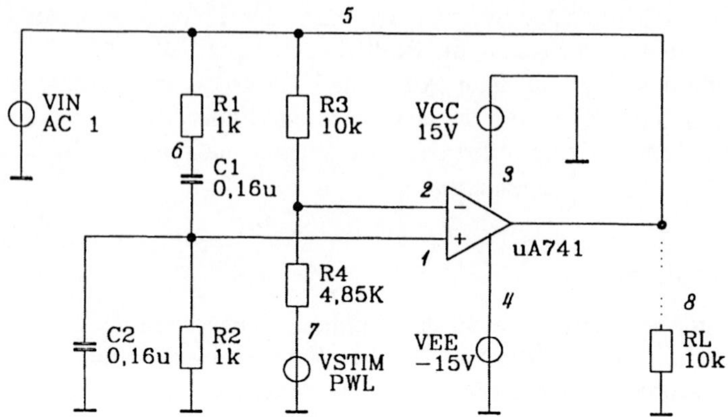

Bild 6.57 Schaltung eines Wien-Robinson-Oszillators

Als Operationsverstärker soll in diesem Beispiel das Makromodell des μA741 Einsatz finden. Die Schaltungsbeschreibung in Bild 6.58 enthält die Elemente für beide Simulationen, also für die Simulation der offenen Schleife und für die Simulation der geschlossenen Schleife. In der gezeigten Form sind die Elemente für die Simulation der offenen Schleife aktiviert.

```
Testschaltung Wien-Oszillator
*
* Schaltungsbeschreibung
*
r1   5   6   1k
c1   6   1   0.16u
r2   1   0   1k
c2   1   0   0.16u
r3   5   2   10k
r4   2   7   4.85k
*xop 1   2   3   4   5  uA741           ;tran
xop  1   2   3   4   8  uA741           ;ac
rl   8   0   10k                        ;ac
*
* Modellbeschreibung
*
*------------------------------------------------------------
* connections:  non-inverting input
*               | inverting input
*               | | positive power supply
*               | | | negative power supply
*               | | | | output
*               | | | | |
.subckt uA741   1 2 3 4 5
*
c1    11 12 8.661E-12
c2     6  7 30.00E-12
dc     5 53 dx
```

```
de    54  5 dx
dlp  90 91 dx
dln  92 90 dx
dp    4  3 dx
egnd 99  0 poly(2) (3,0) (4,0) 0 .5 .5
fb    7 99 poly(5) vb vc ve vlp vln 0 10.61E6 -10E6 10E6 10E6 -10]
ga    6  0 11 12 188.5E-6
gcm   0  6 10 99 5.961E-9
iee  10  4 dc 15.16E-6
hlim 90  0 vlim 1K
q1   11  2 13 qx
q2   12  1 14 qx
r2    6  9 100.0E3
rc1   3 11 5.305E3
rc2   3 12 5.305E3
re1  13 10 1.836E3
re2  14 10 1.836E3
ree  10 99 13.19E6
ro1   8  5 50
ro2   7 99 100
rp    3  4 18.16E3
vb    9  0 dc 0
vc    3 53 dc 1
ve   54  4 dc 1
vlim  7  8 dc 0
vlp  91  0 dc 40
vln   0 92 dc 40
.model dx D(Is=800.0E-18 Rs=1)
.model qx NPN(Is=800.0E-18 Bf=93.75)
.ends
*
* Signalquellen
*
vcc 3 0 dc 15
vee 4 0 dc -15
vstim 7 0 pwl(0 0 100n 0.1 200n 0)
vin 5 0 ac 1                      ;ac
*
* Analysen
*
.ac dec 100 100 10k               ;ac
*.tran 200n 50m                   ;tran
.probe
.end
```

Bild 6.58 Schaltungsbeschreibung des Wien-Robinson-Oszillators

In Bild 6.59 findet sich nun eine etwas andere Darstellungsform des Ergebnisses der AC-Analyse. Da PROBE erlaubt, für die X-Achse auch eine der vorhandenen Variablen zu benutzen, ist in Bild 6.59 der Verlauf der Gesamtverstärkung in der komplexen Ebene aufgetragen. Die Schwingbedingung ist dann erfüllt, wenn die Ortskurve der komplexen Gesamtverstärkung auf die reelle Achse in der rechten Halbebene kommt. Wie Bild 6.59 zeigt, ist die Schwingbedingung erfüllt.

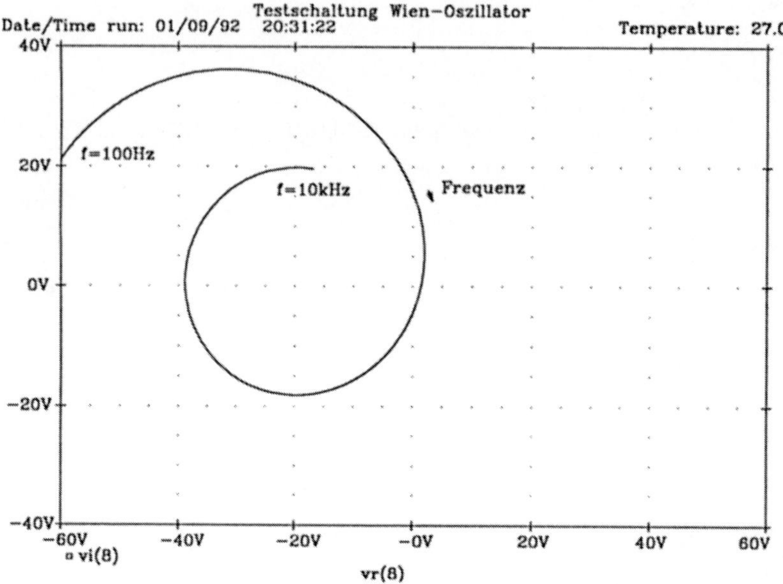

Bild 6.59 Ortskurve der komplexen Schleifenverstärkung des offenen Kreises

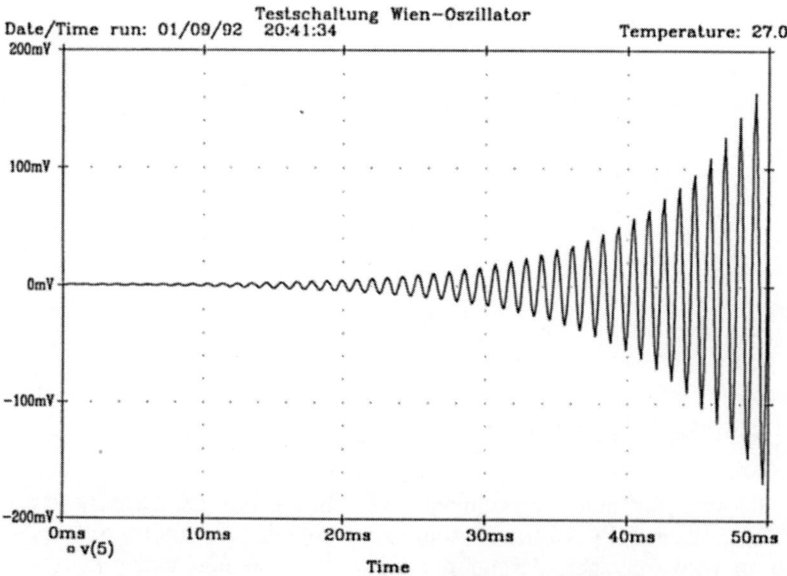

Bild 6.60 Spannungsverlauf am Ausgang des geschlossenen Kreises

Das Ergebnis der geschlossenen Schleife findet sich in den Bildern 6.60 und 6.61. Die Fourieranalyse bescheinigt dem Oszillator eine hohe spektrale Reinheit und geringe harmonische Verzerrungen. Daher wird diese Form von Oszillator häufig zur Erzeugung klirrarmer Sinusspannungen im niederfrequenten Bereich genutzt.

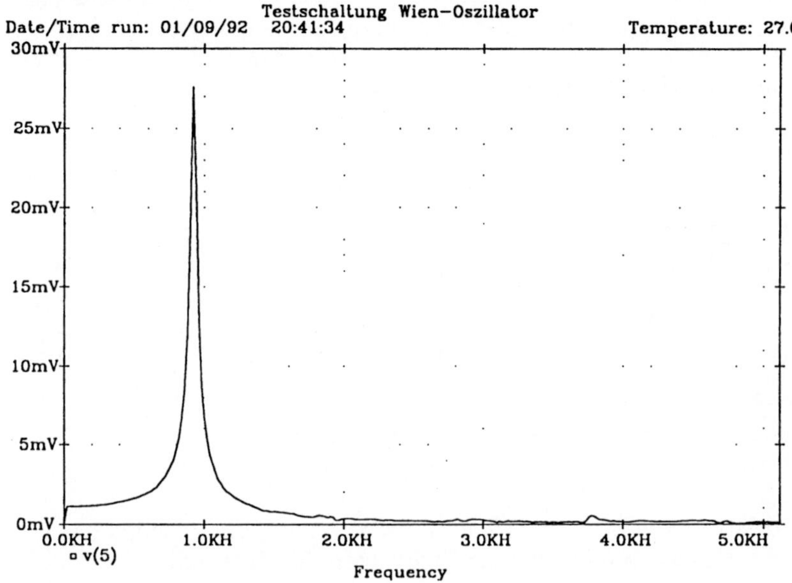

Bild 6.61 Spektrale Verteilung der Ausgangsspannung

6.6 Integrierter Breitbandverstärker MSA0104

Die Halbleiterhersteller gehen immer mehr dazu über, für ihre Produkte SPICE-Modelle anzugeben. Das erlaubt es, diese Produkte vermehrt auch in Simulationen diskreter Schaltungen einzusetzen. Das folgende Beispiel bedient sich des Breitbandverstärkers MSA0104 von Avantek. Dieser Verstärker gehört zu einer Familie von monolithisch integrierten Mikrowellenschaltungen (MMIC, Monolithic Microwave Integrated Circuit) und ist in einem pillenförmigen Gehäuse mit 4 radial nach außen gehenden Anschlußfahnen untergebracht. Der Durchmesser der Pille beträgt ca. 4 mm. Die Anschlußfahnen sind so angeordnet, daß sich der MSA0104 optimal in Streifenleitungsschaltungen einsetzen läßt. Ein- und Ausgangsfahnen liegen einander gegenüber. Die Ein- bzw. Auskopplung der Signale hat kapazitiv zu erfolgen. Die restlichen beiden Fahnen sind Masseanschlüsse. Zur Stromversorgung wird über die Anschlußfahne des Ausgangs ein Strom über einen Widerstand zugeführt. Zur HF-Abblockung kann optional eine Drossel zwischen Widerstand und Ausgangsanschlußfahne geschaltet werden.

Der MSA0104 zeichnet sich unter anderem dadurch aus, daß Ein- und Ausgangsimpedanz nahezu 50 Ω betragen, was es erlaubt, auf Anpassungsnetzwerke zu verzichten. Die Bandbreite liegt laut Datenblatt bei 800 MHz. Die verfügbare Ausgangsleistung beträgt ca. 1 dBm. Zur Erzielung höherer Verstärkungen ist der MSA0104 problemlos kaskadierbar. Auf der Basis des MSA0104 soll neben der AC-Analyse, die Aufschluß über Verstärkung und Rauschzahl gibt, die Transient-Analyse zur Bestimmung des „3rd order intercept points" (Kennzahl zur Charakterisierung der Großsignalfestigkeit von Bandpaßverstärkern) benutzt werden. Der MSA0104 wird in Form eines „Subcircuits" in die Anwenderschaltung eingebunden (siehe Bild 6.62).

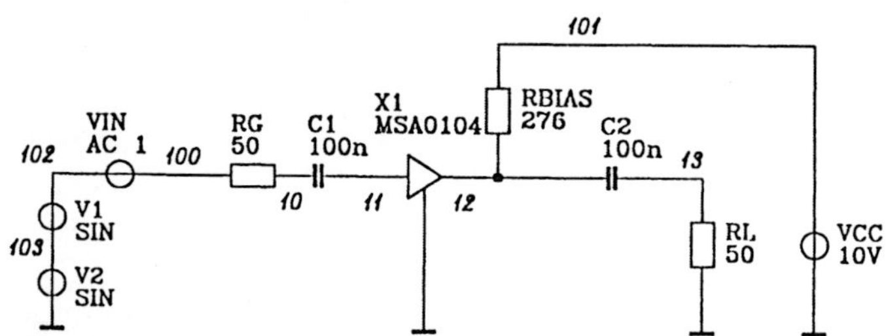

Bild 6.62 Testschaltung für den integrierten Breitbandverstärker MSA0104

Zur Bestimmung des „3rd order intercept points" werden zwei Sinusquellen benötigt, deren Amplitude gleich und deren Frequenzen leicht unterschiedlich sind.

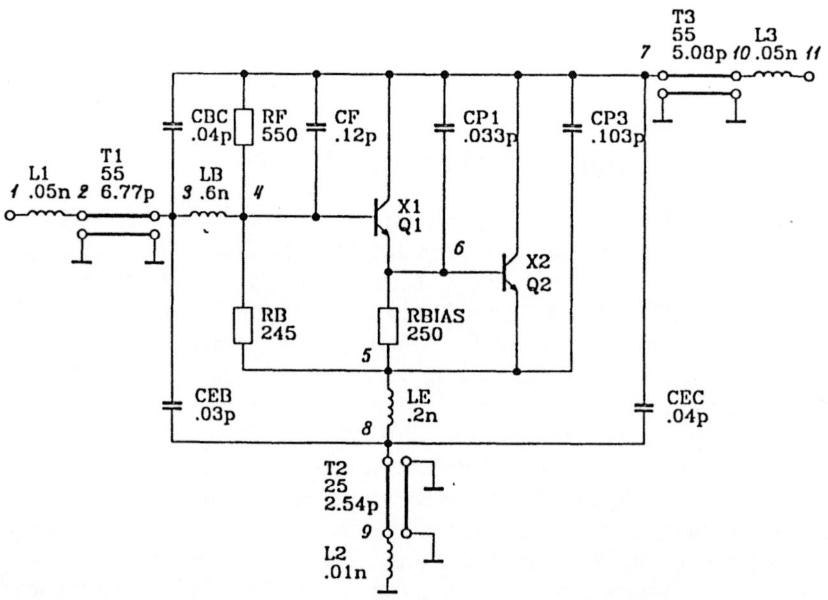

Bild 6.63 Innenschaltung des MSA0104

Diesen Zweck erfüllen im Bild 6.62 die beiden Quellen `V1`(û = 48 mV, f = 450 MHz) und `V2` (û = 48 mV, f = 550 MHz), die nur während der Transient-Analyse wirksam sind. `VIN` dient als Quelle zur AC-Analyse. Die Werte von Generatorwiderstand `RG` wie auch von Lastwiderstand `RL` sind entsprechend der Vorgaben zu 50 Ω gewählt. Der Widerstand `RBIAS` dient zur Stromversorgung des MSA0104 und ist so zu bemessen, daß bei einer DC-Spannung von 5 V an der Ausgangsklemme des MSA0104 ein Strom von 17 mA in den Schaltkreis fließt. Bei einer Versorgungsspannung von `VCC` = 10 V ergibt sich der in Bild 6.62 eingesetzte Wert von 276 Ω. Der MSA0104 ist, wie oben schon erwähnt, als Unterschaltkreis eingesetzt. Die dazugehörige Innenschaltung zeigt Bild 6.63.

Die verwendeten Transistoren sind ihrerseits wiederum Unterschaltkreise, wie im Bild 6.64 dargestellt. Man hat den Basisbahnwiderstand in drei Abschnitte aufgeteilt und jedem Abschnitt eine eigene spannungsabhängige Rückwirkungskapazität in Form einer in Sperrichtung geschalteten Diode zugeordnet. In Bild 6.65 ist die gesamte Schaltung beschrieben. Die Daten der „Subcircuits" und der verwendeten Modelle wurden aus dem Avantek-Datenbuch entnommen.

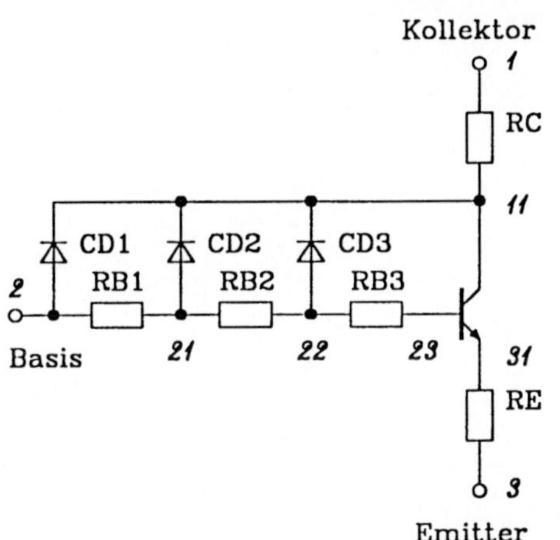

Bild 6.64
Nachbildung des Transistors

```
Simulation des MMIC MSA0104
*
* Schaltungsbeschreibung
*
rg     100 10  50
c1      10 11 100n
x1      11 12 msa0104
rbias  101 12 276
c2      12 13 100n
rl      13  0  50
.subckt q1 1 2 3
rb1      2 21 5 tc=0.8e-3
rb2     21 22 13.2 tc=1.2e-3
rb3     22 23 9.9 tc=1.8e-3
rc       1 11 5 tc=0.6e-3
```

```
re      31  3 0.78 tc=0.6e-3
dcd1     2 11 dmod 348
dcd2    21 11 dmod 390
dcd3    22 11 dmod 114
q1      11 23 31 qmsa 125
.ends
.subckt q2 1 2 3
rb1      2 21 3.1 tc=0.8e-3
rb2     21 22 8.2 tc=1.2e-3
rb3     22 23 6.2 tc=1.8e-3
rc       1 11 5 tc=0.6e-3
re      31  3 0.49 tc=0.6e-3
dcd1     2 11 dmod 478
dcd2    21 11 dmod 624
dcd3    22 11 dmod 182
q2      11 23 31 qmsa 200
.ends
.subckt msa0104 1 11
l1       1 2 0.05n
l2       9 0 0.01n
l3      10 11 0.05n
lb       3  4 0.6n
le       5  8 0.2n
t1       2  0 3 0 z0=55 td=6.77e-12              ;ac
*rt1     2  3 0.0001                             ;tran
t2       8  0 9 0 z0=25 td=2.54e-12              ;ac
*rt2     8  9 0.0001                             ;tran
t3       7  0 10 0 z0=55 td=5.08e-12             ;ac
*rt3     7 10 0.0001                             ;tran
cbc      3  7 0.04p
ceb      3  8 0.03p
cec      7  8 0.04p
rf       4  7 550 tc=-0.8e-3
rb       4  5 245 tc=-0.8e-3
rbias    6  5 250 tc=-0.8e-3
cf       7  4 0.12p
cp1      7  6 0.033p
cp3      7  5 0.103p
x1       7  4 6 q1
x2       7  6 5 q2
.ends
*
* Modelle
*
.model dmod d (is=1e-25 cjo=2.45e-16 vj=0.76 m=0.53
+ bv=45 ibv=1e-9)
.model qmsa npn (bf=90 br=5 is=1.65e-18 va=20 tf=12p
+ cje=18e-16 pe=1.01 me=0.6 ptf=25 xtb=1.818 vtf=6 itf=0.3m
+ ik=0.1333m xtf=4 nf=1.03 ise=5e-15 ne=2.5)
*
* Quellen
*
vin 100 102 ac 1
v1  102 103 sin (0 48m 450meg)
```

```
v2  103   0 sin (0 48m 550meg)
vcc 101   0 dc 10
*
* Analysen
*
.ac dec 20 10meg 10g
.noise v(13) vin
*.tran 0.2n 40n
.probe
.end
```

Bild 6.65 Schaltungsbeschreibung des Breitbandverstärkers

Das Ergebnis der AC-Analyse ist in üblicher Weise zusammen mit der Rauschzahl und dem Rauschmaß aufgetragen. In Bild 6.66 wurde die Möglichkeit von PROBE genutzt, genauere Anzeigewerte durch Benutzen der beiden Cursor zu erzielen.

Cursor 1 ist bei f = 500 MHz plaziert und zeigt das Rauschmaß an. Der Zahlenwert von 5,4 dB deckt sich recht gut mit dem Datenblattwert von 5,5 dB.

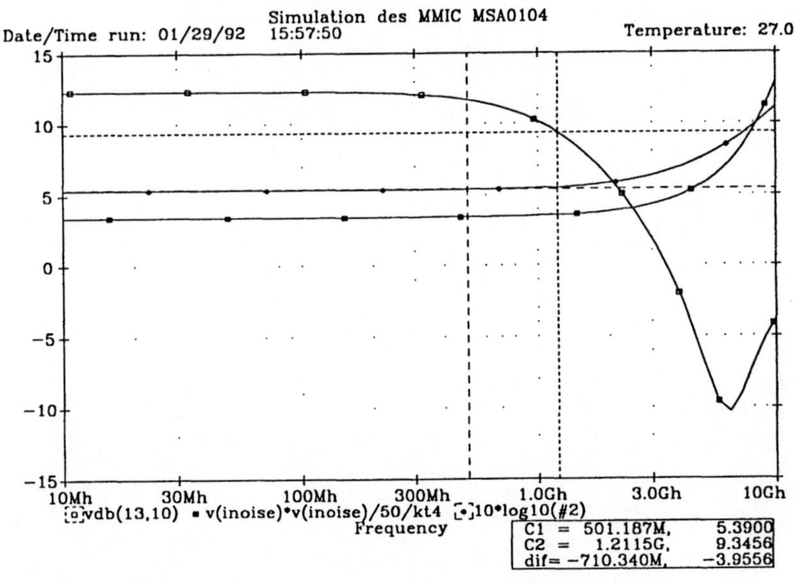

Bild 6.66 Amplitudengang und Rauschanalyse des MSA0104

Cursor 2 dient zur Anzeige der 3 dB-Bandbreite. Der Wert von 1,2 GHz steht allerdings im Widerspruch zur Datenblattangabe von 0,8 GHz. Auch ist der Betrag der Verstärkung (12,3 dB) um 6 dB niedriger als die Datenblattangabe.

Im Kapitel 6.4 wurde erläutert, daß man zur Bestimmung des Klirrfaktors sinnvollerweise die Fourieranalyse einsetzt. Der Klirrfaktor ist die Verzerrungsgröße, die im allgemeinen bei niederfrequenten Verstärkern angegeben wird. Verstärker wie der MSA0104 werden häufig als Bandpaßverstärker eingesetzt. Hier kann man, wie später noch ausgeführt wird, die quadratischen Verzerrungen ignorieren. Dafür ist es wichtig, die Verzerrungen dritter Ordnung zu analysieren. Die einfachste Methode ist die Zwei-Sender-Methode. Man speist den Verstärker mit zwei Sinussignalen gleicher Amplituden aber leicht differierender Frequenzen. Solch ein Signal (durch den Verstärker geleitet) ist in Bild 6.67 zu sehen. Zur Durchführung der dazu notwendigen Transient-Analyse wurden die in der Ersatzschaltung vorgesehenen Leitungsstücke (`T1`, `T2` und `T3`) herausgenommen und durch wirkungslose Widerstände ersetzt. Der Grund dafür ist, daß PSPICE bei seiner Berechnung als minimalen Zeitschritt die Zeitverzögerung des kleinsten Leitungselementes nehmen muß. Das führt zu sehr langen Rechenzeiten und zu einem vorzeitigen Abbruch der Rechnung, da die vorgegebene maximale Anzahl der Iterationen überschritten wird. Mit Hilfe der Option `.OPTIONS ITL5=<nummer>` läßt sich die Anzahl der erlaubten Iterationen erhöhen, aber die Rechenzeit steigt damit dann natürlich noch weiter an.

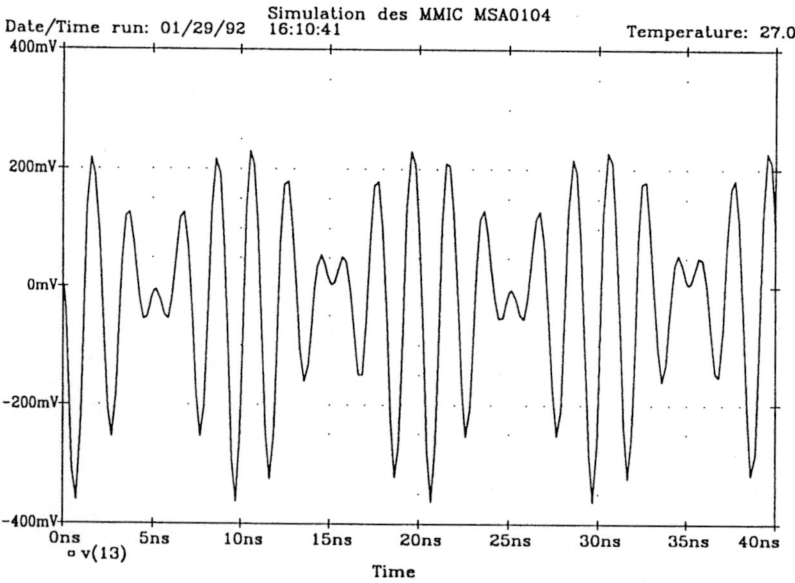

Bild 6.67 Spannungsverlauf am Ausgangsknoten

An der zeitlichen Darstellung des Signalgemisches ist noch nichts von den Verzerrungen 3. Ordnung zu erkennen. Um das Signal untersuchen zu können, muß man eine Spektralanalyse vornehmen. Diese Möglichkeit bietet PROBE, und im Bild 6.68 sind nun eine Reihe von Spektrallinien zu sehen, die es zu deuten gilt.

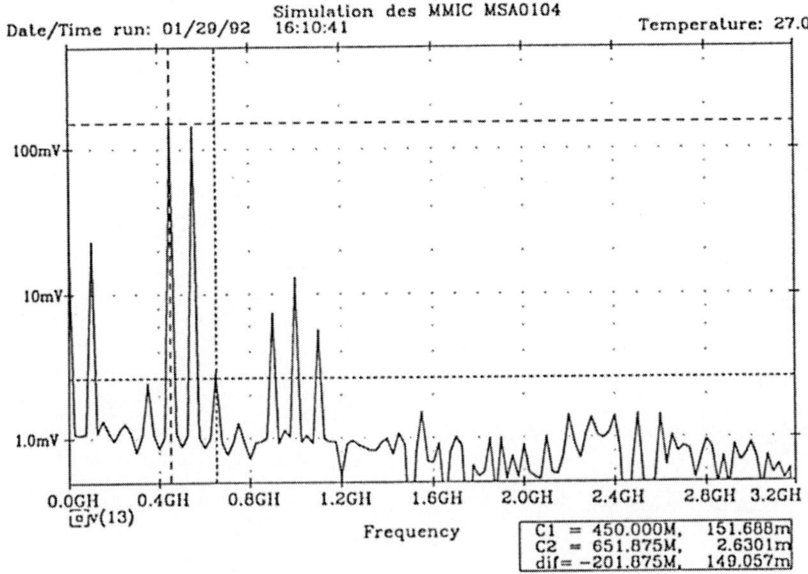

Bild 6.68 Spektrale Verteilung der Spannung am Ausgangsknoten

Analysiert man mathematisch die spektrale Verteilung rein quadratischer Verzerrungen eines Zwei-Sender-Signals, so findet man die spektrale Verteilung wie sie in Bild 6.69 links dargestellt ist. Die gestrichelten Spektrallinien stellen das Originalsignal dar, die durchgezogenen Linien sind nur die Verzerrungsprodukte. Man sieht, daß die quadratischen Verzerrungsprodukte nicht in das Nutzband fallen und daher nicht beachtet werden müssen. Im Bild 6.68 finden sich diese quadratischen Verzerrungsprodukte bei $f =$ 0, 100 MHz, 900 MHz, 1 GHz und 1,1 GHz. Anders sieht das bei den Verzerrungsprodukten 3. Ordnung aus. Wie aus Bild 6.69 rechts hervorgeht, fällt ein Teil der Verzerrungsprodukte in das Nutzband und zwar äquidistant zum Frequenzabstand der beiden Eingangssignale. Im Beispiel (Bild 6.68) treten diese Verzerrungsprodukte bei $f = 350$ MHz und $f = 650$ MHz auf. Um nun die Kennzahl für die Verzerrungsprodukte 3. Ordnung, den „3rd order intercept point" bestimmen zu können, benötigt man die Signalleistung in dBm (Leistungspegel bezogen auf 1 mW) und den Abstand der Verzerrungen zum Signalpegel. Im Bild 6.68 sind diese Werte durch die beiden Cursor markiert. Aus den angezeigten Spannungswerten lassen sich, da der Widerstand bekannt ist, an dem diese Spannung auftritt ($R = 50\ \Omega$), leicht die dazugehörigen Leistungspegel berechnen, wenn man für 0 dBm an 50 Ω einen Spannungswert von 0,224 V zu Grunde legt.

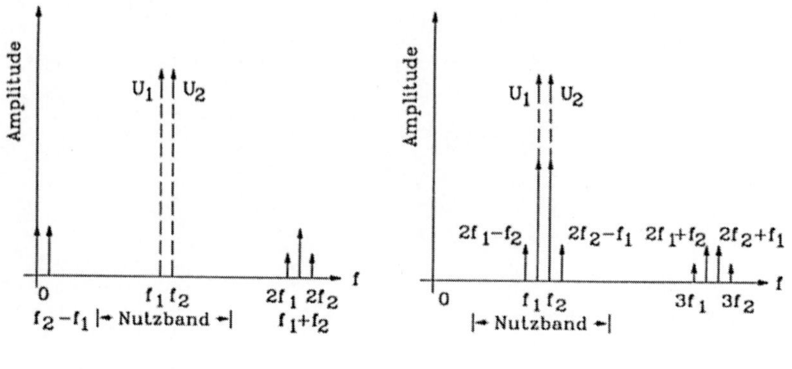

Bild 6.69 Vergleich zur theoretischen Betrachtung

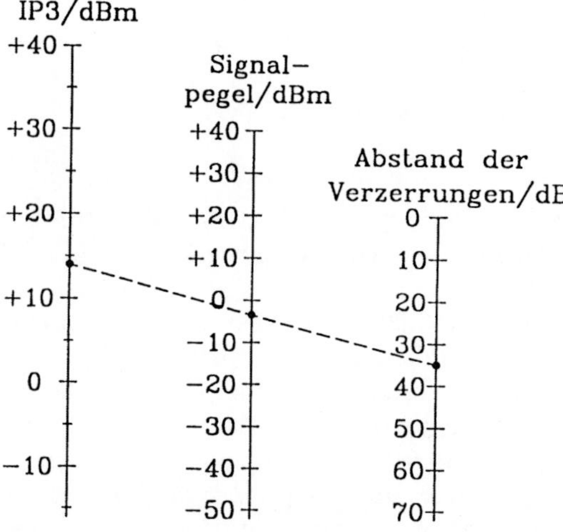

Bild 6.70 Nomogramm zur Bestimmung des „3rd order intercept points“

$$P_{\text{Signal}} = 20 \cdot \log\left(\frac{152}{224}\right) = -3{,}4 \text{ dBm} \tag{6.10}$$

$$P_{\text{Stör}} = 20 \cdot \log\left(\frac{2{,}6}{224}\right) = -38{,}7 \text{ dBm} \tag{6.11}$$

Nun müssen bei der Ermittlung der Signalleistung noch zwei Umstände berücksichtigt werden. Zum einen zeigt das Diagramm den einfachen Spitzenwert der Signalspannung an, daher ist die Leistung um 3 dB zu reduzieren. Zum anderen handelt es sich eigentlich bei dem Signal um zwei Signale, daher ist für diesen Umstand die Leistung um

3 dB zu erhöhen. Beide Umstände kompensieren sich und man kann getrost mit den obigen Werten (Abstand der Verzerrungen = $P_{\text{Signal}} - P_{\text{Stör}}$ = 35,3 dB) in das Nomogramm gehen, das in Bild 6.70 dargestellt ist.

Das Nomogramm erleichtert die Bestimmung des „3rd order intercept points". Wie aus Bild 6.70 hervorgeht, ergibt sich ein Wert vom *IP*3 = 14 dBm, der sich mit der Datenblattangabe deckt.

6.7 LC-Filter

Möchte man ein LC-Filter höherer Ordnung aufbauen, kann es bei hoher Filtergüte sehr leicht durch Bauteiletoleranzen zu einer ungewünschten Übertragungsfunktion kommen. Um den Einfluß der Bauelementtoleranzen zu überprüfen, bietet sich entweder die Monte-Carlo-Analyse oder die Worst-Case-Analyse an. Anhand eines LC-Tiefpaßfilters sollen diese Möglichkeiten demonstriert werden.

Das LC-Filter soll ein Tschebyscheff-Filter 5. Ordnung sein. Ein Tschebyscheff-Filter hat im Durchlaßbereich keinen monotonen Amplitudengang über der Frequenz. Das hier benutzte Filter soll im Durchlaßbereich eine Welligkeit (Rippel) von 0,3 dB (entspricht einem Reflexionsfaktor von 25 %) aufweisen. Zur Dimensionierung eines solchen Filters zieht man einen Filterkatalog heran, der tabellarisch angeordnet die benötigten Werte enthält. Aus dem Katalog entnimmt man:

$$
\begin{aligned}
r_g &= 1{,}0 \\
c_1 &= 1{,}456 \\
l_2 &= 1{,}307 \\
c_3 &= 2{,}283 \\
l_4 &= 1{,}307 \\
c_5 &= 1{,}456 \\
r_l &= 1{,}0
\end{aligned}
$$

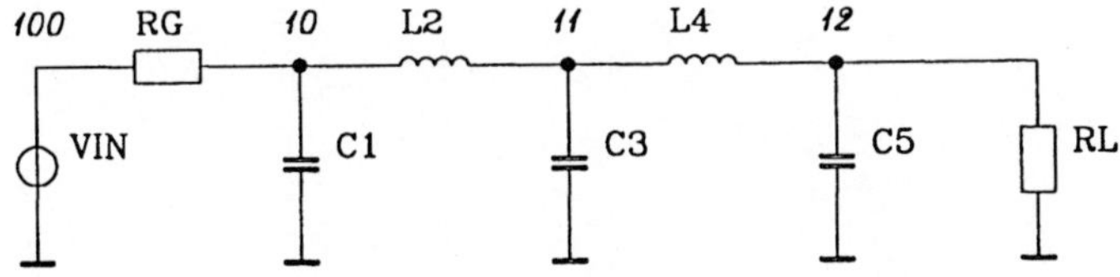

Bild 6.71 LC-Tiefpaßfilter zur Monte-Carlo-Simulation

Bei diesen Werten handelt es sich um normierte Bauteilwerte. Zur Entnormierung benötigt man Referenzwerte. Als Vorgabe sollen R_{ref} = 47 kΩ und f_{ref} = 5 kHz bekannt sein, d.h. daß der Quell- und der Lastwiderstand jeweils 47 kΩ betragen. Die Grenzfrequenz des Tiefpasses liegt bei 5 kHz. Aus den Vorgaben lassen sich nun die Referenzwerte für die Spulen und Kondensatoren bestimmen.

$$L_{ref} = \frac{R_{ref}}{2\pi f_{ref}} = \frac{47\ \text{k}\Omega}{2\pi \cdot 5\ \text{kHz}} = 1{,}496\ \text{H} \tag{6.12}$$

$$C_{ref} = \frac{1}{2\pi f_{ref} R_{ref}} = \frac{1}{2\pi \cdot 5\ \text{kHz} \cdot 47\ \text{k}\Omega} = 0{,}677\ \text{nF} \tag{6.13}$$

Die Entnormierung geschieht durch Multiplikation der Referenzwerte mit den normierten Werten und liefert folgende Bauteilwerte:

$$C_1 = c_1 \cdot C_{ref} = 0{,}986\ \text{nF} = C_5 \tag{6.14}$$

$$L_2 = l_2 \cdot L_{ref} = 1{,}955\ \text{H} = L_4 \tag{6.15}$$

$$C_3 = c_3 \cdot C_{ref} = 1{,}546\ \text{nF} \tag{6.16}$$

Eine AC-Analyse mit obigen Werten liefert den gewünschten Amplitudenverlauf über der Frequenz, wie das aus Bild 6.72 ersichtlich wird.

Ein Problem bei der Realisierung eines solchen Filters ist, daß sich keine maßgeschneiderten Bauteile einsetzen lassen. Unter der Annahme, daß man die Kondensatoren aus der Schublade nimmt, die Werte also der E12-Reihe entsprechen, und daß die Spulen manuell gewickelt werden, ist es angebracht, für die Toleranz der Kapazitäten 10 % und für die der Spulen 2 % anzunehmen. Die Bauteiltoleranzen sollen für jedes Bauteil unabhängig variiert werden, da es sich bei den Filterelementen um diskrete Bauteile handeln soll.

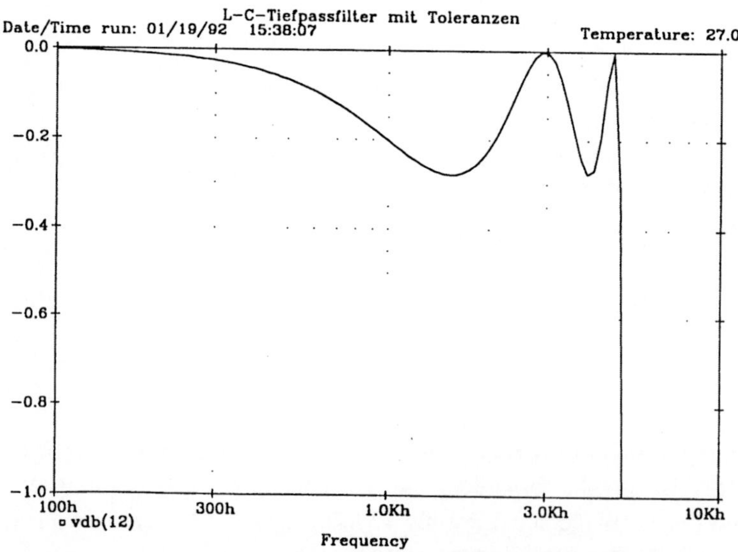

Bild 6.72 Nomineller Amplitudengang des LC-Filters

```
L-C-Tiefpassfilter mit Toleranzen
*
* Schaltungsbeschreibung
*
rg 100 10 47k
c1  10  0 cmod 1n
l2  10 11 lmod 1.955
c3  11  0 cmod 1.5n
l4  11 12 lmod 1.955
c5  12  0 cmod 1n
rl  12  0 47k
*
* Modelle
*
.model cmod cap (c=1 dev 10 %)
.model lmod ind (l=1 dev 2 %)
*
* Quellen
*
vin 100 0 ac 2
*
* Analysen
*
.ac dec 50 100 100k
.mc 5 ac v(12) ymax output all          ;mc
*.wcase ac v(0,12) ymax                 ;wcase
.probe
.end
```

Bild 6.73 Schaltungsbeschreibung zum LC-Filter (Monte-Carlo-Simulation)

Um für die verwendeten Kapazitäten und Induktivitäten Toleranzen spezifizieren zu können, ist die Angabe eines Bauteilmodells in der Schaltungsbeschreibung (Bild 6.73) erforderlich.

Als erstes soll eine Monte-Carlo-Analyse des Kleinsignalfrequenzganges (AC-Analyse) vorgenommen werden. Der Übersichtlichkeit in der graphischen Darstellung halber ist die Anzahl der Durchläufe auf 5 beschränkt. Die anschließend separat durchzuführende Worst-Case-Analyse (Monte-Carlo- und Worst-Case-Analyse dürfen nie zusammen in einer Datei auftreten) bezieht sich auf dieselben Voraussetzungen.

Die Ergebnisse der Monte-Carlo-Analyse, wie sie in Bild 6.74 und 6.75 aufgeführt sind, zeigen, daß sich erhebliche Abweichungen vom idealen Amplitudengang ergeben. Die stärkste Abweichung mit ca. 16 % vom Nominalwert hat der 2. Lauf produziert (siehe Bild 6.75). Die Welligkeit im Amplitudengang beträgt hierbei ca. 0,6 dB (siehe Bild 6.74).

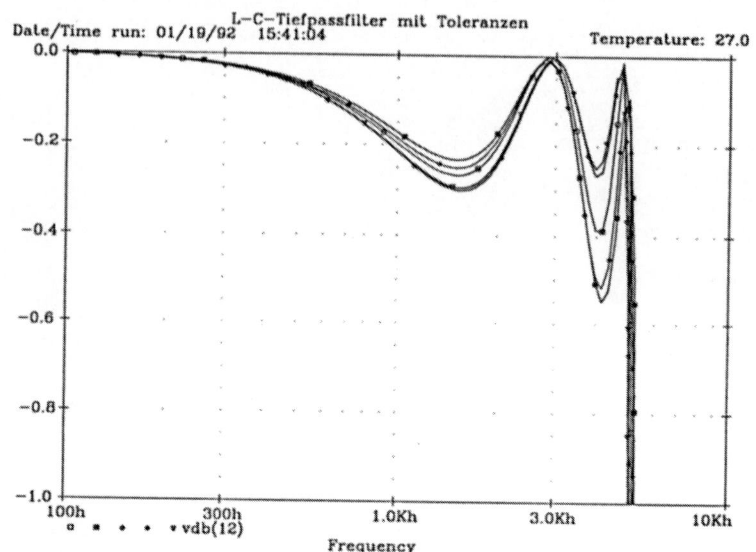

Bild 6.74 Ergebnis der Monte-Carlo-Analyse

```
** 01/19/92 15:41:41 *** Evaluation PSpice (January 1991) **
L-C-Tiefpassfilter mit Toleranzen
**** SORTED DEVIATIONS OF V(12)   TEMPERATURE = 27.000 DEG C
                     MONTE CARLO SUMMARY
************************************************************

Mean Deviation =    7.0239E-03
Sigma          =     .0769

RUN               MAX DEVIATION FROM NOMINAL

Pass  2            .1074 (1.40 sigma) higher  at F =  5.4954E+03
                  (115.73 % of Nominal)

Pass  5            .0827 (1.08 sigma) lower   at F =  5.4954E+03
                  ( 87.888 % of Nominal)

Pass  4            .0541 ( .70 sigma) higher  at F =  5.4954E+03
                  (107.92 % of Nominal)

Pass  3            .0507 ( .66 sigma) lower   at F =  5.4954E+03
                  ( 92.578 % of Nominal)
```

Bild 6.75 Ausgabedatei der Monte-Carlo-Analyse

Nun zeigt sich im anschließenden Simulationslauf, daß die Worst-Case-Analyse (Bild 6.76 und Bild 6.77) diese Abweichung nicht herausfindet. Das liegt darin begründet, daß letztendlich nach der maximalen Abweichung zwischen den Frequenzgängen gesucht wird, die oberhalb der Grenzfrequenz von f = 5 kHz am größten sind. Die maximale Abweichung oberhalb der Grenzfrequenz hat nun einmal keine so hohe Welligkeit im Durchlaßbereich zur Folge. Somit empfiehlt es sich, beide Analysearten im konkreten Fall anzuwenden.

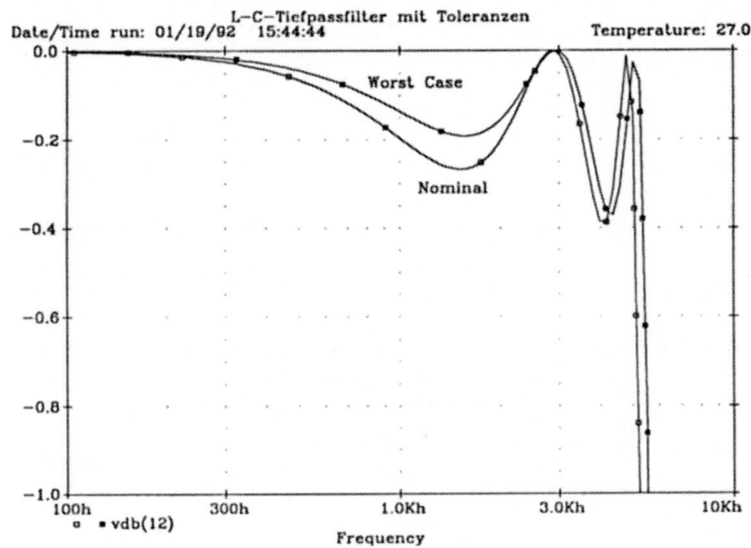

Bild 6.76 Ergebnis der Worst-Case-Analyse

```
** 01/19/92 15:44:44 *** Evaluation PSpice (January 1991) **
L-C-Tiefpassfilter mit Toleranzen
**** SORTED DEVIATIONS OF V(0,12) TEMPERATURE = 27.000 DEG C
                      SENSITIVITY SUMMARY
************************************************************
Mean Deviation = -945.9900E-06
Sigma          =  525.5500E-06
RUN                     MAX DEVIATION FROM NOMINAL
c3 cmod C      1.5871E-03 (3.02 sigma) lower at F = 5.4954E+03
             ( 2.3248 % change per 1 % change in Model Parameter)
12 lmod L      1.2513E-03 (2.38 sigma) lower at F = 5.4954E+03
             ( 1.833  % change per 1 % change in Model Parameter)
14 lmod L      1.2513E-03 (2.38 sigma) lower at F = 5.4954E+03
             ( 1.833  % change per 1 % change in Model Parameter)
```

```
c1 cmod C  320.0800E-06 ( .61 sigma) lower at F = 5.7544E+03
               ( .4689 % change per 1 % change in Model Parameter)
c5 cmod C  320.0800E-06 ( .61 sigma) lower at F = 5.7544E+03
               ( .4689 % change per 1 % change in Model Parameter)

** 01/19/92 15:44:44 *** Evaluation PSpice (January 1991) **
L-C-Tiefpassfilter mit Toleranzen
**** UPDATED MODEL PARAMETERS      TEMPERATURE = 27.000 DEG C
                    WORST  CASE ALL DEVICES
***********************************************************
DEVICE       MODEL        PARAMETER       NEW VALUE
c1           cmod             C           .9        (Decreased)
c3           cmod             C           .9        (Decreased)
c5           cmod             C           .9        (Decreased)
l2           lmod             L           .98       (Decreased)
l4           lmod             L           .98       (Decreased)

** 01/19/92 15:44:44 *** Evaluation PSpice (January 1991) **
L-C-Tiefpassfilter mit Toleranzen
**** SORTED DEVIATIONS OF V(0,12) TEMPERATURE = 27.000 DEG C
                    WORST  CASE SUMMARY
***********************************************************
RUN                    MAX DEVIATION FROM NOMINAL
ALL DEVICES            .2602  higher  at F =  5.7544E+03
                      ( 154.03 % of Nominal)
```

Bild 6.77 Ausgabedatei der Worst-Case-Analyse

6.8 Mischerschaltung

Die Analyse einer Mischerschaltung stellt den Entwickler vor besondere Probleme. Eine Kleinsignalanalyse läßt sich z.B. nicht mit den tatsächlich anliegenden Signalen durchführen. Das hat zur Folge, daß sich die AC-Analyse und die darauf aufbauende Rauschanalyse nicht auf die Übertragungsfunktion des Mischproduktes beziehen.

Bei der Transient-Analyse ergeben sich aufgrund der stark differierenden Frequenzen (HF-Eingangsfrequenz und lokale Oszillatorfrequenz hoch, Zwischenfrequenz niedrig) Zeitprobleme. Für die hochfrequenten Signale ist eine hohe Zeitauflösung nötig. Für das niederfrequente Mischprodukt wird eine lange Zeit benötigt, damit wenigstens eine komplette Periodendauer des Signals darstellbar wird. Eine hohe Zeitauflösung und eine lange Gesamtzeit erfordern extrem lange Simulationszeiten. In diesem Beispiel liegt die Rechenzeit ca. um einen Faktor 10-20 höher als bei den vorigen Beispielen. Dabei stellen die in diesem Beispiel verwendeten Frequenzen schon ein Kompromiß dar, um die Rechenzeit nicht zu lang werden zu lassen. Das Beispiel ist eine integrierte bipolare Mischerschaltung (Bild 6.78).

Es handelt sich hierbei um einen 4-Quadranten-Multiplizierer. Die Anordnung der Transistoren wird auch als „Gilbert-Cell" bezeichnet. Das Modell des verwendeten Transistors bezieht sich auf einen Minimaltransistor. Im konkreten Fall sind die Transistoren größer, was durch die Multiplikationsfaktoren 28 bei den Transistoren `Q10`, `Q11`, `Q20`, `Q21` und durch die Multiplikationsfaktoren 98 bei den Transistoren `Q12`, `Q22` zum Ausdruck kommt. Die zur Arbeitspunkteinstellung benutzten Spannungsquellen sind mit `VBIAS` bezeichnet. Neben dem zwangsläufig unvollständig zu ermittelnden Amplitudengang und des Rauschmaßes über der Frequenz, sollen ähnlich wie im Beispiel des Kapitels 6.6 eine Verzerrungsanalyse durchgeführt werden. Dazu dienen die beiden Eingangsquellen `V1` und `V2`. Das Signal des lokalen Oszillators wird von `VLO` erzeugt und ist nahezu rechteckförmig. Der Verlauf der Spannung `VLO` wurde so gewählt, daß bei $t = 0$ ein Transistorpaar des oberen Schaltungsbereiches ausgesteuert ist. Das hat den Vorteil, daß die Schaltung für die AC-Analyse als Differenzverstärker wirkt und somit eine gewisse Aussage über das Verhalten der Gesamtschaltung gemacht werden kann.

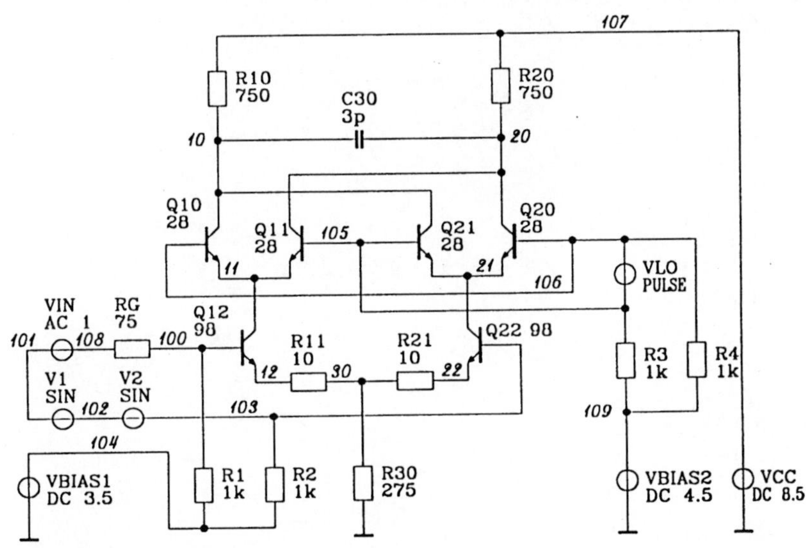

Bild 6.78 Bipolare Mischerschaltung

```
Mischerschaltung
*
* Schaltungsbeschreibung
*
r1 100 104 1k
r2 103 104 1k
r3 105 109 1k
r4 106 109 1k
r10 107  10 750
q10  10 106  11 c2n1 28
```

```
q11  20 105  11 c2n1 28
q12  11 100  12 c2n1 98
r11  12  30  10
r20 107  20 750
q20  20 106  21 c2n1 28
q21  10 105  21 c2n1 28
q22  21 103  22 c2n1 98
r21  22  30  10
c30  10  20   3p
r30  30   0 275
rg  108 100  75
*
* Modelle
*
.MODEL C2N1 NPN
+   (IS=2.2E-18 BF=74 VAF=26 IKF=2.7E-3 NE=1.1
+   RB=4000 IRB=0.7E-6 RBM=20 RE=27 RC=270 CJE=15F
+   VJE=1.0 MJE=0.0084 TF=30P CJC=46F VJC=1.0 MJC=0.29
+   XCJC=0.27 CJS=39F VJS=0.95 MJS=0.32 XTB=1.07
+   kf=3.52e-16)
*
* Quellen
*
v1 108 101 sin(0 0.05 14e6)
v2 101 102 sin(0 0.05 16e6)
vin 102 103 ac 1
vbias1 104 0 dc 3.5
vbias2 109 0 dc 4.5
vlo 105 106 pulse(-0.5 0.5 0 2n 2n 48n 100n)
vcc 107 0 dc 8.5
*
* Analysen
*
.ac dec 20 10k 1g
.noise v(10,20) vin 80
.tran 15.625n 1u
.probe
.end
```

Bild 6.79 „Circuit“-Datei der bipolaren Mischerschaltung

Das Ergebnis der AC-Analyse, es findet sich in Bild 6.80, liefert eine Bandbreite von ca. 22 MHz bei einer Verstärkung von 29,5 dB für den Differenzverstärker aus `Q12` und `Q22`. Das entspricht dann auch der Bandbreite, die der Mischer auf der Hochfrequenzseite verarbeiten kann. Das Rauschmaß liegt bei 3,6 dB.

Interessanter ist das Ergebnis der Transient-Analyse. In Bild 6.81 sind neben dem Ausgangssignal (`V(10,20)`) das Signal des lokalen Oszillators (`V(105,106)`) und das mit dem Faktor 40 multiplizierte Eingangssignal (`V(100,103)`) aufgetragen. Man sieht, daß das Ausgangssignal bei positiver Polarität des lokalen Oszillatorsignals gleichphasig zum Eingangssignal ist. Negative Polarität des lokalen Oszillatorsignals führt am Ausgang zu einem Signal, das bezüglich des Eingangssignals invertiert ist. Die Schaltzeiten der Transistoren bewirken, daß nicht sofort nach dem Umschalten des lokalen Oszillatorsignals der korrekte Spannungsverlauf erreicht wird.

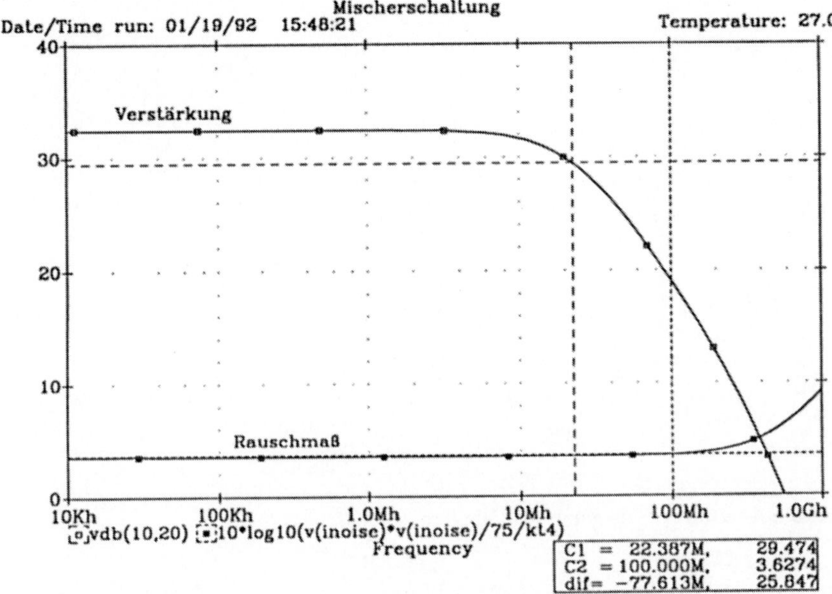

Bild 6.80 Kleinsignalverstärkung und Rauschzahl der Mischerschaltung

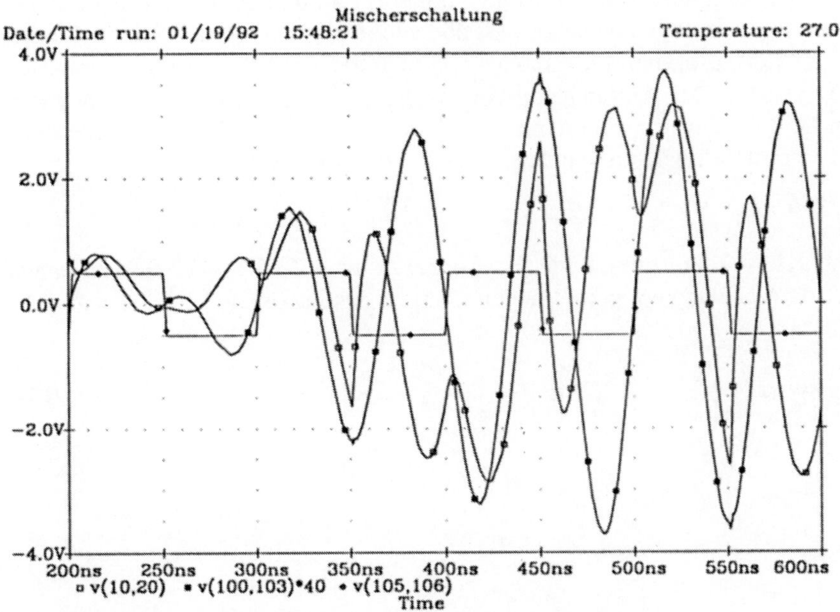

Bild 6.81 Spannungsverläufe an der Mischerschaltung

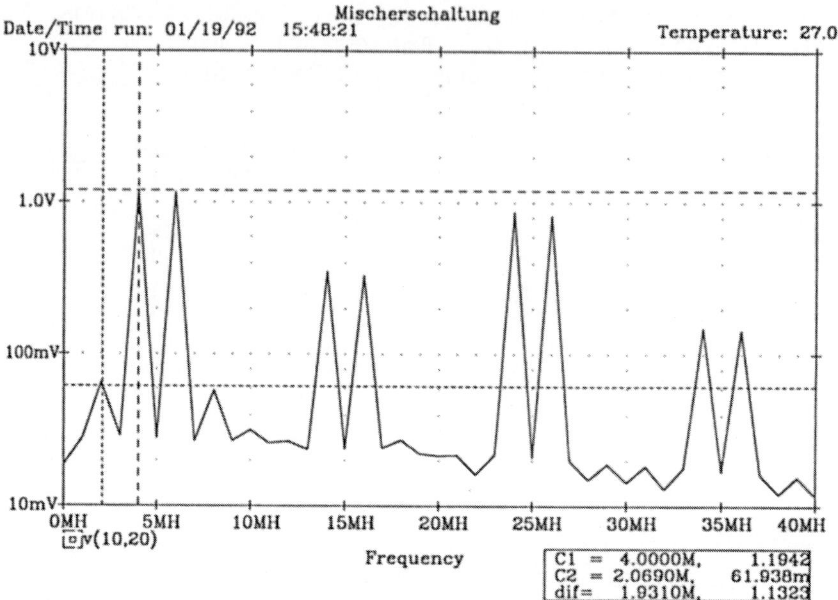

Bild 6.82 Spektrale Analyse der Ausgangsspannung an der Mischerschaltung

Die in Bild 6.82 gezeigte spektrale Analyse des Ausgangssignals ist stark gedehnt. Da in bezug auf die Menge der Datenpunkte die Mischfrequenzen sehr niederfrequent sind, war die starke Dehnung notwendig geworden, um eine vernünftige Auswertung machen zu können. Das Auswertungsschema ist dasselbe wie in Kapitel 6.6 und führt zu einem Signalpegel von 12,8 dBm (bezogen auf R_G = 75 Ω, 0 dBm = 0,274 V) und einem Störpegel von –12,9 dBm. Der Abstand der Verzerrungen ist dann 25,7 dB und aus dem Nomogramm Bild 6.70 würde sich dann ein *IP*3 von 27 dBm ergeben. Bei einer Verstärkung von 32,5 dB wäre der eingangsbezogene „3rd order intercept point“:

$$IP3_{in} = IP3_{out} - G_p = 27\ \text{dBm} - 32{,}5\ \text{dB} = -5{,}5\ \text{dBm} \qquad (6.17)$$

Da bei maximal 1 % Verzerrungsanteil das Eingangssignal 20 dB unter dem eingangsbezogenen „3rd order intercept point“ liegen muß, ist das maximale Eingangssignal für diesen Mischer auf

$$U_{inmax} = 0{,}274\ \text{V} \cdot 10^{(-25{,}5/20)} = 14{,}5\ \text{mV}_{eff} \qquad (6.18)$$

beschränkt.

6.9 Bandgap-Referenz

Möchte man eine temperaturunabhängige Referenzspannungsquelle haben, wird oft auf eine Bandgap-Referenz zurückgegriffen. Wie der Name sagt, ist die Ausgangsspannung vom Bandabstand des verwendeten Halbleitermaterials abhängig. Für Silizium liegt sie bei ca. 1,2 V. Baut man eine solche Referenzquelle mit Dioden oder Transistoren auf, macht sich deren negativer Temperaturkoeffizient nachteilig bemerkbar, d.h mit zunehmender Temperatur sinkt die Spannung an diesen Bauteilen. Für einen pn-Übergang eines Transistors gilt:

$$\Delta U_{BE} = U_{BE} \cdot T_K \tag{6.19}$$

$$\text{mit } T_K = -0{,}003/°\text{C} \tag{6.20}$$

Dieses Manko kann jedoch durch einen positiven Koeffizienten kompensiert werden. Hierfür eignet sich z.B. die Temperaturspannung:

$$U_T = \text{k}\frac{T}{e} = 26\ \text{mV}\Big|_{300\ \text{K}} \tag{6.21}$$

Sie ändert sich mit der Temperatur um:

$$\Delta U_T = \text{k}\frac{\Delta T}{\text{e}} = +86\mu\text{V}/°\text{C} \tag{6.22}$$

und ist dem Verhalten der Halbleiterbauelemente somit entgegengesetzt gerichtet. Um eine vollständige Temperaturkompensation zu erhalten, müssen die Spannungen U_{BE} und U_T addiert werden. Für den korrekten Abgleich ist eine der Größen mit einem Faktor m zu gewichten. Es ergibt sich somit:

$$U_{out} = U_{BE} + \text{m} \cdot U_T \tag{6.23}$$

bzw. unter Beachtung der Temperaturkoeffizienten:

$$U_{out} = U_{BE} \cdot (1 + T_K) + \text{m} \cdot U_T \cdot \left(1 + \frac{\Delta U_T}{U_T}\right) \tag{6.24}$$

Damit U_{out} temperaturunabhängig wird, muß gelten:

$$U_{BE} \cdot T_K + \text{m} \cdot \Delta U_T = 0 \tag{6.25}$$

Auch diese Gleichung läßt sich nun m bestimmen.

$$\text{m} = -U_{BE} \cdot \frac{T_K}{\Delta U_T} = -U_{BE} \cdot \frac{0{,}003}{86 \cdot 10^{-6}} = -U_{BE} \cdot 34{,}9\text{V}^{-1} \tag{6.26}$$

Die Realisierung einer Bandgap-Referenz ist in Bild 6.83 gezeigt. In Bild 6.84 ist die dazugehörige Schaltungsbeschreibung zu sehen.

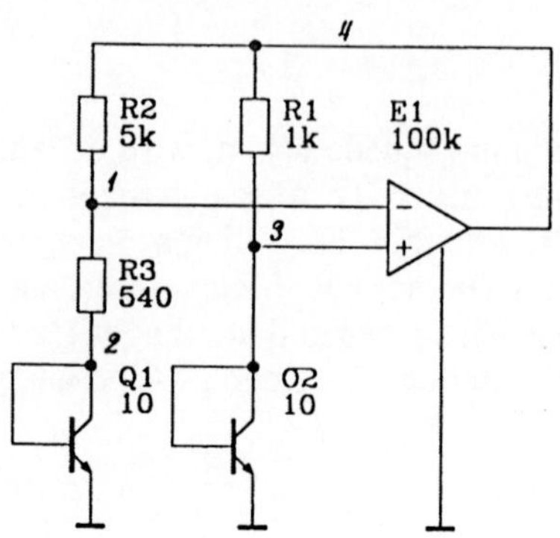

Bild 6.83
Schaltung einer „Bandgap“-Referenz

```
Bandgapreferenz
*
* Schaltungsbeschreibung
*
.param k=540
r1 4 3 1k
r2 4 1 5k
r3 1 2 {k}
q1 2 2 0 c2n1_ 10
q2 3 3 0 c2n1_ 10
*
* Modelle
*
.MODEL C2N1_ NPN
+   (IS=2.2E-18 BF=74 VAF=26 IKF=2.7E-3 NE=1.0
+   RB=4000 IRB=0.7E-6 RBM=20 RE=27 RC=270 CJE=15F
+   VJE=1.0 MJE=0.0084 TF=30P CJC=46F VJC=1.0 MJC=0.29
+   XCJC=0.27 CJS=39F VJS=0.95 MJS=0.32 XTB=1.07
+   kf=3.52e-16)
*
* Quellen
*
e1 4 0 3 1 1k
*
* Analysen
*
.nodeset v(3)=0.65
.step param k 535 545 2
.dc temp 250 330 20
.probe
.end
```

Bild 6.84 Schaltungsbeschreibung der „Bandgap“-Referenz

Die Ausgangsspannung dieser Schaltung ist:

$$U_{\text{out}} = U_{\text{BE}2} + \frac{R_2}{R_3} \cdot U_{\text{T}} \cdot \ln\left(\frac{R_2 \cdot I_{\text{S}1}}{R_1 \cdot I_{\text{S}2}}\right) \tag{6.27}$$

Vergleicht man diese Formel mit der oben angegebenen, muß:

$$m = \frac{R_2}{R_3} \cdot \ln\left(\frac{R_2 \cdot I_{S1}}{R_1 \cdot I_{S2}}\right) \tag{6.28}$$

sein, d.h. es sind fünf verschiedene Parameter zur Variation vorhanden. Für die Simulation soll jedoch nur R_3 herangezogen werden.

Der Operationsverstärker wird durch eine spannungsgesteuerte Spannungsquelle modelliert. Zu beachten ist, daß die Schaltung ohne eineVersorgungsspannungsquelle auskommt. Dies führt bei der Bestimmung des Arbeitspunktes zu Problemen, die durch Setzen von Anfangsbedingungen jedoch gelöst werden können. Da vor der Simulation nicht bekannt ist, an welchem Knoten welche Spannung anliegt, berechnet man einige Punkte näherungsweise. So wird z.B. U_{BE2} eine ungefähre Größe von 0,65 V besitzen. Diesen Wert, der nicht dem entgültigen entsprechen muß, fügt man über eine `.NODESET`-Anweisung zusätzlich in die „Circuit"-Datei ein. Sollte bei einer anschließenden Simulation kein sinnvolles Ergebnis erreichbar sein, müssen weitere Anfangsbedingungen gesetzt werden. Für die Bandgap-Referenz reicht jedoch die Angabe von `V(3)` aus.

Die Untersuchung der Schaltung soll einen Widerstandswert für R_3 liefern, für den bei einer mittleren Temperatur von 300K die Ausgangsspannungsänderung am geringsten ist. Dazu wird mittels einer DC-Analyse mit R_3 als Parameter die Temperatur variiert. Das Simulationsergebnis zeigt Bild 6.85.

Dem Temperaturgang entnimmt man bei $T = 300\text{K}$ einen optimalen Wert von $R_3 \approx 538$ Ω. Weiterhin gelten folgende Meßwerte:

```
IC(Q1)  =  0,75 mA
V(3)    =  0,44 V
V(1,2)  =  82 mV
V(2)    =  0,36 V
```

Der Wert m errechnet sich aus Gl. (6.28) zu m ≈ 14,96 ($I_{S1} = I_{S2}$). Für den theoretischen Wert aus Gl. (6.26) gilt m ≈ 15,3, d.h, es liegt eine gute Übereinstimmung vor.

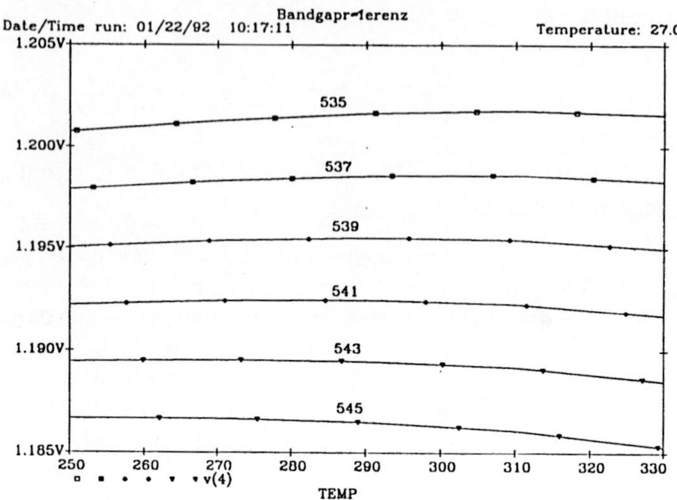

Bild 6.85 Temperaturgang der Ausgangsspannung für verschiedene Arbeitspunkte

7 Digitale Simulation

PSPICE ist neben der Simulation analoger Schaltungen auch in der Lage, als Logiksimulator zu fungieren. Dabei ist es nicht erforderlich, daß die „Circuit"-Datei aus rein digitalen Komponenten besteht. Es können auch analoge Bauelemente eingesetzt werden (Mixed-Mode Simulation). Anders als bei anderen Simulationsprogrammen, die hierfür oftmals zwei getrennte, im Multitasking-Verfahren arbeitende Simulatoren besitzen, die ihre Ergebnisse ständig gegenseitig austauschen, ist die digitale Simulation bei PSPICE Teil der analogen Simulation. Daher besteht auch zwischen der Syntax einer analogen und einer digitalen „Circuit"-Datei prinzipiell kein Unterschied.

7.1 Grundbegriffe

7.1.1 Logische Pegel

Die Simulation digitaler Schaltungen unterscheidet sich gegenüber analogen Schaltungen dahingehend, daß nicht die Spannung eines Knotens, sondern deren logischer Pegel berechnet wird. PSPICE kennt insgesamt sechs verschiedene logische Zustände.

0: LOW
1: HIGH
R: steigende Flanke
F: fallende Flanke
X: undefinierter Zustand
Z: hochohmiger Zustand

Die Darstellungsform, die PROBE für diese Zustände wählt, zeigt Bild 7.1.

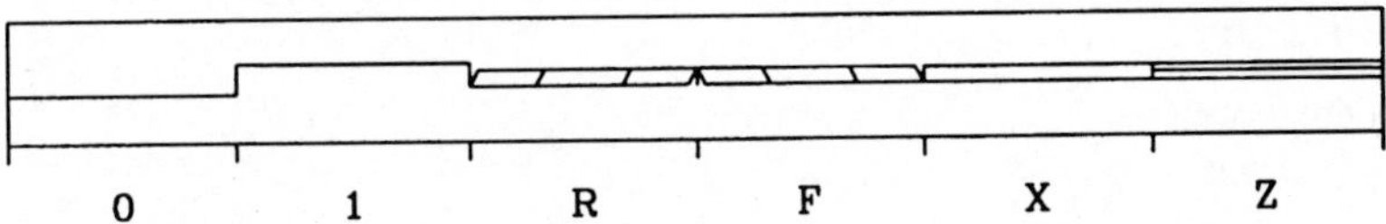

Bild 7.1 Darstellungsformen der einzelnen logischen Zustände

7.1.2 „Stärke" eines digitalen Ausgangs

In einer digitalen Schaltung kann es vorkommen, daß mehrere Ausgänge zusammengeführt sind, so z.B. bei Open-Kollektor-Ausgängen oder bei Gattern mit Tristateausgängen. Sollten diese während der Simulation unterschiedliche Pegel annehmen, muß PSPICE bestimmen können, welcher Ausgang dominiert. Zu diesem Zweck besitzt jeder digitale Ausgang eine gewisse „Stärke", die als Zahl zwischen 0 und 63 definiert ist. Jeder Zahl ist ein bestimmter ohmscher Wert zugeordnet, der mit Hilfe der beiden OPTION-Parameter DIGDRVZ und DIGDRVF berechnet wird. Diese definieren einen Wertebereich, der in 64 Teilbereiche logarithmisch aufgeteilt ist. DIGDRVZ entspricht dabei der geringsten „Stärke" 0 und beträgt defaultmäßig 20 kΩ. Sie ist mit dem hochohmigen Zustand „Z" identisch. DIGDRVF entspricht der „Stärke" 63 und beträgt defaultmäßig 2 Ω. Die „Stärke" des Ausgangs eines digitalen Bauelements wird durch dessen I/O-Modell, speziell den Parametern DRVH für den „1"-Pegel und DRVL für den „0"-Pegel beschrieben (s. Kapitel 7.2.3). Diesen ohmschen Werten ordnet PSPICE eine Zahl zwischen 0 und 63 zu, die sich aus den oben beschriebenen Parametern DIGDRVZ und DIGDRVF ergeben. Sind sie größer als DIGDRVZ bzw. kleiner als DIGDRVF, erhalten sie die „Stärke" 0 bzw. 63.

Sind in einer „Circuit"-Datei mehrere Ausgänge zusammengeschaltet und haben diese während der Simulation unterschiedliche Pegel, entscheidet PSPICE anhand der „Stärke", welcher Ausgang dominiert. Dabei gibt der OPTION-Parameter DIGOVRDRV an, um wieviel ein Ausgang stärker sein muß, um den Ausgangspegel zu bestimmen. Bei zwei oder mehreren gleich starken Ausgängen, deren Pegel unterschiedlich sind, wird der undefinierte Zustand „X" angenommen.

Beispiel:

Die Ausgänge zweier digitaler Bauelemente seien zusammengeschaltet. Der erste möge den Pegel „0", der zweite den Pegel „1" besitzen. DRVH und DRVL des ersten Ausgangs entspräche der „Stärke" 10, DRVH und DRVL des zweiten Ausgangs der „Stärke" 15. Hätte der Parameter DIGOVRDRV den Wert 6, wäre der resultierende Ausgangszustand „X", da der zweite Ausgang nur um fünf „Stärken" größer ist. Für DIGOVRDRV=3 wäre der Ausgangspegel jedoch „1".

7.1.3 Globale digitale Knoten und Spannungsversorgung

Ähnlich wie bei der analogen Simulation, bei der es einen globalen Knoten 0 gibt, besitzt auch die digitale Simulation einige fest definierte Knoten, die einen logischen Pegel repräsentieren. Diese sind

$D_HI: „1"-Zustand
$D_LO: „0"-Zustand
$D_X: „X"-Zustand

Es ist zu empfehlen, digitale Eingänge, die während der Simulation unverändert bleiben sollen, mit Hilfe dieser Knotenbezeichnungen zu versehen.

Die meisten digitalen Schaltungen benötigen eine Versorgungsspannung von +5 V. Aus diesem Grund stellt PSPICE diese Spannungsquelle automatisch zur Verfügung. Für digitale Bauelemente sollte daher nur diese Spannungsversorgung eingesetzt werden. DGND bzw. $G_DGND ist dabei die digitale Masse und DPWR bzw. $G_DPWR die digitale 5 V-Quelle. Falls es erforderlich sein sollte, eine andere Spannung einzusetzen, stellt die Library EVAL.LIB die Teilschaltung DIGIFPWR zur Verfügung (Bild 7.2 und 7.3).

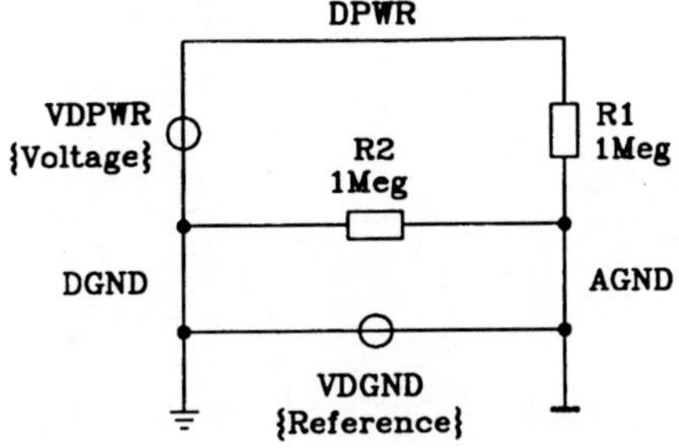

Bild 7.2 Schaltung des Subcircuits `DIGIFPWR`

```
.subckt DIGIFPWR AGND
+     optional: DPWR=$G_DPWR DGND=$G_DGND
+     params:   VOLTAGE=5.0v REFERENCE=0v
*
VDPWR   DPWR DGND  {VOLTAGE}
R1      DPWR AGND  1MEG
VDGND   DGND AGND  {REFERENCE}
R2      DGND AGND  1MEG
.ends
```

Bild 7.3 Schaltungsbeschreibung des Subcircuits `DIGIFPWR`

Ihre eigentliche Aufgabe besteht darin, bei einer Mixed-Mode-Simulation die digitale und die analogen Spannungsquellen in Beziehung zu bringen. Möchte man eine andere digitale Spannung als +5 V, ist `DIGIFPWR` mit der gewünschten Spannung als Parameter aufzurufen.

Beispiel:

```
XMyPower  0  $G_MyPower  $G_MyGnd  DIGIFPWR  params: VOLTAGE=3.5v
```

Es wird eine Spannungsquelle von 3.5 V erzeugt. Sie liegt an den globalen Knoten `$G_MyPower` und `$G_MyGnd` an.

7.2 Digitale Bauelemente und ihre Modelle

7.2.1 Allgemeine Syntax

Für die digitale Simulation sind neue Bauelemente notwendig, aus denen komplexere logische Bausteine aufgebaut werden können. Ähnlich wie bei analogen Schaltkreisen, bei denen Widerstände, Kondensatoren etc. die Grundelemente darstellen, kennt PSPICE auch bei digitalen Schaltkreisen solche Grundelemente. Ihre Syntax unterscheidet sich gegenüber analogen Elementen nicht wesentlich. Sie lautet:

```
U<name> <primitive type> [(<parameter value>)]
+ <digital power node> <digital ground node>
+ <node>
+ <Timing Model name> <I/O Model name>
+ [MNTYMXDLY=<delay select value>]
+ [IO_LEVEL=<interface subckt select value>]
```

Dabei bedeuten

`<name>`:	Name des Bauelements, z.B. `UEIN`. Es dürfen die gleichen Zeichen benutzt werden wie bei analogen Elementen.
`<primitive type>`:	Typ des digitalen Bauelementes, z.B. `NAND` oder `ROM`. Die einzelnen Typen werden in Kapitel 7.2.4 näher beschrieben.
`[(<parameter value>)]`:	Liste der Parameter, die ein digitales Bauelement benötigt. Die Anzahl und die Bedeutung der Parameter ist je nach Typ des Bauelementes unterschiedlich. Hier können z.B. die Anzahl der Eingänge stehen.
`<digital power node>`:	Knoten der digitalen Versorgungsspannung.
`<digital ground node>`:	Knoten der digitalen Masse.
`<node>`:	Eingangs- und Ausgangsknoten des digitalen Bauelements. Die Anzahl hängt vom Bauelementtyp und seinen Parametern ab.
`<Timing Model name>`:	Name des Timing Modells.
`<I/O Model name>`:	Name des Ein-/Ausgangs-Modells.
`MNTYMXDLY`:	Dieser Parameter ist optional. Er gibt an, welche Verzögerungszeit des Bauelementes, die im Timing-Modell beschrieben wird, für die Simulation relevant sein soll. Mögliche Werte sind: 0 = Der OPTION-Parameter `DIGMNTYMX` bestimmt die Verzögerungszeit. 1 = minimale Verzögerungszeit. 2 = typische Verzögerungszeit. 3 = maximale Verzögerungszeit. Näheres hierzu in Kapitel 7.2.2.
`IO_LEVEL`:	Dieser Parameter ist optional und nur für Mixed-Mode-Simulationen von Interesse. Er legt fest, wie die Schnittstelle beim Übergang von einem analogen zum digitalen Knoten und umgekehrt definiert ist. Mögliche Werte sind:

0 = Der OPTION-Parameter DIGIOLVL bestimmt die Schnittstelle.
1 = AtoD1 / DtoA1 beschreibt die Schnittstelle.
2 = AtoD2 / DtoA2 beschreibt die Schnittstelle.
3 = AtoD3 / DtoA3 beschreibt die Schnittstelle.
4 = AtoD4 / DtoA4 beschreibt die Schnittstelle.
Näheres hierzu in Kapitel 7.2.3 und Kapitel 7.4.

Im Unterschied zu analogen Bauelementen benötigen digitale Bauelemente zwei Modelle. Das Timing-Modell beschreibt dabei das zeitliche Verhalten des Bauteils, wie z.B. die Verzögerungszeit oder die Setz- und Haltezeit. Das I/O-Modell hingegen charakterisiert das Ein- und Ausgangsverhalten. Hierunter fallen unter anderem die Eingangs- und Ausgangskapazität und der Eingangs- und Ausgangswiderstand. Der Vorteil von zwei Modellen liegt darin begründet, daß mit dem I/O-Modell eine bestimmte Logikfamilie beschrieben werden kann, wohingegen das Timing-Modell lediglich die zeitlichen Unterschiede der verschiedenen Gatter dieser Logikfamilie angibt.

7.2.2 Timing-Modell

Das Timing-Modell eines digitalen Bauelementes charakterisiert sein zeitliches Verhalten. Es besteht je nach Bauteiltyp aus einer Verzögerungszeit TP, einer Setup-Zeit TSU, einer Haltezeit TH, einer Pulsweite TW und einer Schaltzeit TSW. Diese Größen wiederum werden in einen minimalen (MN), einen typischen (TY) und einen maximalen (MX) Wert unterteilt.

Beispiele:

TPLHTY gibt die typische Verzögerungszeit der steigenden Flanke an.

TSUDCLKMN gibt die minimale Setup-Zeit des Dateneingangs D an, bevor der Taktimpuls CLK aktiviert werden darf.

Die Beschreibung der einzelnen Parameter, die von Bauelement zu Bauelement unterschiedlich sind, soll in Kapitel 7.2.4 erfolgen.

In der Regel können die notwendigen Parameter aus Datenbüchern übernommen werden. Es kommt jedoch häufig vor, daß dort z.B. nur deren typischer Wert aufgeführt ist, der Minimal- und Maximalwert hingegen fehlt. Wird während der Simulation ein fehlender Parameter benötigt, muß sich PSPICE diesen anhand einer festgelegten Vorgehensweise berechnen. Für die Verzögerungszeit TP wird dabei nach einem anderen Verfahren vorgegangen als bei den übrigen Parameter. Fehlt der minimale Wert, berechnet PSPICE ihn aus dem typischen Wert und dem OPTION-Parameter DIGMNTYSCALE.

TPxxMN = DIGMNTYSCALE · TPxxTY (7.1)

DIGMNTYSCALE hat dabei einen Wert zwischen 0 und 1. Fehlt der maximale Wert, wird der OPTION-Parameter DIGTYMXSCALE benutzt.

TPxxMX = DIGTYMXSCALE · TPxxTY (7.2)

Der Wert von DIGTYMXSCALE muß größer als 1 sein. Sollte der typische Wert nicht vorhanden sein, berechnet sich dieser aus dem Mittelwert des Minimal- und Maximalwertes. Sollte auch der Minimal- bzw. Maximalwert unbekannt sein, benutzt PSPICE die Gln. (7.1) bzw. (7.2). Wenn kein Wert angegeben ist, werden alle zu Null gesetzt.

Die Berechnung der fehlenden Größen der übrigen zeitlichen Parametern geschieht auf eine etwas einfachere Weise. Ist der minimale Wert nicht angegeben, wird er zu Null gesetzt. Fehlt der maximale Wert, erhält er den typischen Wert, falls vorhanden, andernfalls den minimalen Wert. Ein fehlender typischer Wert berechnet sich aus dem Mittelwert des Minimal- und des Maximalwertes.

7.2.3 I/O-Modell

Wie oben erwähnt, beschreibt das I/O-Modell das Ein- und Ausgangsverhalten des digitalen Bauelementes. Hierunter fallen neben der kapazitiven und ohmschen Beschreibung auch die Vorgehensweise beim Übergang von einem digitalen zu einem analogen Knoten und umgekehrt. Seine Syntax lautet:

```
.MODEL <I/O model name> UIO [<model parameters>]
```

I/O model name gibt den Namen des Modells an. Als model parameters können folgende Größen gewählt werden:

Parameter	*Bedeutung*	*Einheit*	*Default*
INLD	Eingangslastkapazität	F	0
OUTLD	Ausgangslastkapazität	F	0
DRVH	Ausgangswiderstand bei HIGH-Pegel	Ω	50
DRVL	Ausgangswiderstand bei LOW-Pegel	Ω	50
DRVZ	Ausgangsleckwiderstand im Z-Zustand	Ω	250k
INR	Eingangsleckwiderstand	Ω	30k
TSTOREMN	Minimale Speicherzeit einer Ladung	sec	1E-3
AtoD1 (Level 1)	Name des AtoD-Subcircuit-Interface		
DtoA1 (Level 1)	Name des DtoA-Subcircuit-Interface		
AtoD2 (Level 2)	Name des AtoD-Subcircuit-Interface		
DtoA2 (Level 2)	Name des DtoA-Subcircuit-Interface		
AtoD3 (Level 3)	Name des AtoD-Subcircuit-Interface		
DtoA3 (Level 3)	Name des DtoA-Subcircuit-Interface		
AtoD4 (Level 4)	Name des AtoD-Subcircuit-Interface		
DtoA4 (Level 4)	Name des DtoA-Subcircuit-Interface		
TSWLH1	Schaltzeit des DtoA1 von LOW nach HIGH	sec	0
TSWLH2	Schaltzeit des DtoA2 von LOW nach HIGH	sec	0
TSWLH3	Schaltzeit des DtoA3 von LOW nach HIGH	sec	0
TSWLH4	Schaltzeit des DtoA4 von LOW nach HIGH	sec	0
TSWHL1	Schaltzeit des DtoA1 von HIGH nach LOW	sec	0
TSWHL2	Schaltzeit des DtoA2 von HIGH nach LOW	sec	0
TSWHL3	Schaltzeit des DtoA3 von HIGH nach LOW	sec	0
TSWHL4	Schaltzeit des DtoA4 von HIGH nach LOW	sec	0

`DIGPOWER`	Name der Spannungsversorgung für ein `AtoD`- bzw. `DtoA`-Subcircuit-Interface	`DIGIFPWR`

7.2.4 Beschreibung der digitalen Bauelemente

Im folgenden werden nun die digitalen Bauelemente mit ihrem spezifischen Timing-Modell beschrieben.

Multi-Bit Analog zu Digital-Wandler

```
U<name> ADC(<number of bits>) <digital power node>
+ <digital ground node>
+ <in node> <ref node> <gnd node> <convert node> <status node>
+ <over-range node>
+ <output msb node> ... <output lsb node>
+ <Timing Model name> <I/O Model name>
+ [MNTYMXDLY=<delay select value>]
+ [IO_LEVEL=<interface subckt select value>]
```

Der digitale Ausgangswert wird aus der Eingangsspannung am Knoten `<in node>`, einer Referenzspannung an `<ref node>` und der Anzahl der Bits nach der Formel

$$\frac{V(in, gnd)}{V(ref, gnd)} \cdot 2^{n\,bits} \tag{7.3}$$

berechnet. Nachkommastellen werden dabei gerundet. Die Konvertierung beginnt mit der steigenden Flanke am Knoten `<convert node>` und ist beendet, wenn der Status-Knoten HIGH wird. Sollte die Eingangsspannung größer als der Maximalwert bzw. kleiner als Null sein, ist `<over-range node>` HIGH.

Beispiel:

```
U5 ADC(4) $G_DPWR $G_DGND
+ Sig Ref 0 Conv OvrRng Out3 Out2 Out2 Out0
+ ADCModel IO_STD
```

Das Beispiel beschreibt einen 4-Bit AD-Wandler. Als Timing-Modell dient das Modell „`ADCModel`“. Dieses kann die folgenden Parameter besitzen:

```
.MODEL <Timing Model name> UADC[<model parameters>]
```

Parameter	*Bedeutung*	*Einheit*	*Default*
`TPCSMN`	min. Verzögerungszeit zwischen den steigenden Flanken des Konvert- und des Statusimpulses	s	0
`TPCSTY`	typ. Verzögerungszeit zwischen den steigenden Flanken des Konvert- und des Statusimpulses	s	0

TPCSMX	max. Verzögerungszeit zwischen den steigenden Flanken des Konvert- und des Statusimpulses	s	0
TPSDMN	min. Verzögerungszeit zwischen der steigenden Flanke des Statusimpulses und dem Zustand „Daten gültig“	s	0
TPSDTY	typ. Verzögerungszeit zwischen der steigenden Flanke des Statusimpulses und dem Zustand „Daten gültig“	s	0
TPSDMX	max. Verzögerungszeit zwischen der steigenden Flanke des Statusimpulses und dem Zustand „Daten gültig“	s	0
TPDSMN	min. Verzögerungszeit zwischen dem Zustand „Daten gültig“ und der fallenden Flanke des Statusimpulses	s	0
TPDSTY	typ. Verzögerungszeit zwischen dem Zustand „Daten gültig“ und der fallenden Flanke des Statusimpulses.	s	0
TPDSMX	max. Verzögerungszeit zwischen dem Zustand „Daten gültig“ und der fallenden Flanke des Statusimpulses	s	0

Bild 7.4 zeigt das Zeit-Diagramm des AD-Wandlers.

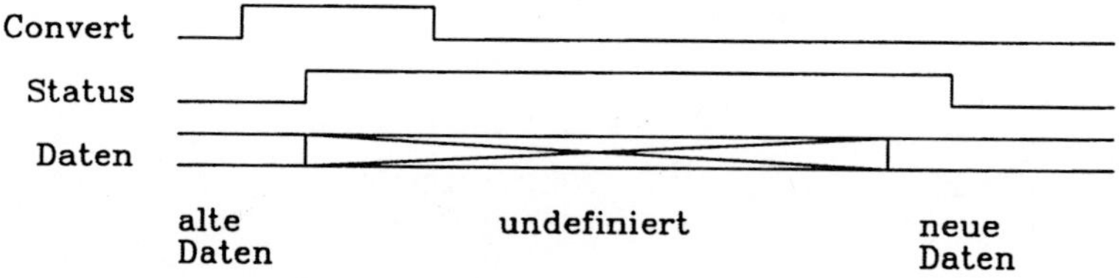

Bild 7.4 Zeit-Diagramm des AD-Wandlers

Multi-Bit Digital zu Analog-Wandler

```
U<name> DAC(<number of bits>) <digital power node>
+ <digital ground node>
+ <out node> <ref node> <gnd node>
+ <input msb node> ... <input lsb node>
+ <Timing Model name> <I/O Model name>
+ [MNTYMXDLY=<delay select value>]
+ [IO_LEVEL=<interface subckt select value>]
```

Die analoge Ausgangsspannung an `<out node>` berechnet sich nach der Formel

$$\text{Vout} = \text{V(ref,gnd)} \cdot \frac{\text{Binärwert}}{2^{\text{n bits}}} \tag{7.4}$$

mit `V(ref,gnd)`=Spannung am Referenzknoten `<ref node>`. Der Binärwert liegt dabei an `<input msb node> ... <input lsb node>`.

Beispiel:

```
U7 DAC(4) $G_DPWR $G_DGND
+ Sig Ref 0 In3 In2 In1 In0
+ DACModel IO_STD
```

Das Beispiel beschreibt einen 4-Bit DA-Wandler. Das dazugehörige Timing-Modell hat folgende Syntax:

```
.MODEL <Timing Model name> UDAC[<model parameters>]
```

Parameter	*Bedeutung*	*Einheit*	*Default*
TSWMN	min. Einschwingzeit der Ausgangsspannung vom alten zum neuen Wert	s	0
TSWTY	typ. Einschwingzeit der Ausgangsspannung vom alten zum neuen Wert	s	0
TSWMX	max. Einschwingzeit der Ausgangsspannung vom alten zum neuen Wert	s	0

Standard-Gatter

```
U<name> <gate type> [(<parameter value>)]
+ <digital power node> <digital ground node>
+ <input node><output node>
+ <Timing Model name> <I/O Model name>
+ [MNTYMXDLY=<delay select value>]
+ [IO_LEVEL=<interface subckt select value>]
```

PSPICE kennt die folgenden Gattertypen:

Typ	*Parameterbedeutung*	*Knoten*	*Beschreibung*
BUF		in, out	Buffer
INV		in, out	Inverter
AND	(# Eingänge)	in*, out	AND-Gatter
NAND	(# Eingänge)	in*, out	NAND-Gatter
OR	(# Eingänge)	in*, out	OR-Gatter
NOR	(# Eingänge)	in*, out	NOR-Gatter
XOR		in1, in2, out	Exklusiv-OR-Gatter
NXOR		in1, in2, out	Exklusiv-NOR-Gatter
BUFA	(# Gatter)	in*, out*	Buffer-Array

INVA	(# Gatter)	in*, out*	Inverter-Array
ANDA	(# Eingänge), (# Gatter)	in*, out*	AND-Gatter-Array
NANDA	(# Eingänge), (# Gatter)	in*, out*	NAND-Gatter-Array
ORA	(# Eingänge), (# Gatter)	in*, out*	OR-Gatter-Array
NORA	(# Eingänge), (# Gatter)	in*, out*	NOR-Gatter-Array
XORA	(# Gatter)	in*, out*	Exklusiv-OR-Gatter-Array
NXORA	(# Gatter)	in*, out*	Exklusiv-NOR-Gatter-Array
AO	(# Eingänge), (# Gatter)	in*, out	AND-OR-Gatter
OA	(# Eingänge), (# Gatter)	in*, out	OR-AND-Gatter
AOI	(# Eingänge), (# Gatter)	in*, out	AND-NOR-Gatter
OAI	(# Eingänge), (# Gatter)	in*, out	NOR-AND-Gatter

(# Eingänge) gibt die Anzahl der Eingänge und (# Gatter) die Anzahl der Gatter an. „in*" bzw. „out*" stehen für einen oder mehrere Knoten.

Beispiel:

```
U5 AND(2) $G_DPWR $G_DGND IN0 IN1 OUT T_AND2 IO_STD
U13 NANDA(2,4) $G_DPWR $G_DGND
+ INA0 INA1 INB0 INB1 INC0 INC1 IND0 IND1 OUTA OUTB OUTC OUTD
+ T_NANDA IO_STD
```

U5 ist ein AND-Gatter mit zwei Eingängen IN0 und IN1. Als Timing-Modell dient T_AND2. U13 bildet ein NAND-Array, das aus vier NAND-Gattern mit je zwei Eingängen besteht.

Das Timing-Modell aller Standard-Gatter hat folgende Syntax:

```
.MODEL <Timing Model name> UGATE[<model parameters>]
```

Parameter	*Bedeutung*	*Einheit*	*Default*
TPLHMN	min. Verzögerungszeit LOW nach HIGH	s	0
TPLHTY	typ. Verzögerungszeit LOW nach HIGH	s	0
TPLHMX	max. Verzögerungszeit LOW nach HIGH	s	0
TPHLMN	min. Verzögerungszeit HIGH nach LOW	s	0
TPHLTY	typ. Verzögerungszeit HIGH nach LOW	s	0
TPHLMX	max. Verzögerungszeit HIGH nach LOW	s	0

Tri-State-Gatter

```
U<name> <tri-state gate type> [(<parameter value>)]
+ <digital power node> <digital ground node>
+ <input node> <enable node> <output node>
+ <Timing Model name> <I/O Model name>
+ [MNTYMXDLY=<delay select value>]
+ [IO_LEVEL=<interface subckt select value>]
```

PSPICE kennt die folgenden Tri-State Gattertypen:

Typ	*Parameterbedeutung*	*Knoten*	*Beschreibung*
BUF3		in, en, out	Buffer
INV3		in, en, out	Inverter
AND3	(# Eingänge)	in*, en, out	AND-Gatter
NAND3	(# Eingänge)	in*, en, out	NAND-Gatter
OR3	(# Eingänge)	in*, en, out	OR-Gatter
NOR3	(# Eingänge)	in*, en, out	NOR-Gatter
XOR3		in1, in2, en, out	Exklusiv-OR-Gatter
NXOR3		in1, in2, en, out	Exklusiv-NOR-Gatter
BUF3A	(# Gatter)	in*, en, out*	Buffer-Array
INV3A	(# Gatter)	in*, en, out*	Inverter-Array
AND3A	(# Eingänge), (# Gatter)	in*, en, out*	AND-Gatter-Array
NAND3A	(# Eingänge), (# Gatter)	in*, en, out*	NAND-Gatter-Array
OR3A	(# Eingänge), (# Gatter)	in*, en, out*	OR-Gatter-Array
NOR3A	(# Eingänge), (# Gatter)	in*, en, out*	NOR-Gatter-Array
XOR3A	(# Gatter)	in*, en, out*	Exklusiv-OR-Gatter-Array
NXOR3A	(# Gatter)	in*, en, out*	Exklusiv-NOR-Gatter-Array

(# Eingänge) gibt die Anzahl der Eingänge und (# Gatter) die Anzahl der Gatter an. „in*" bzw. „out*" stehen für einen oder mehrere Knoten. „en" stellt den ENABLE-Eingang dar.

Beispiel:

```
U5 NOR3(2) $G_DPWR $G_DGND IN0 IN1 ENABLE OUT T_TRINOR2 IO_STD
U13 ORA(2,4) $G_DPWR $G_DGND
+ INA0 INA1 INB0 INB1 INC0 INC1 IND0 IND1 ENABLE OUTA OUTB
+ OUTC OUTD
+ T_TRIORA IO_STD
```

U5 ist ein NOR-Tri-State Gatter mit zwei Eingängen IN0 und IN1. Als Timing-Modell dient T_NOR2. U13 bildet ein Tri-State OR-Array, das aus vier OR-Gattern mit je zwei Eingängen besteht.

Das Timing-Modell aller Tri-State-Gatter hat folgende Syntax:

```
.MODEL <Timing Model name> UTGATE[<model parameters>]
```

Parameter	*Bedeutung*	*Einheit*	*Default*
TPLHMN	min. Verzögerungszeit LOW nach HIGH	s	0
TPLHTY	typ. Verzögerungszeit LOW nach HIGH	s	0
TPLHMX	max. Verzögerungszeit LOW nach HIGH	s	0
TPHLMN	min. Verzögerungszeit HIGH nach LOW	s	0
TPHLTY	typ. Verzögerungszeit HIGH nach LOW	s	0
TPHLMX	max. Verzögerungszeit HIGH nach LOW	s	0
TPLZMN	min. Verzögerungszeit LOW nach Z	s	0
TPLZTY	typ. Verzögerungszeit LOW nach Z	s	0
TPLZMX	max. Verzögerungszeit LOW nach Z	s	0
TPHZMN	min. Verzögerungszeit HIGH nach Z	s	0
TPHZTY	typ. Verzögerungszeit HIGH nach Z	s	0
TPHZMX	max. Verzögerungszeit HIGH nach Z	s	0
TPZLMN	min. Verzögerungszeit Z nach LOW	s	0
TPZLTY	typ. Verzögerungszeit Z nach LOW	s	0
TPZLMX	max. Verzögerungszeit Z nach LOW	s	0
TPZHMN	min. Verzögerungszeit Z nach HIGH	s	0
TPZHTY	typ. Verzögerungszeit Z nach HIGH	s	0
TPZHMX	max. Verzögerungszeit Z nach HIGH	s	0

Flankengetriggerte Flip-Flops

```
U<name> <flip-flop type> (<# flip-flops>)
+ <digital power node> <digital ground node>
+ <preset node> <clear node> <clock node> <input node>
+ <output node>
+ <Timing Model name> <I/O Model name>
+ [MNTYMXDLY=<delay select value>]
+ [IO_LEVEL=<interface subckt select value>]
```

PSPICE unterstützt JK-Flipflops und D-Flipflops. Jedes Bauteil kann mehrere Flipflops enthalten (`# flip-flops`), wobei in diesem Fall preset_b, clear_b und clock_b gemeinsam genutzt werden. Zu Beginn einer Simulation befindet sich das Flipflop in einem undefinierten Zustand, d.h. der Ausgang ist X. Zur Beschreibung des entsprechenden Bauteils sind folgende Knoten erforderlich:

Typ	*Knoten*	*Beschreibung*
JKFF	preset_b, clear_b, clock_b, j*, k*, q*, q_b*	JK-Flipflop, negativ flankengetriggert
DFF	preset_b, clear_b, clock, d*, q*, q_b*	D-Flipflop, positiv flankengetriggert

Die Knoten, denen ein „_b“ nachgestellt ist, sind aktiv low, ansonsten aktiv high. Ein „*“ steht für einen oder mehrere Knoten und wird durch (`# flip-flops`) bestimmt.

Beispiel:

```
U5 JKFF(1) $G_DPWR $G_DGND PREBAR CLRBAR CLKBAR
+ J K Q QBAR T_JKFF IO_STD
U2 DFF(2) $G_DPWR $G_DGND PREBAR CLRBAR CLK
+ D0 D1 Q0 Q1 QBAR0 QBAR1 T_DFF IO_STD
```

`U5` ist ein einzelnes JK-Flipflop. Als Timing-Modell dient `T_JKFF`. `U2` beschreibt zwei D-Flipflops in einem Bauteil.

Im Timing-Modell beider Flipflops können die folgenden Parameter verwendet werden:

```
.MODEL <Timing Model name> UEFF[<model parameters>]
```

Parameter	*Bedeutung*	*Einheit*	*Default*
TPPCQLHMN	min. Verzögerungszeit zwischen preset_b und q bzw. clear_b und q_b, LOW nach HIGH	s	0
TPPCQLHTY	typ. Verzögerungszeit zwischen preset_b und q bzw. clear_b und q_b, LOW nach HIGH	s	0
TPPCQLHMX	max. Verzögerungszeit zwischen preset_b und q bzw. clear_b und q_b, LOW nach HIGH	s	0
TPPCQHLMN	min. Verzögerungszeit zwischen preset_b und q bzw. clear_b und q_b, HIGH nach LOW	s	0
TPPCQHLTY	typ. Verzögerungszeit zwischen preset_b und q bzw. clear_b und q_b, HIGH nach LOW	s	0
TPPCQHLMX	max. Verzögerungszeit zwischen preset_b und q bzw. clear_b und q_b, HIGH nach LOW	s	0
TWPCLMN	min. Mindestbreite des preset_b/clear_b-Impulses für LOW	s	0
TWPCLTY	typ. Mindestbreite des preset_b/clear_b-Impulses für LOW	s	0
TWPCLMX	max. Mindestbreite des preset_b/clear_b-Impulses für LOW	s	0
TPCLKQLHMN	min. Verzögerungszeit zwischen clock/clock_b-Flanke und q/q_b, LOW nach HIGH	s	0
TPCLKQLHTY	typ. Verzögerungszeit zwischen clock/clock_b-Flanke und q/q_b, LOW nach HIGH	s	0
TPCLKQLHMX	max. Verzögerungszeit zwischen clock/clock_b-Flanke und q/q_b, LOW nach HIGH	s	0
TPCLKQHLMN	min. Verzögerungszeit zwischen clock/clock_b-Flanke und q/q_b, HIGH nach LOW	s	0
TPCLKQHLTY	typ. Verzögerungszeit zwischen clock/clock_b-Flanke und q/q_b, HIGH nach LOW	s	0
TPCLKQHLMX	max. Verzögerungszeit zwischen clock/clock_b-Flanke und q/q_b, HIGH nach LOW	s	0

TWCLKLMN	min. Mindestbreite des clock/clock_b-Impulses für LOW	s	0
TWCLKLTY	typ. Mindestbreite des clock/clock_b-Impulses für LOW	s	0
TWCLKLMX	max. Mindestbreite des clock/clock_b-Impulses für LOW	s	0
TWCLKHMN	min. Mindestbreite des clock/clock_b-Impulses für HIGH	s	0
TWCLKHTY	typ. Mindestbreite des clock/clock_b-Impulses für HIGH	s	0
TWCLKHMX	max. Mindestbreite des clock/clock_b-Impulses für HIGH	s	0
TSUDCLKMN	min. Setup-Zeit des j/k/d-Einganges bis zur clock/clock_b-Flanke	s	0
TSUDCLKTY	typ. Setup-Zeit des j/k/d-Einganges bis zur clock/clock_b-Flanke	s	0
TSUDCLKMX	max. Setup-Zeit des j/k/d-Einganges bis zur clock/clock_b-Flanke	s	0
TSUPCCLKHMN	min. Setup-Zeit des preset_b/clear_b-Einganges auf HIGH bis zur clock/clock_b-Flanke	s	0
TSUPCCLKHTY	typ. Setup-Zeit des preset_b/clear_b-Einganges auf HIGH bis zur clock/clock_b-Flanke	s	0
TSUPCCLKHMX	max. Setup-Zeit des preset_b/clear_b-Einganges auf HIGH bis zur clock/clock_b-Flanke	s	0
THDCLKMN	min. Haltezeit des j/k/d-Einganges nach der clock/clock_b-Flanke	s	0
THDCLKTY	typ. Haltezeit des j/k/d-Einganges nach der clock/clock_b-Flanke	s	0
THDCLKMX	max. Haltezeit des j/k/d-Einganges nach der clock/clock_b-Flanke	s	0

Pegelgesteuerte Flip-Flops/Latches

```
U<name> <flip-flop type> (<# flip-flops>)
+ <digital power node> <digital ground node>
+ <preset node> <clear node> <gate node> <input node>
+ <output node>
+ <Timing Model name> <I/O Model name>
+ [MNTYMXDLY=<delay select value>]
+ [IO_LEVEL=<interface subckt select value>]
```

PSPICE unterstützt RS-Flipflops und D-Latches. Jedes Bauteil kann mehrere gleiche Flipflops enthalten (`# flip-flops`). Zur Beschreibung des entsprechenden Bauteils sind folgende Knoten erforderlich:

Typ	*Knoten*	*Beschreibung*
SRFF	preset_b, clear_b, gate, s*, r*, q*, q_b*	RS-Flipflop
DLTCH	preset_b, clear_b, gate, d*, q*, q_b*	D-Latch

Die Knoten, denen ein „_b“ nachgestellt ist, sind aktiv low, ansonsten aktiv high. Ein „*“ steht für einen oder mehrere Knoten und wird durch (`# flip-flops`) bestimmt.

Beispiel:

```
U5 SRFF(4) $G_DPWR $G_DGND PRESET CLEAR GATE
+ S0 S1 S2 S3 R0 R1 R2 R3 Q0 Q1 Q2 Q3 QB0 QB1 QB2 QB3 T_SRFF
+ IO_STD
```

`U5` beschreibt vier RS-Flipflops. Alle werden über `PRESET`, `CLEAR` und `GATE` gemeinsam gesteuert.

Das Timing-Modell der pegelgesteuerten Flipflops enthält die folgenden Parameter:

```
.MODEL <Timing Model name> UGFF[<model parameters>]
```

Parameter	*Bedeutung*	*Einheit*	*Default*
TPPCQLHMN	min. Verzögerungszeit zwischen preset_b und q bzw. clear_b und q_b, LOW nach HIGH	s	0
TPPCQLHTY	typ. Verzögerungszeit zwischen preset_b und q bzw. clear_b und q_b, LOW nach HIGH	s	0
TPPCQLHMX	max. Verzögerungszeit zwischen preset_b und q bzw. clear_b und q_b, LOW nach HIGH	s	0
TPPCQHLMN	min. Verzögerungszeit zwischen preset_b und q bzw. clear_b und q_b, HIGH nach LOW	s	0
TPPCQHLTY	typ. Verzögerungszeit zwischen preset_b und q bzw. clear_b und q_b, HIGH nach LOW	s	0
TPPCQHLMX	max. Verzögerungszeit zwischen preset_b und q bzw. clear_b und q_b, HIGH nach LOW	s	0
TWPCLMN	min. Mindestbreite des preset_b/clear_b-Impulses für LOW	s	0
TWPCLTY	typ. Mindestbreite des preset_b/clear_b-Impulses für LOW	s	0
TWPCLMX	max. Mindestbreite des preset_b/clear_b-Impulses für LOW	s	0
TPGQLHMN	min. Verzögerungszeit zwischen gate-Impuls und q/q_b, LOW nach HIGH	s	0
TPGQLHTY	typ. Verzögerungszeit zwischen gate-Impuls und q/q_b, LOW nach HIGH	s	0
TPGQLHMX	max. Verzögerungszeit zwischen gate-Impuls und q/q_b, LOW nach HIGH	s	0

TPGQHLMN	min. Verzögerungszeit zwischen gate-Impuls und q/q_b, HIGH nach LOW	s	0
TPGQHLTY	typ. Verzögerungszeit zwischen gate-Impuls und q/q_b, HIGH nach LOW	s	0
TPGQHLMX	max. Verzögerungszeit zwischen gate-Impuls und q/q_b, HIGH nach LOW	s	0
TPDQLHMN	min. Verzögerungszeit zwischen s/r/d-Eingang und q/q_b, LOW nach HIGH	s	0
TPDQLHTY	typ. Verzögerungszeit zwischen s/r/d-Eingang und q/q_b, LOW nach HIGH	s	0
TPDQLHMX	max. Verzögerungszeit zwischen s/r/d-Eingang und q/q_b, LOW nach HIGH	s	0
TPDQHLMN	min. Verzögerungszeit zwischen s/r/d-Eingang und q/q_b, HIGH nach LOW	s	0
TPDQHLTY	typ. Verzögerungszeit zwischen s/r/d-Eingang und q/q_b, HIGH nach LOW	s	0
TPDQHLMX	max. Verzögerungszeit zwischen s/r/d-Eingang und q/q_b, HIGH nach LOW	s	0
TWGHMN	min. Mindestbreite des gate-Impulses für HIGH	s	0
TWGHTY	typ. Mindestbreite des gate-Impulses für HIGH	s	0
TWGHMX	max. Mindestbreite des gate-Impulses für HIGH	s	0
TSUDGMN	min. Setup-Zeit des s/r/d-Einganges bis zur gate-Flanke	s	0
TSUDGTY	typ. Setup-Zeit des s/r/d-Einganges bis zur gate-Flanke	s	0
TSUDGMX	max. Setup-Zeit des s/r/d-Einganges bis zur gate-Flanke	s	0
TSUPCGHMN	min. Setup-Zeit des preset_b/clear_b-Einganges auf HIGH bis zur gate-Flanke	s	0
TSUPCGHTY	typ. Setup-Zeit des preset_b/clear_b-Einganges auf HIGH bis zur gate-Flanke	s	0
TSUPCGHMX	max. Setup-Zeit des preset_b/clear_b-Einganges auf HIGH bis zur gate-Flanke	s	0
THDGMN	min. Haltezeit des s/r/d-Einganges nach der gate-Flanke	s	0
THDGTY	typ. Haltezeit des s/r/d-Einganges nach der gate-Flanke	s	0
THDGMX	max. Haltezeit des s/r/d-Einganges nach der gate-Flanke	s	0

Bidirektionale Transfergates

```
U<name> <device type> <digital power node> <digital ground node>
+ <gate node> <channel node 1> <channel node 2>
+ <Timing Model name> <I/O Model name>
+ [MNTYMXDLY=<delay select value>]
+ [IO_LEVEL=<interface subckt select value>]
```

Bidirektionale Transfergates verbinden bzw. trennen zwei digitale Knoten. Des stehen zwei verschiedene Transfergates zur Verfügung. Wählt man als <device type> NBTG, so verbindet ein HIGH an <gate node> die beiden Knoten <channel node 1> und <channel node 2>, und ein LOW trennt sie. Für PBTG als <device type> kehren sich die Verhältnisse um. Das Timing-Modell besitzt keine Parameter, muß jedoch in der „Circuit"-Datei definiert sein.

Beispiel:

```
U4 NBTG $G_DPWR $G_DGND GATE SD1 SD2 BTG1 IO_STD
.MODEL BTG1 UBTG
```

Pullup- / Pulldown-Widerstand

```
U<name> <resistor type> (<number of resistors>)
+ <digital power node> <digital ground node> <output node>
+ <I/O Model name>
+ [IO_LEVEL=<interface subckt select value>]
```

Pullup- und Pulldown-Widerstände besitzen nur einen Anschluß, der den Ausgangsknoten darstellt. Sein Pegel liegt auf HIGH bzw. LOW. Einen zweiten Anschluß kann man sich an <digital power node> bzw. <digital ground node> angeschlossen vorstellen. Der Parameter <resistor type> darf entweder PULLUP oder PULLDN heißen.

Beispiel:

```
U5 PULLUP(4) $G_DPWR $G_DGND BUS0 BUS1 BUS2 BUS3 R1k
U2 PULLDN(1) $G_DPWR $G_DGND 15 R500
```

U5 enthält 4 Pullup-Widerstände, die alle durch das I/O-Modell R1k charakterisiert sind. U2 ist ein Pulldown-Widerstand mit dem I/O-Modell R500.

Verzögerungsleitung

```
U<name> DLYLINE <digital power node> <digital ground node>
+ <input node> <output node>
+ <Timing Model name> <I/O Model name>
+ [MNTYMXDLY=<delay select value>]
+ [IO_LEVEL=<interface subckt select value>]
```

Ein digitaler Impuls kann über eine Verzögerungsleitung beliebig verzögert werden. Die Verzögerungszeit wird dabei durch das Timing-Modell bestimmt.

Beispiel:

```
U5 DLYLINE $G_DPWR $G_DGND IN OUT DLY20NS IO_STD
```

Im Timing-Modell können folgende Parameter eingesetzt werden:

```
.MODEL <Timing Model name> UDLY[<model parameters>]
```

Parameter	*Bedeutung*	*Einheit*	*Default*
DLYMN	min. Verzögerungszeit	s	0
DLYTY	typ. Verzögerungszeit	s	0
DLYMX	max. Verzögerungszeit	s	0

Programmierbare logische Arrays

```
U<name> <pld type> (<#inputs>, <#outputs>)
+ <digital power node> <digital ground node>
+ <input node> <output node>
+ <Timing Model name> <I/O Model name>
+ [FILE=<file name>]
+ [DATA=<radix flag>$<program data>$]
+ [MNTYMXDLY=<delay select value>]
+ [IO_LEVEL=<interface subckt select value>]
```

Die Parameter haben folgende Bedeutung:

`<pld type>`: gibt den Typ des programmierbaren logischen Arrays dann. Dies sind im einzelnen

- PLAND AND-Array
- PLOR OR-Array
- PLXOR Exklusiv-OR-Array
- PLNAND NAND-Array
- PLNOR NOR-Array
- PLNXOR Exklusiv-NOR-Array
- PLANDC AND-Array mit nicht-negierten und negierten Spalten für jeden Eingang
- PLORC OR-Array mit nicht-negierten und negierten Spalten für jeden Eingang
- PLXORC Exklusiv-OR-Array mit nicht-negierten und negierten Spalten für jeden Eingang
- PLNANDC NAND-Array mit nicht-negierten und negierten Spalten für jeden Eingang
- PLNORC NOR-Array mit nicht-negierten und negierten Spalten für jeden Eingang
- PLNXORC Exklusiv-NOR-Array mit nicht-negierten und negierten Spalten für jeden Eingang

<#inputs>, <#outputs>: Anzahl der Eingänge bzw. Ausgänge

`<file name>`: Hier kann eine `JEDEC`-Datei angegeben werden, die die Programmierdaten für das `PLD` enthält. Der Name muß in Anführungsstrichen stehen, wenn er konstant ist (`"ROM.JED"`), sonst in senkrechten Strichen, wenn er als Ausdruck geschrieben wird (`|"\PROG\"+JEDname|`).

`<radix flag>`: gibt die Basis der nachfolgenden Programmierdaten an. Gültige Werte sind `B` (Binärdaten), `O` (Oktaldaten) und `X` (Hexadezimaldaten).

`<program data>`: Die Programmierdaten, die in `$`-Zeichen eingeschlossen sind, beschreiben die Funktionsweise des `PLD`s. Eine „`0`" bedeutet, daß der zugehörige Eingang nicht mit dem Gate verbunden ist, eine „`1`" steht für eine Verbindung. Das erste Datum beschreibt die Verbindung des ersten Eingangs mit dem Gate, das dem ersten Ausgang zugeordnet ist. Das nächste Datum steht für den komplementären Eingang des gleichen Gates, falls vorhanden. Andernfalls beschreibt es die Verbindung des zweiten Eingangs mit dem Gate des ersten Ausgangs. Ist das erste Gate komplett verschaltet, folgt das zweite.

Beispiel:

```
UDECODE PLANDC(3,8)                                  ; 3 Eingänge, 8 Ausgänge
+ $G_DPWR $G_DGND                                    ; Digitale Spannungsversor-
                                                     ; gung
+ IN1 IN2 IN3                                        ; die Eingänge
+ OUT1 OUT2 OUT3 OUT4 OUT5 OUT6 OUT7 OUT8            ; die Ausgänge
+ PLD_MDL IO_STD                                     ; Timing- und I/O-Modell
+ DATA=B$                                            ; Programmierdaten in
                                                     ; Binärform
* IN1 IN2 IN3
* TF  TF  TF                                         ; T = true, F = false
+ 01  01  01                                         ; OUT0
+ 01  01  10                                         ; OUT1
+ 01  10  01                                         ; OUT2
+ 01  10  10                                         ; OUT3
+ 10  01  01                                         ; OUT4
+ 10  01  10                                         ; OUT5
+ 10  10  01                                         ; OUT6
+ 10  10  10  $                                      ; OUT7
```

Das Beispiel beschreibt einen 3zu8-Dekoder. Die Programmierdaten sind in Binärform angegeben. Sind alle Eingänge LOW, ist OUT0 HIGH, da alle negierten Eingänge nur mit diesem AND-Gatter verbunden sind.

Das Timing-Modell der PLDs kennt die folgenden Parameter:

```
.MODEL <Timing Model name> UPLD[<model parameters>]
```

Parameter	*Bedeutung*	*Einheit*	*Default*
TPLHMN	min. Verzögerungszeit zwischen Eingang und Ausgang von LOW nach HIGH	s	0
TPLHTY	typ. Verzögerungszeit zwischen Eingang und Ausgang von LOW nach HIGH	s	0
TPLHMX	max. Verzögerungszeit zwischen Eingang und Ausgang von LOW nach HIGH	s	0
TPHLMN	min. Verzögerungszeit zwischen Eingang und Ausgang von HIGH nach LOW	s	0
TPHLTY	typ. Verzögerungszeit zwischen Eingang und Ausgang von HIGH nach LOW	s	0
TPHLMX	max. Verzögerungszeit zwischen Eingang und Ausgang von HIGH nach LOW	s	0
OFFSET	JEDEC-File: Adresse des ersten Eingangs und des ersten Gates		0
COMPOFFSET	JEDEC-File: Adresse des ersten Komplementäreingangs und des ersten Gates		0
INSCALE	JEDEC-File: Größe der Adressenänderung für jeden neuen Eingang	std true/cmp	1 2
OUTSCALE	JEDEC-File: Größe der Adressenänderung für jeden neuen Ausgang	std true/cmp	<#inputs> 2*<#inputs>

Read Only Memories (ROM)

```
U<name> ROM (<#address pins>, <#output pins>)
+ <digital power node> <digital ground node> <enable_node>
+ <address node msb> ... <address node lsb>
+ <output node  msb> ... <output node lsb>
+ <Timing Model name> <I/O Model name>
+ [FILE=<file name>]
+ [DATA=<radix flag>$<program data>$]
+ [MNTYMXDLY=<delay select value>]
+ [IO_LEVEL=<interface subckt select value>]
```

Die Parameter haben folgende Bedeutung:

<#address pins>, <#output pins>: Anzahl der Adreß- bzw. Ausgangsanschlüsse.

<file name>: Analog zum PLD-Bauteil kann hier eine JEDEC-Datei angegeben werden, die die Programmierdaten für das ROM enthält. Der Name muß in Anführungsstrichen stehen, wenn er konstant ist ("ROM.JED"), sonst in senkrechten Strichen, wenn er als Ausdruck geschrieben wird (|"\PROG\"+JEDname|).

<radix flag>: gibt die Basis der nachfolgenden Programmierdaten an. Gültige Werte sind B (Binärdaten), O (Oktaldaten) und X (Hexadezimaldaten).

`<program data>`: Die Programmierdaten, die in `$`-Zeichen eingeschlossen sind, beschreiben die Funktionsweise des ROMs. Der erste Wert entspricht dem Ausgang der Adresse 0, wobei mit dem MSB begonnen wird. Sind alle Bits dieses Ausgangs beschrieben, folgt Adresse 1 usw.

Beispiel:

```
UMULTIPLY ROM(4,4)              ; 4 Adressen, 4 Ausgänge
+ $G_DPWR $G_DGND ENABLE ; Digitale Spannungsversorgung und ENABLE
+ AIN1 AIN0 BIN1 BIN0           ; die Adresseingänge
+ OUT3 OUT2 OUT1 OUT0           ; die Ausgänge
+ ROM_MUL IO_STD                ; Timing- und I/O-Modell
+ DATA=X$                       ; Programmierdaten in Hexadezimalform
* B-Eingangswerte:
*     0    1    2    3
+    00   00   00   00          ; A = 0
+    00   01   02   03          ; A = 1
+    00   02   04   06          ; A = 2
+    00   03   06   09          ; A = 3;
```

Das Beispiel beschreibt einen 2 mal 2-Multiplizierer. Die Programmierdaten sind in Hexadezimalform angegeben. Multipliziert werden die ersten zwei Adreßbits (A) mit den letzten zwei Adreßbits (B).

Zur Beschreibung des Timing-Modells des ROMs sind die folgenden Parameter erforderlich:

```
.MODEL <Timing Model name> UROM[<model parameters>]
```

Parameter	*Bedeutung*	*Einheit*	*Default*
TPADHMN	min. Verzögerungszeit zwischen Adresse und Ausgang von LOW nach HIGH	s	0
TPADHTY	typ. Verzögerungszeit zwischen Adresse und Ausgang von LOW nach HIGH	s	0
TPADHMX	max. Verzögerungszeit zwischen Adresse und Ausgang von LOW nach HIGH	s	0
TPADLMN	min. Verzögerungszeit zwischen Adresse und Ausgang von HIGH nach LOW	s	0
TPADLTY	typ. Verzögerungszeit zwischen Adresse und Ausgang von HIGH nach LOW	s	0
TPADLMX	max. Verzögerungszeit zwischen Adresse und Ausgang von HIGH nach LOW	s	0
TPEDHMN	min. Verzögerungszeit zwischen Enable und Ausgang vom hochohmigen Zustand nach HIGH	s	0
TPEDHTY	typ. Verzögerungszeit zwischen Enable und Ausgang vom hochohmigen Zustand nach HIGH	s	0

TPEDHMX	max. Verzögerungszeit zwischen Enable und Ausgang vom hochohmigen Zustand nach HIGH	s	0
TPEDLMN	min. Verzögerungszeit zwischen Enable und Ausgang vom hochohmigen Zustand nach LOW	s	0
TPEDLTY	typ. Verzögerungszeit zwischen Enable und Ausgang vom hochohmigen Zustand nach LOW	s	0
TPEDLMX	max. Verzögerungszeit zwischen Enable und Ausgang vom hochohmigen Zustand nach LOW	s	0
TPEDHZMN	min. Verzögerungszeit zwischen Enable und Ausgang von HIGH zum hochohmigen Zustand	s	0
TPEDHZTY	typ. Verzögerungszeit zwischen Enable und Ausgang von HIGH zum hochohmigen Zustand	s	0
TPEDHZMX	max. Verzögerungszeit zwischen Enable und Ausgang von HIGH zum hochohmigen Zustand	s	0
TPEDLZMN	min. Verzögerungszeit zwischen Enable und Ausgang von LOW zum hochohmigen Zustand	s	0
TPEDLZTY	typ. Verzögerungszeit zwischen Enable und Ausgang von LOW zum hochohmigen Zustand	s	0
TPEDLZMX	max. Verzögerungszeit zwischen Enable und Ausgang von LOW zum hochohmigen Zustand	s	0

Random Access Read-Write Memories (RAM)

```
U<name> RAM (<#address bits>, <#output bits>)
+ <digital power node> <digital ground node>
+ <read_enable_node> <write_enable_node>
+ <address node msb> ... <address node lsb>
+ <write data node msb> ... <write data node lsb>
+ <read data node msb> ... <read data node lsb>
+ <Timing Model name> <I/O Model name>
+ [FILE=<file name>]
+ [DATA=<radix flag>$<initialization data>$]
+ [MNTYMXDLY=<delay select value>]
+ [IO_LEVEL=<interface subckt select value>]
```

Die Syntax und die Bedeutung der Parameter des RAMs sind denen des ROMs sehr ähnlich:

`<#address bits>, <#output bits>`: Anzahl der Adress- bzw. Ausgangsbits.

`<file name>`: Da ein RAM nach dem Einschalten der Versorgungsspannung undefinierten Inhalt speichert, kann wie auch beim PLD- bzw. ROM-Bauteil eine `JEDEC`-Datei angegeben werden, die die Initialisierungsdaten für das RAM enthält. Der Name muß in Anführungsstrichen stehen, wenn er konstant ist (`"RAM.JED"`), sonst in senkrechten Strichen, wenn er als Ausdruck geschrieben wird (`|"\PROG\"+JEDname|`).

`<radix flag>`: gibt die Basis der nachfolgenden Programmierdaten an. Gültige Werte sind B (Binärdaten), O (Oktaldaten) und X (Hexadezimaldaten).

`<initialization data>`: Die Initialisierungsdaten, die in $-Zeichen eingeschlossen sind, beschreiben den Speicherinhalt des RAMs nach Einschalten der Versorgungsspannung. Der erste Wert entspricht dem Ausgang der Adresse 0, wobei mit dem MSB begonnen wird. Sind alle Bits dieses Ausgangs beschrieben, folgt Adresse 1 usw.

Das Timing-Modell des RAMs setzt die folgenden Parameter ein:

```
.MODEL <Timing Model name> URAM[<model parameters>]
```

Parameter	*Bedeutung*	*Einheit*	*Default*
TPADHMN	min. Verzögerungszeit zwischen Adresse und Lesedaten von LOW nach HIGH	s	0
TPADHTY	typ. Verzögerungszeit zwischen Adresse und Lesedaten von LOW nach HIGH	s	0
TPADHMX	max. Verzögerungszeit zwischen Adresse und Lesedaten von LOW nach HIGH	s	0
TPADLMN	min. Verzögerungszeit zwischen Adresse und Lesedaten von HIGH nach LOW	s	0
TPADLTY	typ. Verzögerungszeit zwischen Adresse und Lesedaten von HIGH nach LOW	s	0
TPADLMX	max. Verzögerungszeit zwischen Adresse und Lesedaten von HIGH nach LOW	s	0
TPERDHMN	min. Verzögerungszeit zwischen Read-Enable u. Lesedaten vom hochohmigen Zustand nach HIGH	s	0
TPERDHTY	typ. Verzögerungszeit zwischen Read-Enable u. Lesedaten vom hochohmigen Zustand nach HIGH	s	0
TPERDHMX	max. Verzögerungszeit zwischen Read-Enable u. Lesedaten vom hochohmigen Zustand nach HIGH	s	0
TPERDLMN	min. Verzögerungszeit zwischen Read-Enable u. Lesedaten vom hochohmigen Zustand nach LOW	s	0
TPERDLTY	typ. Verzögerungszeit zwischen Read-Enable u. Lesedaten vom hochohmigen Zustand nach LOW	s	0
TPERDLMX	max. Verzögerungszeit zwischen Read-Enable u. Lesedaten vom hochohmigen Zustand nach LOW	s	0

TPERDHZMN	min. Verzögerungszeit zwischen Read-Enable u. Lesedaten von HIGH zum hochohmigen Zustand	s	0
TPERDHZTY	typ. Verzögerungszeit zwischen Read-Enable u. Lesedaten von HIGH zum hochohmigen Zustand	s	0
TPERDHZMX	max. Verzögerungszeit zwischen Read-Enable u. Lesedaten von HIGH zum hochohmigen Zustand	s	0
TPERDLZMN	min. Verzögerungszeit zwischen Read-Enable u. Lesedaten von LOW zum hochohmigen Zustand	s	0
TPERDLZTY	typ. Verzögerungszeit zwischen Read-Enable u. Lesedaten von LOW zum hochohmigen Zustand	s	0
TPERDLZMX	max. Verzögerungszeit zwischen Read-Enable u. Lesedaten von LOW zum hochohmigen Zustand	s	0
TSUDEWMN	min. Setup-Zeit der Daten bis zur steigenden Write-Enable-Flanke	s	0
TSUDEWTY	typ. Setup-Zeit der Daten bis zur steigenden Write-Enable-Flanke	s	0
TSUDEWMX	max. Setup-Zeit der Daten bis zur steigenden Write-Enable-Flanke	s	0
TSUAEWMN	min. Setup-Zeit der Adresse bis zur steigenden Write-Enable-Flanke	s	0
TSUAEWTY	typ. Setup-Zeit der Adresse bis zur steigenden Write-Enable-Flanke	s	0
TSUAEWMX	max. Setup-Zeit der Adresse bis zur steigenden Write-Enable-Flanke	s	0
TWEWHMN	min. Breite des Write-Enable-Impuls für HIGH	s	0
TWEWHTY	typ. Breite des Write-Enable-Impuls für HIGH	s	0
TWEWHMX	max. Breite des Write-Enable-Impuls für HIGH	s	0
TWEWLMN	min. Breite des Write-Enable-Impuls für LOW	s	0
TWEWLTY	typ. Breite des Write-Enable-Impuls für LOW	s	0
TWEWLMX	max. Breite des Write-Enable-Impuls für LOW	s	0
THDEWMN	min. Haltezeit zwischen fallender Write-Enable-Flanke und Datenänderung	s	0
THDEWTY	typ. Haltezeit zwischen fallender Write-Enable-Flanke und Datenänderung	s	0
THDEWMX	max. Haltezeit zwischen fallender Write-Enable-Flanke und Datenänderung	s	0

THAEWMN	min. Haltezeit zwischen fallender Write-Enable-Flanke und Adreßänderung	s	0
THAEWTY	typ. Haltezeit zwischen fallender Write-Enable-Flanke und Adreßänderung	s	0
THAEWMX	max. Haltezeit zwischen fallender Write-Enable-Flanke und Adreßänderung	s	0

Zu beachten ist, daß das RAM getrennte Schreib- und Leseanschlüsse besitzt, die gemeinsam die Adreßleitungen benutzen. Um Daten ins RAM zu schreiben, müssen die Adreß- und Schreibdaten eine gewisse Zeit, die Setup-Zeit, stabil sein, bevor Write-Enable aktiv wird. Dieser Impuls wiederum muß eine bestimmte Impulsbreite besitzen, bevor er abgeschaltet wird. Die Adreß- und Schreibdaten dürfen sich anschließend erst nach einer Haltezeit ändern. Ebenso muß Write-Enable eine gewisse Zeit auf LOW liegen, bevor es wieder aktiviert werden darf. Prinzipiell dürfen zur selben Zeit Write-Enable und Read-Enable aktiv sein. Die neuen Daten erscheinen dann an den Leseausgängen mit der fallenden Flanke von Write-Enable.

Logische Gleichungen

```
U<name> LOGICEXP(<no. of inputs>, <no. of outputs>)
+ <digital power node> <digital ground node>
+ <input node 1> ... <input node n>
+ <output node 1> ... <output node n>
+ <Timing Model name> <I/O Model name>
+ [MNTYMXDLY=<delay select value>]
+ [IO_LEVEL=<interface subckt select value>]
+ LOGIC:
+    <logic assignment>
```

Mit dem LOGICEXP-Bauelement ist es möglich, ein Bauteil zu kreieren, das sich mittels frei wählbaren logischen Gleichungen beliebig programmieren lassen kann. Die Beschreibung der Gleichungen beginnt nach dem Schlüsselwort LOGIC in der Form

```
<output node> = { <logic expression> }
<temporary node> = { <logic expression> }
```

<output node> ist einer der Knoten, der in der Bauteilbeschreibung schon angegeben wurde. Jeder Ausgangsknoten darf durch nur genau eine Gleichung beschrieben sein. Um die Komplexität einer logischen Gleichung zu verringern, können temporäre Knoten definiert werden. Die eigentliche Beschreibung muß in geschweiften Klammern eingeschlossen sein. Sie kann sich über mehrere Zeilen, die mit einem '+' verbunden sind, erstrecken. Als Operanden sind Eingangsknoten, zuvor definierte temporäre Knoten und Ausgangsknoten sowie die Konstanten 0, 1, X, R und F erlaubt. Diese können mit den Operatoren ~ (Nicht), & (Und), ^ (XOR) und | (Oder) verknüpft werden. Während einer Simulation findet die Berechnung der Gleichung ohne eine Verzögerungszeit statt. Das Ergebnis wird jedoch erst nach der im Timing Model definierten Verzögerungszeit an den Ausgang weitergeleitet. Als Timing-Modell findet das Modell der Standard-Gatter UGATE Verwendung.

Pin-to-Pin-Verzögerung

```
U<name> PINDLY(<no. of paths>, <no. of enables>, <no. of refs>)
+ <digital power node> <digital ground node>
+ <input node 1> ... <input node n>
+ <enable node 1> ... <enable node n>
+ <reference node 1> ... <reference node n>
+ <output node 1> ... <output node n>
+ <I/O Model name>
+ [MNTYMXDLY=<delay select value>]
+ [IO_LEVEL=<interface subckt select value>]
+ [BOOLEAN:
+    <boolean assignment>]
+ PINDLY:
+    <delay assignment>
+ [TRISTATE:
+    ENABLE LO | HI <enable node>
+    <delay assignment>]
```

Ähnlich wie mit dem LOGICEXP-Bauelement beliebige logische Funktionen definiert werden können, ist es mit dem PINDLY-Bauelement möglich, frei programmierbare Verzögerungswege zu erstellen. Einem Ausgangssignal eines digitalen Bauelementes können auf diese Weise Signalverzögerungen hinzugefügt werden, die sich z.B. auf Pegeländerungen anderer Signale beziehen.

<no. of paths> gibt die Anzahl der Verzögerungswege an. Diese können wahlweise mit einem Enable-Eingang in den Tristate-Zustand gebracht werden. Die Anzahl der Enable-Eingänge (<no. of enables>) darf Null sein. Referenzknoten, deren Anzahl mit <no. of refs> angegeben wird, liefern zusätzliche Informationen von Signaländerungen, die in die Definition der Verzögerungszeiten mit einfließen können. Diese Definition findet nach den Schlüsselwort PINDLY statt. Es können ein oder mehrere Gleichungen in der Form

```
<output node>* = {<delay expression>}
```

aufgestellt werden. Dabei muß jeder Ausgangsknoten, der in der Bauteilbeschreibung angegeben wurde, genau eine Gleichung besitzen. Eine Gleichung darf jedoch für mehrere Ausgangsknoten, die durch Komma oder Leerstelle getrennt sind, identisch sein. Sie muß in geschweiften Klammern eingeschlossen sein und kann sich über mehrere Zeilen, die durch '+' verbunden sind, erstrecken. Die <delay expression> hat die Form

```
DELAY(<min>, <typ>, <max>)
```

und liefert als Ergebnis eine der drei Zeiten min, typ oder max. Möchte man eine dieser Zeiten nicht angeben, ist eine –1 zu wählen. PSPICE berechnet dann den fehlenden Wert nach der in Kapitel 7.2.2 beschriebenen Methode. Zur differenzierteren Beschreibung von Verzögerungszeiten dient die CASE-Funktion, deren Syntax wie folgt lautet:

```
CASE(
   <boolean expression>, <delay expression>;  Regel 1
   <boolean expression>, <delay expression>;  Regel 2
   ...                                     ;  etc.
   <delay expression>                      ;  Default-Regel
   )
```

In diesem Fall wird jede `<boolean expression>` von oben nach unten gelöst. Sobald das Ergebnis `TRUE` ist, wird die `<delay expression>` ausgeführt und die `CASE`-Funktion verlassen. Sollte niemals `TRUE` vorkommen, wird die Default-Regel am Schluß, die immer definiert sein muß, ausgeführt. `<boolean expression>` kann ein boolescher Wert, eine Referenzfunktion oder eine Übergangsfunktion sein. Referenzfunktionen haben die Aufgabe, Signaländerungen von Referenz- bzw. Eingangsknoten zu erkennen und dies mittels eines `TRUE` bzw. `FALSE` zu melden. Ihre Syntax lautet

```
CHANGED(<node>, <delta time>)
CHANGED_LH(<node>, <delta time>)
CHANGED_HL(<node>, <delta time>)
```

Die `CHANGED`-Funktion liefert als Ergebnis `TRUE`, wenn sich das Signal an `<node>` vor `<delta time>` Sekunden, bezogen auf die momentane Simulationszeit, geändert hat. Andernfalls ist das Ergebnis `FALSE`. Ähnliches gilt für die übrigen zwei Funktionen. `CHANGED_LH` erkennt nur Änderungen von LOW nach HIGH, `CHANGED_HL` erkennt nur Änderungen von HIGH nach LOW.

Übergangsfunktionen erkennen momentane Signaländerungen von Ausgangsknoten. Sie beziehen sich auf den Knoten, für den die `<delay expression>` gilt und besitzen daher keine Parameter. Ihre Syntax ist

```
TRN_pn
```

wobei p den alten und n den neuen Zustand angibt. Beide können die Werte `L` (LOW), `H` (HIGH), `Z` (hochohmig) und `$` (don't care) annehmen. `TRN_LH` z.B. liefert `TRUE`, wenn der Ausgangsknoten, dessen logische Gleichung diese Funktion enthält, von LOW nach HIGH wechselt.

Boolesche Werte sind temporäre, nach dem Schlüsselwort `BOOLEAN` definierte Variablen. Sie haben die Syntax

```
<boolean variable> = {<boolean expression>}
```

`<boolean variable>` ist ein beliebiger Name. `<boolean expression>` ist eine boolesche Gleichung und liefert als Ergebnis `TRUE` oder `FALSE`. Sie muß in geschweiften Klammern stehen und kann sich über mehrere durch '+' verbundene Zeilen erstrecken. Erlaubte Operatoren sind ~ (Nicht), `==` (Gleich), `!=` (Ungleich), `&` (Und), `^` (XOR) und `|` (Oder). Verknüpft werden dürfen andere vorher definierte temporäre Variablen, Referenzfunktionen, Übergangsfunktionen und die Konstanten `TRUE` und `FALSE`. Darüber hinaus können die Operatoren „`==`" und „`!=`" auch Eingangssignale als Operanten besitzen.

Möchte man einen Tristate-Ausgang definieren, ist statt des Schlüsselwortes `PINDLY` das Wort `TRISTATE` zu verwenden. In diesem Fall wird der Ausgang mittels eines

Enablesignals kontrolliert. Unmittelbar nach `TRISTATE` muß der Knoten des Enablesignals angegeben werden. Dies geschieht mit

```
ENABLE HI <enable node>
```

bzw.

```
ENABLE LO <enable node>
```

Im ersten Fall ist das Enablesignal aktiv high, im zweiten Fall aktiv low. Die anschließende Beschreibung der Verzögerungszeit geschieht nach den gleichen Regeln wie bei `PINDLY`. Das Enablesignal kontrolliert dabei alle Ausgangsknoten, die innerhalb des `TRISTATE`-Abschnittes definiert sind.

Beispiel:

```
U95ADLY PINDLY(4,0,2) DPWR DGND
+ QA QB QC QD
+ CLK1 CLK2
+ QA_O QB_O QC_O QD_O
+ IO_STD  MNTYMXDLY={MNTYMXDLY}  IO_LEVEL={IO_LEVEL}
+ BOOLEAN:
+    CLK = { CHANGED_HL(CLK1,0) | CHANGED_HL(CLK2,0) }
+ PINDLY:
+ QA_O QB_O QC_O QD_O = {
+ CASE(
+    CLK & TRN_LH,   DELAY(-1,18NS,27NS),
+    CLK & TRN_HL,   DELAY(-1,21NS,32NS),
+       DELAY(-1,22NS,33NS)   ;DEFAULT
+    )}
```

Das Beispiel beschreibt das Zeitverhalten eines 7495 4-Bit-Schieberegisters.

Randbedingungsprüfer

```
U<name> CONSTRAINT(<no. of inputs>)
+ <digital power node> <digital ground node>
+ <input node 1> ... <input node n>
+ <I/O Model name>
+ [IO_LEVEL=<interface subckt select value>]
+ [BOOLEAN: <boolean assignment>]
+ [SETUP_HOLD: <setup_hold specification>]
+ [WIDTH: <width specification>]
+ [FREQ: <frequency specification>]
+ [GENERAL: <general specification>]
```

Ein Randbedingungsprüfer gestattet es, Setz- und Haltezeiten, Pulsbreiten und Frequenzwerte sowie frei definierbare Grenzbedingungen von Signalen zu überprüfen und bei Verletzung von Grenzwerten dieses zu melden. Ein einzelner Prüfer kann dabei mehrere verschiedene Prüfbedingungen besitzen.

Mit dem Schlüsselwort BOOLEAN können boolesche Variablen temporär definiert werden. Die Syntax und ihr Einsatz ist identisch mit der Pin-to-Pin-Verzögerung. Lediglich Übertragungsfunktionen können nicht eingesetzt werden.

SETUP_HOLD leitet die Definition eines Setz- und Haltezeitprüfers ein. Die <setup_hold specification> setzt sich zusammen aus

```
+ SETUP_HOLD:
+ CLOCK <assertion edge> = <input node>
+ DATA(<no. of data inputs>) = <input node j> ... <input node k>
+ [SETUPTIME = <time value>]
+ [HOLDTIME = <time value>]
+ [RELEASETIME = <time value>]
+ [WHEN {<boolean expression>}]
+ [MESSAGE = "<additional message text>"]
+ [ERRORLIMIT = <value>]
```

Mit CLOCK wird der Referenzknoten festgelegt. <assertion edge> bestimmt dabei, ob ab einer fallenden (HL) oder steigenden (LH) Flanke die Messung beginnen soll. Die zu prüfenden Eingangssignalen werden nach DATA aufgelistet. SETUPTIME definiert die minimale Setzzeit in Sekunden, die diese Signale vor der Flanke des CLOCK-Signals stabil sein müssen. HOLDTIME definiert die minimale Haltezeit der Eingangssignale nach der CLOCK-Flanke. Die Zeiten dieser zwei Prüfer beziehen sich auf LOW- und HIGH-Pegel der Eingangssignale. Durch Anfügen eines _LO bzw. _HI können sie auch nur für einen Pegelwert definiert werden (z.B. SETUPTIME_LO, HOLDTIME_HI). Mit RELEASETIME wird eine minimale Erholzeit angegeben, die festlegt, wann ein Signal vor der CLOCK-Flanke inaktiv sein muß. Hier kann durch Hinzufügen von _LH bzw. _HL zwischen der steigenden bzw. fallenden Flanke differenziert werden. Soll die Prüfung der minimalen Zeiten nur unter gewissen Voraussetzungen erfolgen, kann dies mit WHEN spezifiert werden. Nur wenn <boolean expression> TRUE liefert, findet eine Prüfung statt. Stellt PSPICE eine Verletzung einer Prüfbedingung fest, gibt das Programm eine Standardfehlermeldung aus. Diese kann durch MESSAGE ergänzt werden. Sollten mehr als ERRORLIMIT Fehler auftreten, wird auf eine weitere Ausgabe der Meldung verzichtet. Eine 0 bedeutet dabei ∞. Bei Nichtangabe gilt der OPTION-Parameter DIGERRDEFAULT.

Ein Pulsweitenprüfer wird mit dem Schlüsselwort WIDTH erzeugt. Das Format hierfür ist

```
+ WIDTH:
+ NODE = <input node>
+ [MIN_HI = <time value>]
+ [MIN_LO = <time value>]
+ [WHEN {<boolean expression>}]
+ [MESSAGE = "<additional message text>"]
+ [ERRORLIMIT = <value>]
```

Das mit NODE definierte Eingangssignal wird auf seine Pulsbreite hin überprüft. Ist es nicht mindestens MIN_HI Sekunden HIGH bzw. MIN_LO Sekunden LOW, gibt PSPICE eine Fehlermeldung aus. Die Überprüfung des Eingangssignals kann wie bei

SETUP_HOLD durch eine WHEN-Anweisung von gewissen Randbedingungen abhängig gemacht werden.

Frequenzwerte werden mit dem Schlüsselwort FREQ geprüft.

```
+ FREQ:
+ NODE = <input node>
+ [MINFREQ = <frequency value>]
+ [MAXFREQ = <frequency value>]
+ [WHEN {<boolean expression>}]
+ [MESSAGE = "<additional message text>"]
+ [ERRORLIMIT = <value>]
```

NODE gibt das zu prüfende Eingangssignal an. Sollte dessen Periodendauer größer als 1/MINFREQ bzw. kleiner als 1/MAXFREQ sein, wird eine Fehlermeldung ausgegeben. MINFREQ und MAXFREQ sind in Hertz anzugeben. WHEN, MESSAGE und ERRORLIMIT besitzen die gleiche Bedeutung wie bei den anderen Bedingungsprüfern.

Möchte man Signale nach frei wählbaren Bedingungen prüfen, ist das Schlüsselwort GENERAL zu verwenden.

```
+ GENERAL:
+ WHEN {<boolean expression>}
+ MESSAGE = "<message text>"
+ [ERRORLIMIT = <value>]
```

Sobald sich ein Eingangssignal ändert, berechnet PSPICE die WHEN-Anweisung. Sollte das Ergebnis TRUE sein, wird die Meldung MESSAGE gedruckt.

Beispiel:

```
U91CON CONSTRAINT(3) DPWR DGND
+ CLK A B
+ IO_STD
+ FREQ:
+   NODE = CLK
+   MAXFREQ = 10MEG
+ WIDTH:
+   NODE = CLK
+   MIN_HI = 25NS
+   MIN_LO = 25NS
+ SETUP_HOLD:
+   DATA(2) A B
+   CLOCK LH = CLK
+   SETUPTIME = 25NS
```

7.3 Digitale Signalquellen

Wie bei analogen Schaltungen sind auch bei der digitalen Simulation Signalquellen erforderlich, mit denen die korrekte Funktion der Schaltung untersucht werden kann. Sie besitzen die gleiche Aufgabe wie die unabhängigen Spannungs- und Stromquellen V und I. PSPICE kennt für die digitale Simulation zwei verschiedene Signalquellen, den sogenannten Stimulus Generator, der mittels einfacher Befehle programmiert wird und den File Stimulus, der seine Informationen aus einer Datei erhält. Der Stimulus Generator wird dabei wohl die am häufigsten verwendete Signalquelle sein.

7.3.1 Stimulus Generator

Den Stimulus Generator kann man mit der Polygonquelle PWL für analoge Signale vergleichen. Es werden zu bestimmten Zeitpunkten die jeweils geltenden logischen Pegel definiert, die neben den Zuständen 0 und 1 auch R, F, X und Z sein dürfen (s. Kap. 7.1.1). Das Format des Stimulus Generators sieht wie folgt aus:

```
U<name> STIM (<width>, <format array>)
+ <digital power node> <digital ground node>
+ <node>
+ <I/O Model name>
+ [IO_LEVEL=<interface subckt select value>]
+ [Timestep=<stepsize>]
+ <command>
```

<width> gibt die Anzahl der Signalausgänge an, die der Stimulus Generator erzeugt. Mit <format value> wird die Zahlenbasis festgelegt, mit der die <value>-Werte in den Kommandos zu interpretieren sind. Dabei können auch verschiedene Basen zur gleichen Zeit benutzt werden. Gültige Zahlen sind 1 für binär, 3 für oktal und 4 für hexadezimal, wobei die oktale Darstellung drei und die hexadezimale Darstellung vier Signale repräsentieren. Steht z.B. für <format value> der Wert 1143, so bedeutet dies, daß die ersten zwei Signale in binärer, die nächsten vier in hexadezimaler und die letzten drei in oktaler Form dargestellt werden. Zu beachten ist, daß die Summe der Ziffern von <format value> der Größe <width> entsprechen muß.

<digital power node> und <digital ground node> geben die Knoten der digitalen Spannungsversorgung an. Sie werden für die Mixed-mode-Simulation benötigt. In <node> werden sämtliche Ausgangsknoten des Stimulus Generators angegeben. Die Anzahl muß der Größe <width> entsprechen. Weiterhin benötigt der Stimulus Generator wie alle anderen digitalen Bauelemente auch ein I/O-Modell. Der optionale Parameter TIMESTEP dient dazu, die zeitliche Beschreibung der Impulsform nicht in Sekunden, sondern in Taktzyklen anzugeben. Wird die Zeitangabe mit „S“ abgeschlossen, steht der Zahlenwert für „Sekunden“. Bei einem „C“ interpretiert PSPICE dies als Anzahl von Taktzyklen. Um von diesem Wert auf eine Zeitgröße zu kommen, wird er mit TIMESTEP multipliziert.

Die eigentliche Beschreibung der Impulsfolge der Signale geschieht mit <command>. Hier können ein oder mehrere der folgenden Befehle definiert werden:

```
- < <time> <value> >
- < LABEL=<label name> >
- < <time> GOTO <label name> <n> TIMES >
- < <time> GOTO <label name> UNTIL GT <value> >
- < <time> GOTO <label name> UNTIL GE <value> >
- < <time> GOTO <label name> UNTIL LT <value> >
- < <time> GOTO <label name> UNTIL LE <value> >
```

```
- < <time> INCR BY <value> >
- < <time> DECR BY <value> >
```

<time> gibt die neue Zeit eine Schrittes an. Wie oben schon erwähnt, kann die Angabe in Sekunden oder in Taktzyklen erfolgen. Darüber hinaus ist eine absolute oder eine zur vorherigen Zeit relative Angabe möglich. Im letzten Fall muß ein „+“ der Zeitangabe vorangestellt werden.

<value> gibt den logischen Zustand aller Knoten an. Gültige Werte für einen einzelnen Knoten sind 0, 1, R, F, X oder Z. <value> wird dabei mittels des entsprechenden <format array>-Wertes interpretiert. Zu beachten ist, daß wenn hier eine 4 (hexadezimal) steht, den korrespondierenden vier Signalen keine steigende Flanke zugeordnet werden kann, da das F als binär 1111 (alle Signale auf HIGH) interpretiert wird.

<label name> steht für ein Sprungziel, das mit einer GOTO-Anweisung erreicht werden kann. Es wird mit Hilfe eines LABEL=-Befehls definiert. Anhand dieser Sprungziele ist es möglich, eine beliebige Taktfolge mehrmals zu wiederholen. Das obige dritte Kommando z.B. erlaubt es, alle Befehle zwischen der zugehörigen LABEL-Anweisung und diesem Befehl <n> mal auszuführen. Absolute Zeiten werden dabei in relative umgewandelt. Möchte man eine unendlich lange Impulsfolge generieren, ist für <n> -1 zu wählen. Weiterhin kann über eine UNTIL-Anweisung eine zeitlich beschränkte Wiederholdauer programmiert werden. GT bedeutet dabei „größer“, GE „größer gleich“, LT „kleiner“ und LE „kleiner gleich“. Diese Befehle sind in der Regel nur mit der INCR BY- bzw. DECR BY-Anweisung sinnvoll, die eine bestimmten Wert um eins erhöhen bzw. erniedrigen.

Bei der Programmierung einer Impulsfolge ist darauf zu achten, daß eine GOTO-Anweisung ein Sprungziel besitzt, welches vorher definiert wurde. Außerdem ist darauf zu achten, daß die Zeitangaben mit jedem Befehl größer werden müssen. Die einzige Ausnahme bildet die GOTO-Anweisung, bei der die zugehörige und die nachfolgende Zeit identisch sein dürfen.

Beispiele:

```
UReset STIM(1,1) $G_DPWR $G_DGND Reset IO_STM
+ 0s 0
+ 20ns Z
```

Es wird ein Reset-Impuls von 20ns erzeugt. Anschließend ist der Ausgang der Quelle hochohmig und somit für die weitere Simulation ohne Bedeutung. Die logischen Pegel werden als Binärzahlen angegeben.

```
U2 STIM(2,11) $G_DPWR $G_DGND 1 2 IO_STM TIMESTEP=1ns
+ 0c 00
+ LABEL=STARTLOOP
+ 1c 01
+ 2c 11
+ 3c GOTO STARTLOOP -1 TIMES
```

Diese Quelle erzeugt zwei Signale. Das erste Signal ist eine sich unendlich wiederholende Impulsfolge von 0 nach 1, das zweite ist nur für 1ns 0, sonst 1. Die Zeitangabe wird in Taktzyklen von 1ns angegeben.

```
U3 STIM(4,4) $G_DPWR $G_DGND IN1 IN2 IN3 IN4 IO_STM TIMESTEP=10ns
+ 0s 0
+ LABEL=STARTLOOP
+ 10c 1
+ +50ns 0
+ 20c A
+ +50ns 0
+ 30c GOTO STARTLOOP 1 TIMES
+ +10c 1
```

Dieses Beispiel gibt die Zeitangabe in absoluter und relativer Form an. Die Beschreibung der logischen Zustände der vier Ausgänge erfolgt dabei in hexadezimaler Darstellung.

```
U4 STIM(16,4444) $G_DPWR $G_DGND 16 15 14 13 12 11 10 9 8 7
+ 6 5 4 3 2 1
+ IO_STM TIMESTEP=10ns
+ 0s 0000
+ LABEL=STARTLOOP
+ 10c INCR BY 0001
+ 20c GOTO STARTLOOP UNTIL GE 000A
```

In diesem Beispiel wird die Schleife solange durchlaufen, bis am Ausgang der hexadezimale Wert A anliegt.

7.3.2 File Stimulus

Wird die Anzahl der zu erzeugenden Ausgangsimpulsfolgen zu groß und zu komplex, oder soll eine digitale Schaltung mit dem Simulationsergebnis einer anderen Simulation getestet werden, ist es zweckmäßig, den File Stimulus einzusetzen. Dieser erhält seine Informationen zur Definition der Ausgangsimpulspegel aus einer Datei. Die Syntax dieser Quelle ist wie folgt:

```
U<name> FSTIM(<#outputs>)
+ <digital power node> < digital ground node>
+ <node>
+ <I/O Model name>
+ FILE = <stimulus file name>
+ [IO_LEVEL = <interface subckt select value>]
+ [SIGNAMES = <stimulus file signal name>]
```

Die Anzahl der Ausgänge des File Stimulus wird mit <#outputs> festgelegt. <digital power node> und <digital ground node> geben die Knoten der digitalen Spannungsversorgung an. Sie werden für die Mixed-mode-Simulation benötigt. <node> steht für die Namen sämtlicher Ausgangsknoten der Quelle. Hier müssen so viele Namen stehen wie <#outputs> angibt. Anschließend folgt der für alle digitalen Bauelemente erforderliche Name des I/O-Modells. Der eigentliche Name der Datei, die den zeitlichen Verlauf der Ausgänge beschreibt, wird mit dem Schlüsselwort FILE angegeben. Der Dateiname muß dabei entweder in doppelten Anführungsstrichen stehen oder mittels `.TEXT <<name>="<text value>">` als Textvariable definiert sein. Sollten die Namen der Ausgänge, die in der Stimulusdatei gewählt wurden, nicht mit den Knotennamen in `<node>` übereinstimmen, müssen diese mit `SIGNAMES` definiert werden. Dadurch ist es auch möglich, mehrere Signalquellen zu definieren, die alle die gleiche Stimulusdatei benutzen.

Die Stimulusdatei besteht aus zwei Teilen, dem Kopf und der Signalbeschreibung. Beide müssen durch eine Leerzeile voneinander getrennt sein. Der Kopf hat dabei folgendes Format:

```
[TIMESCALE = <value>]
<signame 1> ... <signame n>...
OCT(<signame bit 3> ... <signame lsb>)...
HEX(<signame bit 4> ... <signame lsb>)...
```

`TIMESCALE` ist optional und dient dazu, sämtliche Zeitangaben mit einem Faktor zu multiplizieren. Der Defaultwert ist 1. Zu beachten ist, daß `TIMESCALE` in einer eigenen separaten Zeile stehen muß. Daran anschließend folgen die Namen der Signale, die durch Komma, Space oder Tab voneinander getrennt sind. Ein Name entspricht dabei einem Signal. Es können maximal 255 Signale definiert werden. Mit Hilfe der OCT- bzw. HEX-Funktion können drei bzw. vier Signale zu einem Zahlenwert zusammengefaßt werden. Die Länge einer Zeile ist auf 300 Zeichen beschränkt. Der Kopf der Stimulusdatei darf jedoch über mehrere Zeilen gehen. Dabei ist zu beachtet, daß diese Zeilen **nicht** mit einem „+“ verbunden werden dürfen.

Die Signalbeschreibung findet in der Form `<time> <value>` statt, wobei je nach Anzahl und Definition der Signale ein oder mehrere Werte zu definieren sind. Auch hier dürfen mehrere Zeilen **nicht** durch ein „+“ verbunden werden. Die Zeitangaben können absolut oder relativ sein. Im zweiten Fall ist dies durch ein vorzustellendes „+“ zu kennzeichnen. Die Zeiteinheit ist immer Sekunden, d.h. Taktzyklen wie beim Stimulus Generator sind nicht erlaubt.

Beispiel:

```
U1 FSTIM(4) $G_DPWR $G_DGND
+ CLK PRE J K
+ IO_STM
+ FILE = FLIPFLOP.STM
+ SIGNAMES = CLOCK PRESET
```

Die Stimulusdatei FLIPFLOP.STM sieht wie folgt aus:

```
J K PRESET CLEAR CLOCK

0       0 0 010
10ns    0 0 111
.
.
```

In diesem Beispiel entsprechen die Knoten `CLK` und `PRE` den Signalen `CLOCK` und `PRESET` in der Stimulusdatei. `J` und `K` müssen in `SIGNAMES` nicht extra angegeben werden, da ihre Namen auch in der Datei vorkommen. Weiterhin ist zu beachten, daß nicht alle Signale, die in der Stimulusdatei definiert sind, auch in U1 verwendet werden müssen (s. Signal CLEAR).

7.4 Mixed-Mode-Simulation

Neben der Simulation von rein analogen und rein digitalen Schaltungen erlaubt PSPICE auch die Simulation von Schaltungen, die sowohl analoge wie auch digitale Bauelemente enthalten. Für diese sogenannte Mixed-Mode-Simulation ist es erforderlich, eine Schnittstelle zwischen einem analogen und einem digitalen Bauelement, die miteinander verbunden sind, zu definieren. Zu diesem Zweck existieren in PSPICE AtoD- bzw. DtoA-Subcircuits, die die Anpassung zwischen beiden Bauteilen durchführen. Überall, wo eine solche Anpassung erforderlich ist, fügt PSPICE automatisch diese Subcircuits ein. Der vorher analog/digitale Knoten wird dabei in zwei Einzelknoten aufgespalten, in einen rein analogen und einen rein digitalen Knoten. Der analoge Knoten erhält den ursprünglichen Knotennamen, der digitale Knoten wird umbenannt in den ursprünglichen Namen plus dem Zusatz „$AtoD“ bzw. „$DtoA“. Sollten mehrere Digitalbauelemente an einem Knoten hängen, erhält der zweite und alle folgenden umgewandelten Knoten zusätzlich noch eine Zahl, beginnend mit 2. Bild 7.5 zeigt ein Schaltkreis vor und nach der Umwandlung.

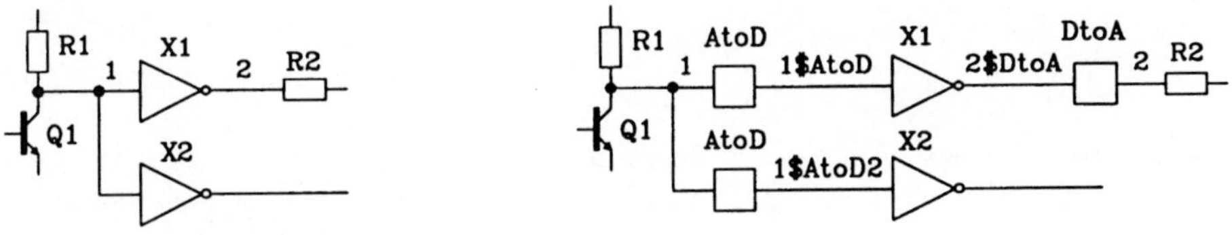

Bild 7.5 Schaltkreis vor und nach Einfügen der AtoD- bzw. DtoA-Schnittstellen

Insgesamt können vier verschiedene Schnittstellentypen gewählt werden. Diese sind

Level 1	AtoD1/DtoA1	einfaches Modell mit R, F und X-Zuständen
Level 2	AtoD2/DtoA2	einfaches Modell ohne Zwischenzustände
Level 3	AtoD3/DtoA3	exaktes Modell mit R, F und X-Zuständen
Level 4	AtoD4/DtoA4	exaktes Modell ohne Zwischenzustände

Die Wahl des Schnittstellentyps kann global für alle Bauelemente einer „Circuit“-Datei oder lokal für ein einzelnes Bauelement eingestellt werden. Im ersten Fall muß der OPTION-Parameter DIGIOLVL mittels einer .OPTION-Anweisung gesetzt werden. Mit .OPTIONS DIGIOLVL=4 wird das exakte Modell ohne Zwischenzustände benutzt. Ohne diese Anweisung ist defaultmäßig Level 1 eingestellt. Soll nur ein spezielles Bauelement eine eigene AtoD- bzw. DtoA-Schnittstelle besitzen, ist in dessen Beschreibung der IO_LEVEL=-Parameter anzugeben (s. Kap. 7.2.1).

Zusätzlich zur Schnittstelle erzeugt PSPICE ein Subcircuit `DIGIFPWR` (s. Kap. 7.1.3), welches die digitale und die analogen Spannungsquellen aufeinander abstimmt.

7.5 Analysearten

Die Hauptanalyseart einer rein digitalen Schaltung ist in der Regel die Transient-Analyse. Andere Analysen wie z.B. `.DC` oder `.AC` werden ignoriert. Für eine Mixed-Mode-Simulation kann es jedoch erforderlich sein, auch diese zuzulassen. PSPICE geht dabei nach einer bestimmten Gesetzmäßigkeit vor.

DC- und OP-Analyse

Alle Kapazitäten werden als offene Bauelemente und alle Induktivitäten als Kurzschlüsse betrachtet. Alle Verzögerungszeiten der digitalen Bauelemente werden zu Null gesetzt. Der Ausgangspegel jedes Stimulus Generators entspricht dem für $t = 0$. Sollte kein eindeutiger Zustand für einen digitalen Ausgang möglich sein, wird er auf `X` gesetzt.

AC-, NOISE-, TF- und SENS-Analyse

Vor jeder Kleinsignal-Analyse wird der Arbeitspunkt der Schaltung ermittelt. Der dabei errechnete Zustand eines digitalen Ausgangs bleibt während der nachfolgenden Analyse unverändert.

Transient-Analyse

Die Transient-Analyse läuft für digitale Schaltungen in der gleichen Weise ab wie für analoge. Bei einer Mixed-Mode-Simulation gibt es jedoch zwei verschiedene Simulationszeitschritte, einen für den analogen und einen für den digitalen Teil. Der Grund hierfür liegt in den oft unterschiedlichen Zeitkonstanten beider Teile. Der kleinste Zeitschritt einer digitalen Simulation beträgt `1/DIGFREQ`, wobei `DIGFREQ` mittels der `.OPTIONS`-Anweisung geändert werden kann.

7.6 Beispiele für digitale Simulationen

In diesem Kapitel soll die digitale Simulation anhand von Beispielen näher erläutert werden. Dabei kommt nicht nur die rein digitale Simulation zum Einsatz, sondern auch die Mixed-Mode-Simulation.

7.6.1 Bitmustererkenner

Dieses Beispiel dient dazu, die digitale Simulation in ihrer einfachsten Form darzustellen. Zu diesem Zweck soll ein Schaltkreis untersucht werden, der aus einer seriellen Bitfolge ein bestimmtes Bitmuster erkennt. Zur Realisierung ist hierfür ein Schieberegister erforderlich, welches die ankommende Bitfolge zwischenspeichern kann. Im konkreten Fall soll das Bitmuster 1101 detektiert werden können, wofür ein vierstufiges Schieberegister erforderlich ist. Bild 7.6 zeigt die Schaltung.

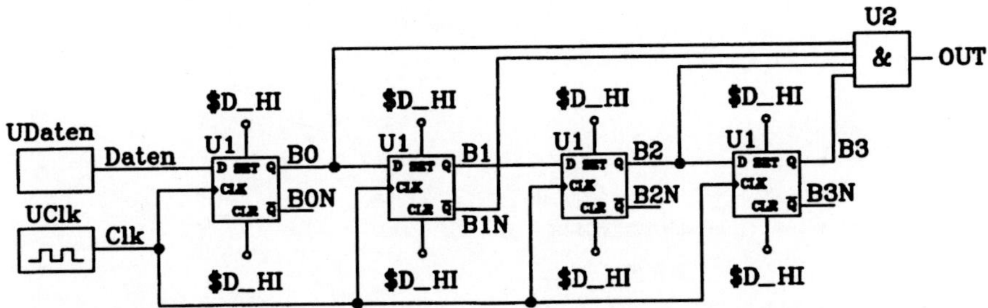

Bild 7.6 Schaltung zur Erkennung der Bitfolge 1101

Das Schieberegister besteht aus vier positiv flankengetriggerten D-Flipflops. Die Bitfolge, die der Stimulusgenerators UDaten erzeugt, wird dabei mit jeder steigenden Flanke des Taktgenerators UClk zum nächsten Flipflop geschoben. Verbindet man die Ausgänge der Flipflops in der in Bild 7.6 dargestellten Form mit einem AND-Gatter, wird das Auftreten der gewünschten Bitfolge durch ein HIGH am Knoten OUT signalisiert.

Die zugehörige Schaltungsbeschreibung ist in Bild 7.7 zu sehen.

```
Bitmustererkenner
*
* Schaltungsbeschreibung
*
U1 DFF(4) $G_DPWR $G_DGND $D_HI $D_HI CLK
+ Daten B0 B1 B2                          ; D-Eingaenge
+ B0    B1 B2 B3                          ; Q-Ausgaenge
+ B0N B1N B2N B3N                         ; Q_Nicht-Ausgaenge
+ DFF_MOD IO_STD
U2 AND(4) $G_DPWR $G_DGND B0 B1N B2 B3 OUT
+ AND_MOD IO_STD
*
* Quellen
*
UClk    STIM(1,1)  $G_DPWR  $G_DGND  Clk  IO_STD
+  0s  0
+  LABEL=Schleife
+  +1us  1
+  +1us  0
+  +1us  GOTO Schleife -1 TIMES
UDaten  STIM(1,1)  $G_DPWR  $G_DGND  Daten  IO_STD
+   ( 0s 0) ( 2us 0) ( 4us 1) ( 6us 1) ( 8us 0) (10us 0)
+   (12us 1) (14us 1) (16us 0) (18us 1) (20us 1) (22us 1)
+   (24us 0) (26us 0) (28us 1) (30us 1) (32us 0) (34us 1)
+   (36us 1) (38us 0) (40us 1) (42us 0)
*
* Modellbeschreibung
*
.MODEL  DFF_MOD  UEFF()
.MODEL  AND_MOD  UGATE()
.LIB EVAL.LIB
```

```
*
* Analysen
*
.TRAN  0.1u  44u
.PROBE
.END
```

Bild 7.7 „Circuit"-Datei zum Bitmustererkenner

Als Timing-Modellparameter der Flipflops und des AND-Gatters dienen die Defaultwerte, d. h. alle Zeiten sind Null. Als I/O-Modell dient für alle Bauteile IO_STD aus der Bibliothek EVAL.LIB. Die Wertepaare der Bitfolge, die der Stimulusgenerator UDaten erzeugt, sind der Übersichtlichkeit wegen in Klammern gesetzt worden. Es wäre auch möglich, die Daten ohne Klammern anzugeben. Weiterhin ist zu beachten, daß nicht alle Knoten mit einem Bauteil verbunden sind. So sind OUT, B0N, B1, B2N und B3N ohne weitere Anbindung an ein anderes Bauteil. Eine analoge Simulation würde in diesem Fall eine Fehlermeldung produzieren, bei der digitalen Simulation sind offene Knoten erlaubt. Das Ergebnis der Simulation zeigt Bild 7.8.

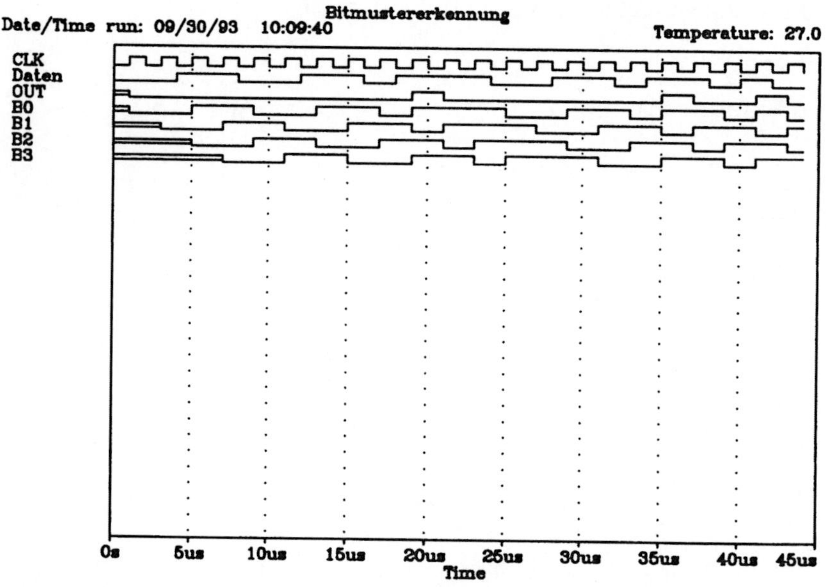

Bild 7.8 Eingangs- und Ausgangstaktdiagramm des Bitmustererkenners

Die ersten beiden Zeilen zeigen die Eingangssignale, die nächste Zeile das korrekte Ausgangssignal. In den letzten vier Zeilen schließlich sind die Ausgänge der Flipflops zu erkennen. Da zu Beginn der Simulation auf ein Rücksetzen der Flipflops verzichtet wird, nehmen deren Ausgänge einen undefinierten Zustand X an, was an den jeweils zwei parallelen Linien zu erkennen ist. Dabei ist das vierte Flipflop am längsten in diesem Zustand, da es die ersten drei Taktzyklen ein X am Eingang erhält, was wiederum ein X am Ausgang zur Folge hat.

7.6.2 Digitaler Funktionsgenerator

In diesem Beispiel soll anhand eines digitalen Funktionsgenerators die Mixed-Mode-Simulation von PSPICE näher betrachtet werden. Darüber hinaus sollen die Möglichkeiten von PROBE bezüglich der vereinfachten Darstellung von digitalen Signalen demonstriert werden. Enthält eine digitale Schaltung z.B. einen Daten- oder Adreßbus, ist es für den Entwickler bisweilen schwierig, anhand der binären Signale das Datum des Busses zu ermitteln. Hier bietet PROBE eine einfache Möglichkeit, mehrere Signale in einer anderen Zahlenbasis darzustellen. Bild 7.9 zeigt die Schaltung des digitalen Funktionsgenerators.

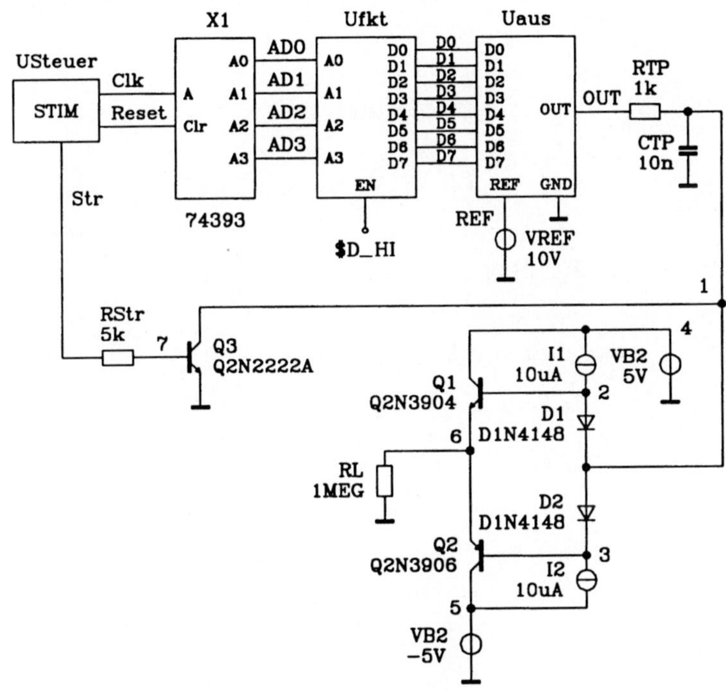

Bild 7.9 Schaltung des digitalen Funktionsgenerators

Der digitale Teil ist für den Funktionsverlauf verantwortlich, wohingegen der analoge Teil lediglich eine einfache Endstufe darstellt. Der eigentliche Signalverlauf ist in einem ROM gespeichert. Seine Daten werden über den Adreßbus `AD0..AD3` mittels eines Zählers selektiert und auf den Datenbus gelegt. Ein DA-Wandler nimmt diese Daten auf und gibt sie in analoger Form wieder ab. In diesem Beispiel soll der Funktionsgenerator einen Sinus erzeugen. Aufgrund der diskreten Spannung, die der DA-Wandler abgibt, ist es erforderlich, sein Ausgangssignal mittels eines Tiefpasses `RTP`, `CTP` zu glätten. Der Transistor `Q3` dient als Strobe. Wenn an seiner Basis ein HIGH-Pegel anliegt, leitet er und erzeugt am Ausgang der Endstufe Massepotential. Die „Circuit"-Datei des digitalen Funktionsgenerators ist in Bild 7.10 zu sehen.

```
Digitaler Funktionsgenerator
*
* Schaltungsbeschreibung des digitalen Teils
*
X1     Clk  Reset  AD0  AD1  AD2  AD3  74393
Ufkt  ROM(4,8)  $G_DPWR  $G_DGND  $D_HI  AD3  AD2  AD1  AD0
+  D7  D6  D5  D4  D3  D2  D1  D0  ROM_MOD  IO_STD
+  DATA=X$
+  80  B0  DA  F5  FF  F5  DA  B0     ; positive Halbwelle
+  80  4F  26  0B  01  0B  26  4F $   ; negative Halbwelle
Uaus  DAC(8)  $G_DPWR  $G_DGND  OUT  REF  0
+  D7  D6  D5  D4  D3  D2  D1  D0  DAC_MOD  IO_STD
VREF  REF  0  DC 10V
*
* digitale Quellen
*
USteuer STIM(3,111) $G_DPWR $G_DGND Reset Clk Str IO_STD
+      0s  100
+  100ns  000
+  Label=Schleife
+    +1us  010
+    +1us  000
+    +1us  GOTO Schleife 20 TIMES
+    +1us  001
*
* Schaltungsbeschreibung des analogen Teils
*
RTP    OUT  1      1k
CTP      1  0      10n
D1       2  1      D1N4148
D2       1  3      D1N4148
Q1       4  2  6   Q2N3904
Q2       5  2  6   Q2N3906
I1       4  2      DC 10uA
I2       3  5      DC 10uA
VB1      4  0      DC 15V
VB2      5  0      DC -5V
Q3       1  7  0   Q2N2222A
RStr   Str  7      5k
RL       6  0      1MEG
*
* Modellbeschreibung
*
.MODEL  ROM_MOD UROM()
.MODEL  DAC_MOD UDAC()
.LIB EVAL.LIB
*
* Analysen
*
.TRAN  0.1us 48us
.PROBE
.END
*
```

Bild 7.10 „Circuit"-Datei des digitalen Funktionsgenerators

Während der Simulation fügt PSPICE überall dort AtoD- bzw. DtoA-Schnittstellen ein, wo ein digitales und ein analoges Bauteil miteinander verbunden sind. Im vorliegenden Beispiel ist dies zwischen dem Stimulus Generator und dem Widerstand RStr der Fall. Konsequenterweise müßte zwischen dem DA-Wandler und RTP ebenfalls eine solche Schnittstelle hinzugefügt werden. Da der DA-Wandler aber ohnehin ein analoges Signal liefert, ist dies nicht mehr erforderlich. Die Art und Weise, wie die Schnittstelle in die „Circuit"-Datei hinzugefügt wird, kann in der „Output"-Datei nachgesehen werden (s. Bild 7.11).

```
**** Generated AtoD and DtoA Interfaces ****
*
* Analog/Digital interface for node Str
*
* Moving USteuer:OUT1 from analog node Str
*                     to new digital node Str$DtoA
X$Str_DtoA1 Str$DtoA Str $G_DPWR $G_DGND DtoA_STD
+       PARAMS: DRVH=  96.4   DRVL= 104    CAPACITANCE=   0
*
* Analog/Digital interface power supply subcircuits
*
X$DIGIFPWR 0 DIGIFPWR
.END  ;(end of AtoD and DtoA interfaces)
```

Bild 7.11 PSPICE-Ausgabedatei des digitalen Funktionsgenerators: Einfügen einer DtoA-Schnittstelle

Der Knoten Str des Stimulus Generators wird in Str$DtoA umgewandelt, wohingegen der entsprechende Knoten an RStr weiterhin Str heißt. Anschließend wird die Schnittstelle als Subcircuit, welches sich in der Bibliothek EVAL.LIB befindet, erzeugt. Der Name und Typ richtet sich dabei nach den I/O-Modell und dem IO_LEVEL-Parameter des entsprechenden digitalen Bauteils. Im vorliegenden Beispiel besitzt der Stimulus Generator das I/O-Modell IO_STD. Der Wert des Parameters IO_LEVEL beträgt defaultmäßig 1. Abschließend erzeugt PSPICE eine digitale Spannungsversorgung von 5V zwischen den Knoten $G_DPWR und $G_DGND mittels des Subcircuits DIGIFPWR, das ebenfalls in der Bibliothek EVAL.LIB zu finden ist.

Das Simulationsergebnis zeigt Bild 7.12.

Im oberen Drittel werden die digitalen Signale dargestellt, darunter die analogen. Die Signale des Adreßbusses sind dabei in binärer Form dargestellt. Wenn wie im vorliegenden Fall als Knotennamen ein Name mit einer Zahl gewählt wird, kann im PROBE-Menü `Add_trace` neben der Angabe der Einzelknoten auch eine verkürzte Form angegeben werden. Statt `AD3 AD2 AD1 AD0` ist ebenso `AD[3:0]` gültig. Sollen die Signale zusätzlich in hexadezimaler Form dargestellt werden, sind die Knotennamen in geschweifte Klammern zu setzen. Die Angabe `{D[7:0]};Daten`, die in Bild 7.12 gewählt ist, verdeutlicht dies, wobei der Term „;Daten“ dem Gesamtsignal den neuen Namen „Daten“ gibt und optional ist.

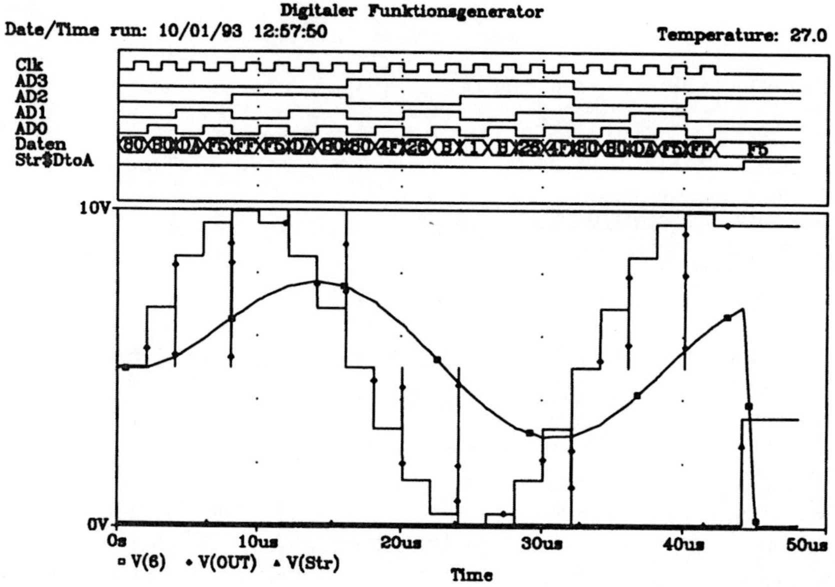

Bild 7.12 Digitale und analoge Simulationsergebnisse des digitalen Funktionsgenerators

8 Beispiele aus anderen Disziplinen

Die Vorgänge in anderen Disziplinen, wie z.B. in der Mechanik, werden oft mit Gleichungssystemen beschrieben, bei denen sich eine direkte Entsprechung in der Elektrotechnik findet. Diese Entsprechung läßt sich ausnutzen, um z.B. mechanische Vorgänge mittels PSPICE zu simulieren, indem man die äquivalenten elektrischen Bauelemente verwendet. In diesem Kapitel soll vorwiegend auf die mechanisch-elektrische Analogie eingegangen werden, vertieft durch Beispiele aus der Automobiltechnik und Audiotechnik.

8.1 Mechanik

8.1.1 Analogie zur Elektrotechnik

Das mechanische System, bestehend aus den Grundelementen Masse m, Steifigkeit s und Reibwiderstand W, wird durch Differentialgleichungen beschrieben, deren Lösungen den zeitlichen Verlauf der Feldgrößen Kraft F und Geschwindigkeit v liefern. Man kann diese Differentialgleichungen nun mit denen elektrischer Stromkreise vergleichen und Analogien herstellen. Prinzipiell sind zwei Analogien möglich. Zum einen kann man die Kraft F der Spannung U gleichsetzen, dann entspricht die Geschwindigkeit v dem Strom I. Diese physikalisch sinnvolle Analogie, bei der sich die jeweiligen Potentialgrößen und Flußgrößen entsprechen, hat den Nachteil, daß sich die Netzwerke in ihrer Struktur nicht entsprechen. Will man strukturgleiche Netzwerke haben, so wird man die sog. FI-Analogie vorziehen. In dieser Analogie entspricht die Kraft F dem Strom I und die Geschwindigkeit v der Spannung U.

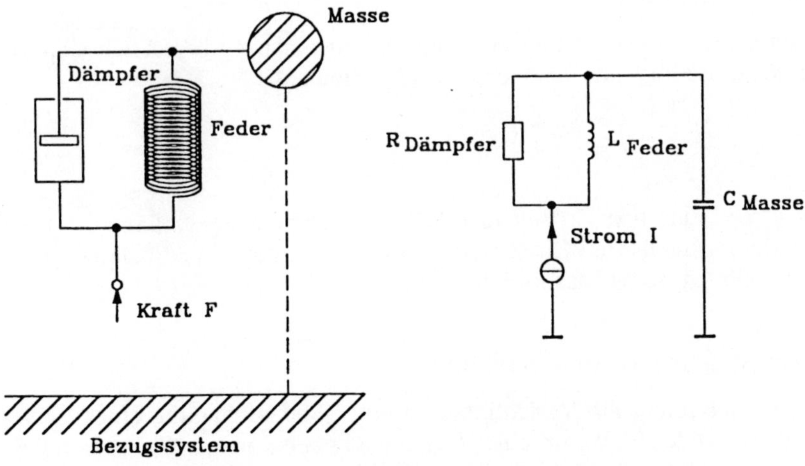

Bild 8.1 Strukturgleiche Netzwerke bei der FI-Analogie

Bild 8.1 zeigt dazu ein Feder-Massesystem und das dazugehörige elektrische Äquivalent. Die korrespondierenden Elemente ergeben sich aus den Grundgleichungen. Im mechanischen System gilt:

$$F = m \cdot \frac{\mathrm{d}v}{\mathrm{d}t}; \quad F = W \cdot v; \quad F = s \cdot \int v \mathrm{d}t$$

Die entsprechenden Grundgleichungen des elektrischen Systems sind:

$$I = C \cdot \frac{\mathrm{d}U}{\mathrm{d}t}; \quad I = \frac{1}{R} \cdot U; \quad I = \frac{1}{L} \cdot \int U \mathrm{d}t$$

Als Bindeglied zwischen den beiden Systemen definiert man eine Wandlerkonstante NI ([NI] = N/A = Nm/Am = VAs/Am = Vs/m). Damit folgt:

$$F = NI \cdot I \quad \text{bzw.} \quad v = \frac{1}{NI} \cdot U$$

Die Umrechnung zwischen einer mechanischen Impedanz $\underline{Z*}$ und einer elektrischen Impedanz $\underline{Z}$ ergibt sich dann zu:

$$\underline{Z} = \frac{\underline{U}}{\underline{I}} = \frac{NI \cdot \underline{v}}{\underline{F} / NI} = NI^2 \cdot \frac{\underline{v}}{\underline{F}} = \frac{NI^2}{\underline{Z*}}$$

Die Wandlerkonstante wird man üblicherweise zu $NI = 1$ wählen. Das hat den Vorteil, daß bei der Untersuchung der Ergebnisse die elektrischen Feldgrößen direkt den mechanischen Größen entsprechen. In Fällen, wo eine Kopplung eines elektrischen Systems mit dem mechanischen System vorliegt, ist man gezwungen, eine Wandlerkonstante zu nehmen, die der Kopplung entspricht. Bei rein mechanischen Systemen, wo der Wert der Wandlerkonstante keine Rolle spielt, kann es in manchen Fällen sinnvoll sein, eine Wandlerkonstante zu wählen, die nicht Eins ist. Das wäre z.B. dann der Fall, wenn man erreichen möchte, daß die äquivalenten elektrischen Bauelemente in einem bestimmten Wertebereich liegen.

Mit obiger Vorschrift zur Konvertierung zwischen den Impedanzen berechnen sich die elektrischen Elemente wie folgt aus den mechanischen Elementen:

$$C = \frac{m}{NI^2}; \quad L = \frac{NI^2}{s}; \quad R = \frac{NI^2}{W}$$

Definiert man die mechanischen Größen in PSPICE als Parameter, so kann man die Umrechnung von der mechanischen Größe in die elektrische Größe direkt bei der Angabe des Bauteils vornehmen, so wie das im folgenden Beispiel ausgeführt ist.

8.1.2 Ausführungsbeispiel (Radaufhängung)

Im Ausführungsbeispiel sollen die Verhältnisse an einer Radaufhängung eines PKWs untersucht werden, wenn der PKW mit einer Geschwindigkeit von v = 50 km/h auf einen Bordstein mit einer Höhe von h = 20 cm auffährt. Das ist vielleicht nicht ganz realistisch, zeigt aber ganz gut, welche Möglichkeiten sich mit PSPICE bieten.

Die Radaufhängung entspricht in etwa dem im Bild 8.1 dargestellten Feder-Massesystem. An der Bordsteinkante erfährt das Feder-Massesystem eine Kraftwirkung, die zu einer Vertikalbewegung führt. Es soll angenommen werden, daß sich durch die Reifendeformation der in Bild 8.2 gezeigte Wegverlauf des Rades ergibt.

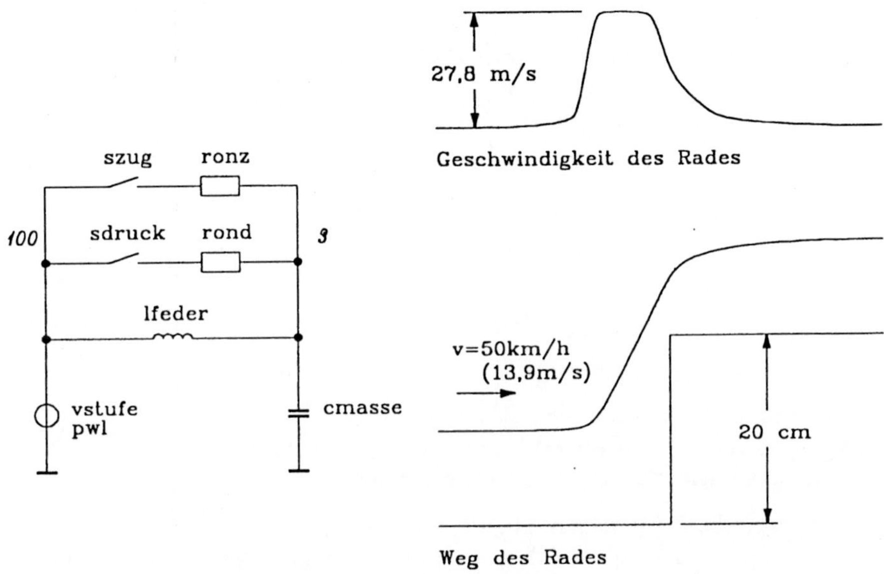

Bild 8.2 Elektrisches Äquivalent einer Radaufhängung und Ableitung der Anregungsfunktion

Die vertikale Geschwindigkeit des Rades, die später als Anregungsfunktion in der Simulation dienen soll, kann durch Ableitung des Weges nach der Zeit bestimmt werden. Diese Ableitung läßt sich näherungsweise graphisch durchführen. Die Geschwindigkeit des Wagens in horizontaler Richtung ist v = 50 km/h = 13,9 m/s. Die maximale Geschwindigkeit des Rades folgt aus der größten Steigung (2:1 laut Bild 8.2) des Wegverlaufes und beträgt 27,8 m/s. Der in Bild 8.2 gezeigte Geschwindigkeitsverlauf wird in der Simulation über eine Spannungsquelle mit stückweise linearem Zeitverlauf (PWL) angenähert.

Das Feder-Massesystem der Radaufhängung beinhaltet auch einen Stoßdämpfer, der zur Dämpfung der Karosserieschwingungen dient. Die üblicherweise verwendeten ölgefüllten Stoßdämpfer sind nicht linear, d.h. sie haben einen unterschiedlichen Dämpfungsgrad in Abhängigkeit von Zug oder Druck. Man kann das in PSPICE mit zwei parallelen Schaltern simulieren, deren Einschaltwiderstand entsprechend dem Dämpfungsgrad gewählt wird. Die Syntax für solch einen spannungsgesteuerten Schalter ist:

```
S<name> <+switch node> <-switch node>
+       <+control node> <-control node>
+       <model name>
```

Im Modell werden Schaltschwellen und Widerstände definiert (siehe Kapitel 2). Diese sind:

RON „Ein"-Widerstand
ROFF „Aus"-Widerstand (Default = 1meg)
VON Steuerspannung für „Ein"
VOFF Steuerspannung für „Aus"

Der Widerstand RS des Schalters ist abhängig von der Steuerspannung VC. Wenn VON > VOFF angegeben wurde, dann gilt:

VC ≥ VON	RS = RON
VC ≤ VOFF	RS = ROFF
VOFF < VC < VON	RS liegt zwischen RON und ROFF

Wenn VON < VOFF angegeben wird, gilt:

VC ≤ VON	RS = RON
VC ≥ VOFF	RS = ROFF
VOFF > VC > VON	RS liegt zwischen RON und ROFF

Im Beispiel wurden die Schaltschwellen so gewählt, daß bei VC = 0 der Übergang zwischen den beiden Schaltern stattfindet. Die Schaltung in Bild 8.2 links zeigt die Gesamtanordnung der äquivalenten elektrischen Schaltung.

Simuliert werden soll die Hinterradaufhängung eines Kombi-PKWs, da hier eine starke Variation der Achslast üblich ist. Aus dem Wartungsbuch eines entsprechenden PKWs konnten folgende Werte entnommen werden:

Achslast in kg:	565 – 945 (max. 1000)
Federkonstante:	18,14 N/mm
Dämpfer bei 0,3 m/s:	662 – 907 N (Zug)
	250 – 397 N (Druck)

Für ein einzelnes Rad soll die halbe Achslast angenommen werden. Der mögliche Wertebereich der Radlast erstreckt sich dann von m = 300 kg bis m = 500 kg. Für Stoßdämpfer ist auch ein Wertebereich aufgeführt. Für gute Stoßdämpfer gilt der jeweils höhere Wert. Um die Reibwiderstandswerte zu erhalten, müssen die angegebenen Kraftwerte durch die angegebene Geschwindigkeit von v = 0,3 m/s geteilt werden. Bei der Federkonstante muß eine Umrechnung von N/mm in N/m erfolgen. Bild 8.3 zeigt die Umsetzung obiger Überlegungen in eine „Circuit"-Datei.

```
Simulation einer Radaufhaengung
*
* Parameterliste
*
.param NI=1
.param feder=18.14
.param masse=300
.param d_zug=907
*.param d_zug=662
*.param d_zug=20
```

```
.param d_druck=397
*.param d_druck=250
*.param d_druck=20
*
* Schaltungsbeschreibung
*
lfeder 100 3 {NI*NI/1000/feder}
szug   100 3 100 3 zug
sdruck 100 3 100 3 druck
cmasse   3 0 {masse/NI/NI}
*
* Modelle
*
.model zug vswitch (von=0 voff=0.1 ron={NI*NI*0.3/d_zug})
.model druck vswitch (von=0 voff=-0.1 ron={NI*NI*0.3/d_druck})
*
* Quelle
*
vstufe 100 0 pwl (0 0 1m 3.5 2m 13.9 3m 22 4m 27.6 5m 27.8 6m
+  27.8 7m 27.6 8m 22 9m 13.9 10m 10 11m 5 12m 2.5 13m 1.25 14m
+  0.5 15m 0)
*
* Analysen
*
.step param masse list 300 400 500
.tran 0.5m 2
.probe
.end
```

Bild 8.3 Schaltungsbeschreibung der Radaufhängung

Bei der Auswertung der Ergebnisse ist zu beachten, daß die Spannung eines Knotens der Geschwindigkeit im mechanischen System entspricht. Man kann nun durch die Möglichkeiten von PROBE relativ einfach die Bewegung von Rad und Karosserie durch Integration der Spannung an den jeweiligen Knoten anzeigen lassen. Dies ist in Bild 8.4 und Bild 8.5 geschehen.

Bild 8.4 zeigt das Einschwingverhalten der Karosserie über einen längeren Zeitraum. Man sieht, daß die Höhe der Achslast Einfluß auf das Einschwingverhalten nimmt. Je höher die Achslast, desto größer die Auslenkung der Karosserie und um so länger das Ausschwingen der Karosserie. Eine hinlänglich bekannte Erscheinung. Bild 8.5 zeigt dieselben Signale im Zeitbereich von t = 0 bis t = 100 ms. Man kann hier den Verlauf der Radbewegung besser studieren.

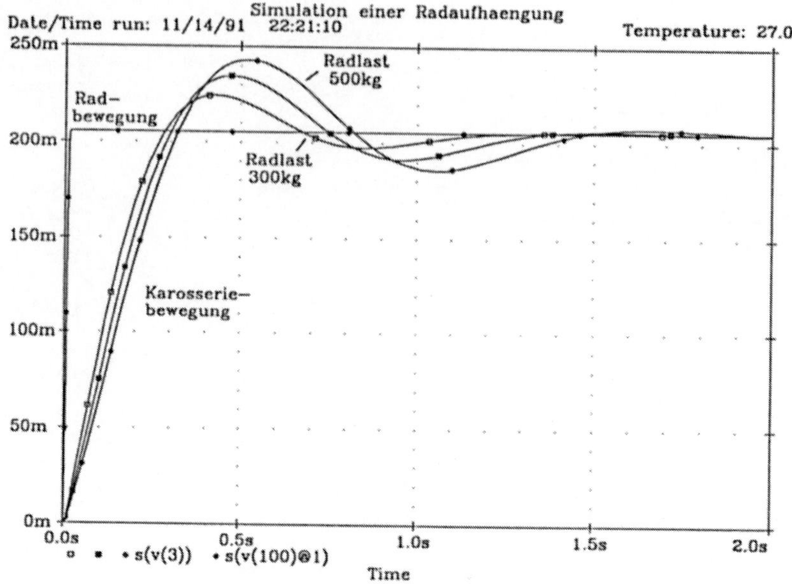

Bild 8.4 Fahrzeug- und Radbewegung (Langzeit)

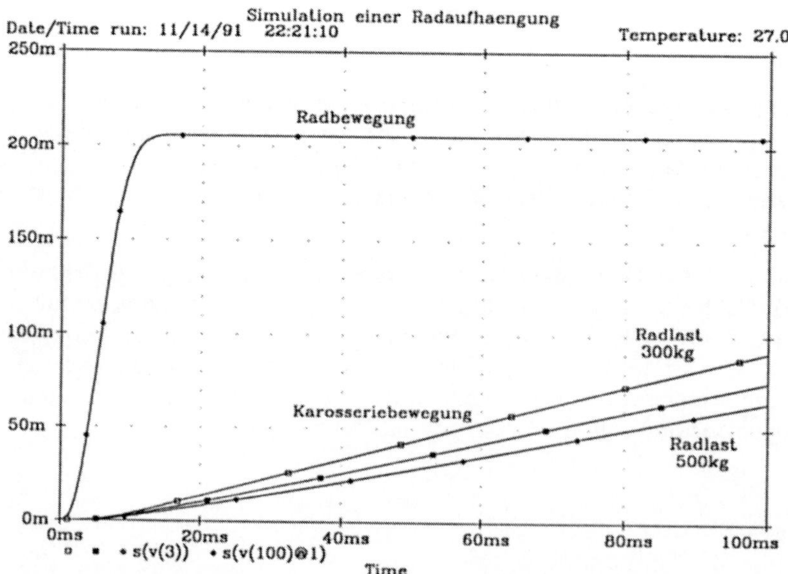

Bild 8.5 Fahrzeug- und Radbewegung (Kurzzeit)

Bild 8.6 zeigt die Geschwindigkeit von Rad und Karosserie durch Anzeige der Spannung an den jeweiligen Knoten. Die Vertikalgeschwindigkeit der Karosserie ist mit 1 m/s (= 1 V) deutlich niedriger als die Vertikalgeschwindigkeit des Rades. Durch Differentiation der Signale bekommt man die Beschleunigung von Rad und Karosserie. Üblich ist der Vergleich mit der Erdbeschleunigung, daher wurde in Bild 8.7 der jeweilige Wert noch durch 10 (genauer wäre 9,81) geteilt. Das Bild 8.7 zeigt eine sehr hohe Beschleunigung des Rades (ca. 1000fache Erdbeschleunigung), während die Beschleunigung der Karosserie noch in erträglichen Grenzen bleibt.

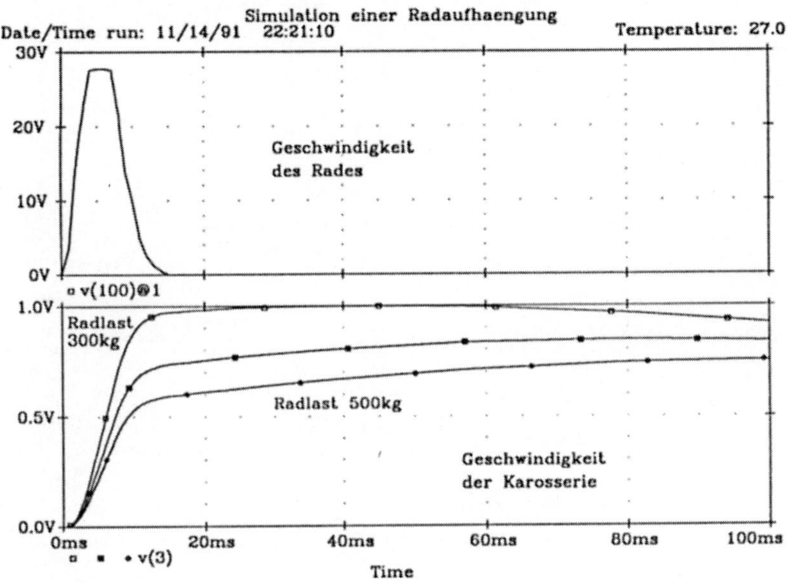

Bild 8.6 Fahrzeug- und Radgeschwindigkeit

Betrachtet man die Ströme der elektrischen Schaltung, so lassen sich Rückschlüsse auf die wirkenden Kräfte ziehen. Bild 8.8 zeigt dazu die Kraftwirkung auf den Stoßdämpfer in den ersten 20 ms.

Die Simulation ermittelt einen Spitzenwert von ca. 40 kN (entspricht einer Gewichtskraft von 4 t). Bemerkenswert auch die Unstetigkeitsstelle im Verlauf durch die Nichtlinearität des Stoßdämpfers bei t = 13,5 ms.

Bild 8.9 zeigt den weiteren zeitlichen Verlauf der Kraftwirkung auf den Stoßdämpfer. Auch hier deutlich die Unstetigkeit im Verlauf beim Vorzeichenwechsel des Signals (entspricht dem Richtungswechsel der Kraft). Bild 8.10 zeigt die Kraftwirkung auf die Feder. Diese Feder ist durch die Gewichtskraft der Karosserie mit ca. 3 bis 5 kN vorgespannt. Eine negative Kraftwirkung durch die Vertikalbewegung in Höhe der Gewichtskraft würde zum Abheben des Rades vom Boden führen.

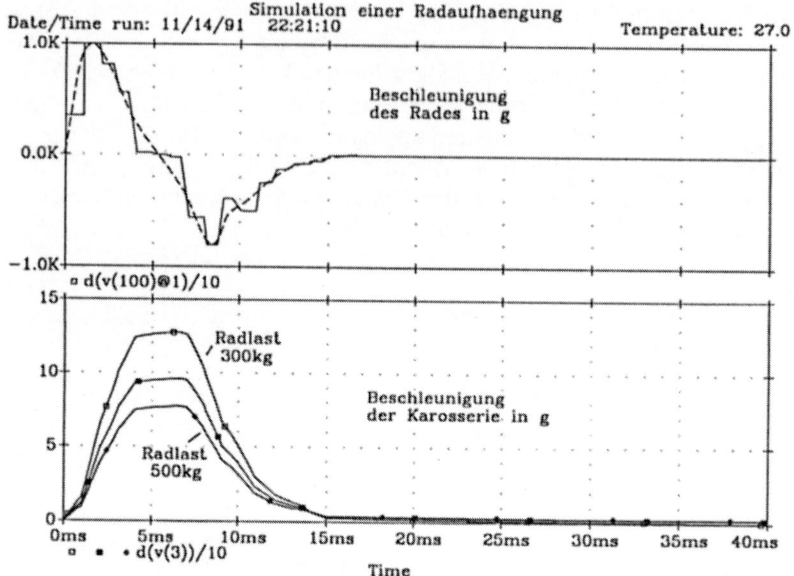

Bild 8.7 Beschleunigung von Rad und Fahrzeug

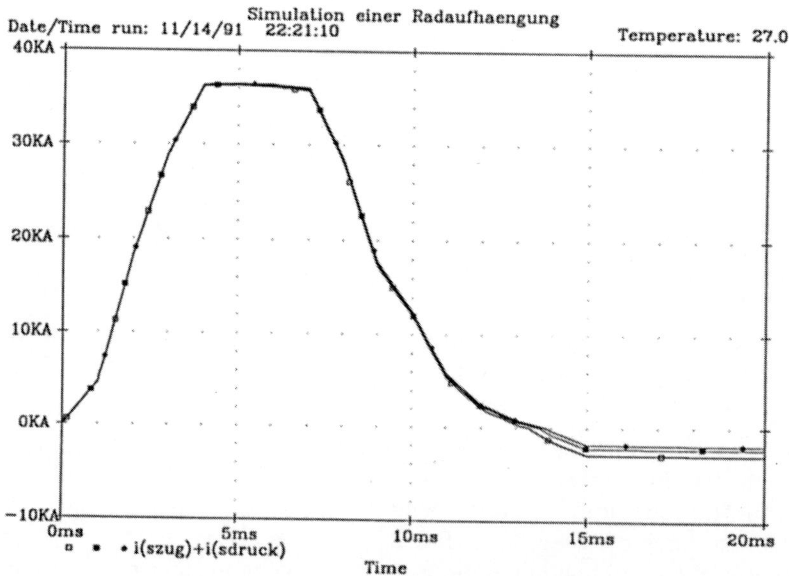

Bild 8.8 Kraft auf den Stoßdämpfer (Kurzzeit)

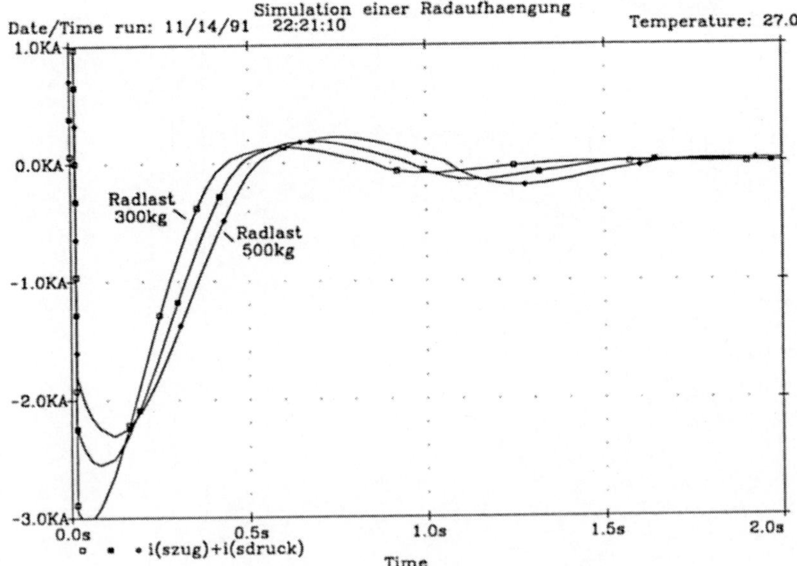

Bild 8.9 Kraft auf den Stoßdämpfer (Langzeit)

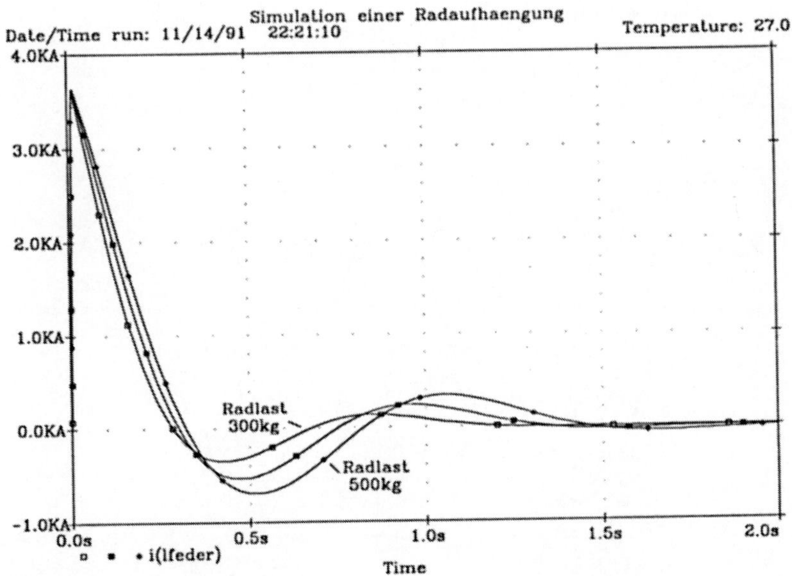

Bild 8.10 Kraft auf die Feder

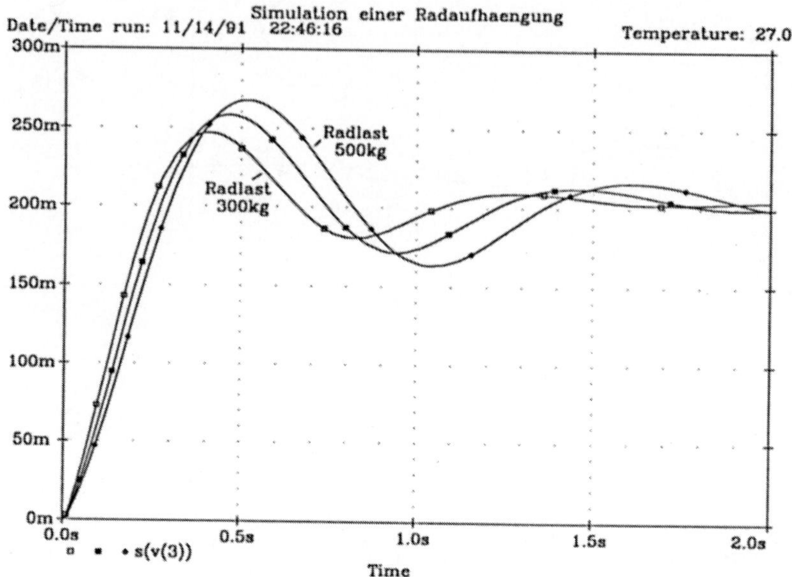

Bild 8.11 Fahrzeugbewegung bei schlechteren Stoßdämpfern

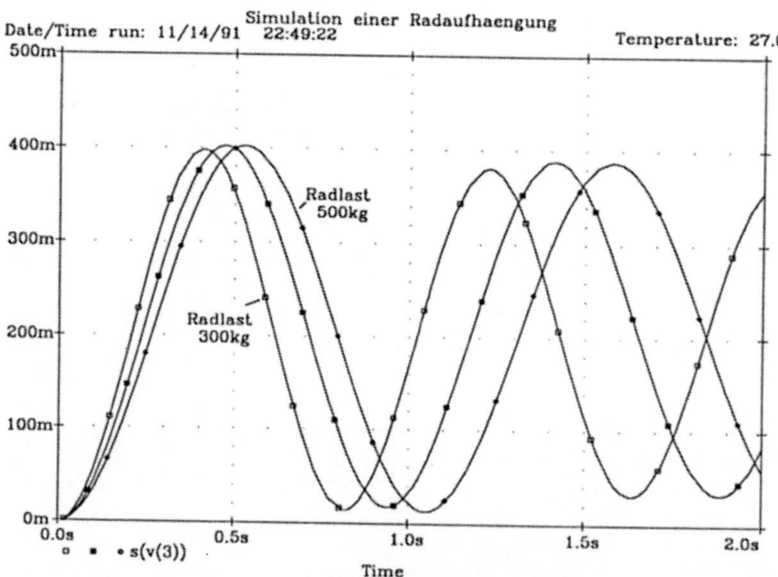

Bild 8.12 Fahrzeugbewegung bei defekten Stoßdämpfern

Bild 8.11 und Bild 8.12 zeigen, wie sich die Qualität der Stoßdämpfer auf die Fahrzeugbewegung auswirkt. In Bild 8.11 wurde der untere Grenzwert aus dem Datenblatt des Fahrzeugs gewählt. Eine deutlich höhere Karosserieauslenkung ist die Folge. Ganz schlimm wird es, wenn die Stoßdämpfer defekt sind und keine Wirkung mehr zeigen, so wie das in Bild 8.12 dargestellt ist.

8.2 Elektroakustik

In der Elektroakustik kann man ähnlich vorgehen wie bei den Problemen der Mechanik, da sich alle Elemente leicht auf mechanische Elemente zurückführen lassen. Die akustischen Basiselemente sind die akustische Steifigkeit (Federwirkung eines Luftpolsters), die akustische Masse (Luftmasse, die hin und her bewegt wird) und der akustische Widerstand (Schalltransport in dämpfendem Material). Die Umrechnung zwischen der akustischen und der mechanischen Impedanz erfolgt über das Quadrat der vom Schallfluß durchströmten Fläche:

$$\left(Z_{\text{mechanisch}} = Z_{\text{akustisch}} \cdot S^2\right)$$

8.2.1 Analogie zur Elektrotechnik

Da sich alle akustischen Größen in äquivalente mechanische Größen umrechnen lassen, erübrigt sich eine eigene Analogie. Daher gilt für die Umsetzung der akustischen Größen bzw. ihrem mechanischen Äquivalent in ein elektrisches Netzwerk das gleiche wie im vorgenannten Abschnitt:

$$C = \frac{m}{NI^2}; \quad R = \frac{NI^2}{W}; \quad L = \frac{NI^2}{s}; \quad U = NI \cdot v$$

Für das unten aufgeführte Beispiel einer Baßreflexbox muß noch zusätzlich die Berechnung verschiedener Elemente angegeben werden. Die Impedanz einer schallabstrahlenden kreisförmigen Membran läßt sich in erster Näherung in eine bewegte Luftmasse m_{Luft} und einem Reibwiderstand W_{Luft} umrechnen (im Reibwiderstand wird die Schallleistung abgegeben). Diese sind:

$$M_{\text{Luft}} = \frac{8}{3} \cdot \varrho \cdot a^3$$

$$W_{\text{Luft}} = 4{,}5 \cdot Z_o \cdot a^2$$

mit $\varrho = 1{,}2$ kg/m³ (Dichte der Luft), $Z_0 = 414$ Ns/m³ (Wellenwiderstand der Luft) und dem Membranradius a.

Die Steifigkeit eines eingeschlossenen Luftvolumens ist gegeben durch:

$$s_{\text{Box}} = 1{,}4 \cdot 10^5 \cdot \frac{S^2}{V}$$

wobei S die Fläche der Öffnung ist und V das eingeschlossene Luftvolumen. Die Masse einer bewegten Luftsäule, wie z.B. die in der Ausgleichsöffnung einer Baßreflexbox, ist gegeben durch:

$$m_{\text{Tunnel}} = \varrho \cdot \pi \cdot r^2 (l + 2r)$$

wobei r der Radius der Öffnung und l die Länge des Tunnels ist.

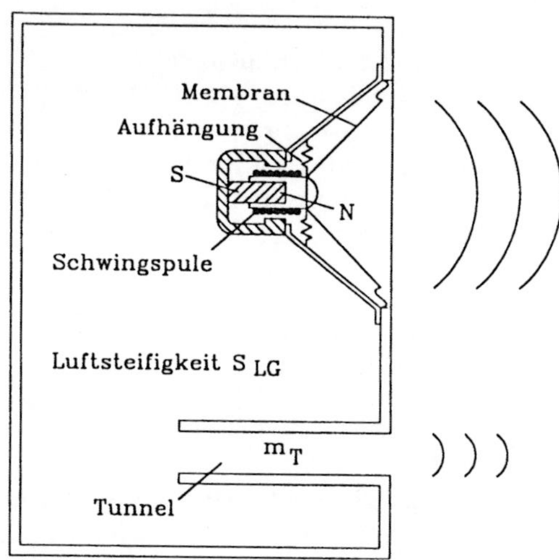

Bild 8.13
Schnittbild einer Baßreflexbox

8.2.2 Ausführungsbeispiel (Baßreflexbox)

In Bild 8.13 ist ein Schnittbild durch eine Baßreflexbox gezeigt. Eine Baßreflexbox nutzt die Impedanztransformation durch einen Helmholtz-Resonator (gebildet aus der Luftsteife s_{LG} und der Luftmasse m_T in Bild 8.13) aus, um den unteren Frequenzbereich gegenüber einem geschlossenen System zu erweitern. Die Abstimmung dieses Helmholtzresonators ist kritisch und beeinflußt sehr das spätere Übertragungsverhalten der Box. Es liegt daher nahe, eine Grobabstimmung des Resonators über eine Simulation vorzunehmen, um einen Überblick über die nötigen Baumaßnahmen (Volumen der Box, Durchmesser und Länge der Reflexöffnung) zu erhalten. Das elektrische Ersatzschaltbild einer solchen Box ist in Bild 8.14 gezeigt.

Die Impedanz der Schwingspule wird durch die Reihenschaltung der Elemente R_S und L_S repräsentiert. Die Elemente der Lautsprechermembran bilden einen Schwingkreis. An diesen Schwingkreis ist zum einen die Strahlungsimpedanz der schallabstrahlenden Öffnung, repräsentiert durch die Elemente C_{Luft1} und R_{Luft1}, als auch der Helmholtzresonator angekoppelt, repräsentiert durch die Elemente L_{Box} (der Volumensteifigkeit) und C_{Tunnel} (der Tunnelmasse). Der Helmholtzresonator arbeitet auf die Ausgleichsöffnung, der wiederum eine Strahlungsimpedanz zugeordnet werden kann (Elemente C_{Luft2} und R_{Luft2}).

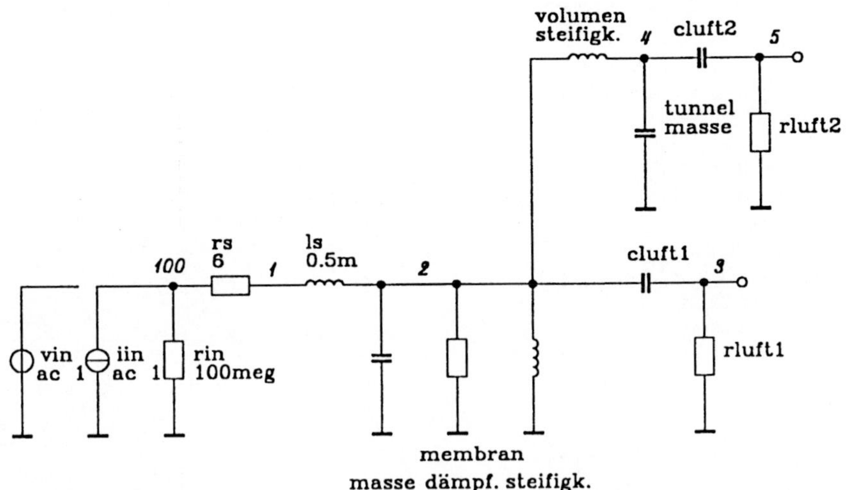

Bild 8.14 Elektrisches Ersatzschaltbild einer Baßreflexbox

Es soll eine Lautsprecherbox mit folgenden Daten simuliert werden:

Wandlerkonstante:	NI	=	10 N/A
Membransteifigkeit:	s_M	=	7000 N/m
Membranmasse:	m_M	=	0,04 kg
Membranreibwiderstand:	W_M	=	3 Ns/m
Membranradius:	a	=	0,12 m
Volumen der Box:	V_{Box}	=	0,054 m^3
Länge der Ausgleichsöffnung:	l_{Tunnel}	=	0,08 m
Radius der Ausgleichsöffnung:	r_{Tunnel}	=	0,08 m
Schwingspulenwiderstand:	R_S	=	6 Ω
Schwingspuleninduktivität:	L_S	=	0,5 mH

Die Umsetzung dieser Daten in eine „Circuit"-Datei entsprechend der vorangegangenen Überlegungen zeigt das Bild 8.15. Die mechanischen Größen werden wieder als Parameterwert eingegeben und die dazugehörigen elektrischen Bauteilwerte bei der Beschreibung der Bauteile berechnet. Untersucht werden soll der Impedanzverlauf bei Variation von Länge der Ausgleichsöffnung (`tlaenge`) und Größe der Ausgleichsöffnung (`tradius`). Außerdem soll die abgegebene Wirkleistung ermittelt werden. Zur Aufnahme der Impedanzkurven wird eine Stromquelle (`iin`) benötigt. Durch schrittweises Durchfahren der jeweiligen Größen kann dann eine optimale Ausgleichsöffnung gefunden werden. Zur Ermittlung der Wirkleistung ist als Quelle dann eine Spannungsquelle nötig, so wie das auch üblicherweise geschieht.

```
Simulation einer Bassreflexbox
*
* Parameter
*
.param NI=10
.param msteife=7000
.param mmasse=0.040
.param mdaempfung=3
.param mradius=0.12
.param volumen=0.054
.param tlaenge=0.08
.param tradius=0.08
*
* Schaltungsbeschreibung
*
rs       100 1 6
ls         1 2 0.5m
cmmasse    2 0 {mmasse/NI/NI}
rmdampf    2 0 {NI*NI/mdaempfung}
lmsteife   2 0 {NI*NI/msteife}
cluft1     2 3 {3.2*pwr(mradius,3)/NI/NI}
rluft1     3 0 {NI*NI/1863/pwr(mradius,2)}
lbox       2 4 {NI*NI/1.38e6/pwr(tradius,4)*volumen}
ctunnel    4 0 {3.77*pwr(tradius,2)*(tlaenge+2*tradius)/NI/NI}
cluft2     4 5 {3.2*pwr(tradius,3)/NI/NI}
rluft2     5 0 {NI*NI/1863/pwr(tradius,2)}
*
* Quelle
*
*vin 100 0 ac 1
iin  100 0 ac 1
rin  100 0 100meg
*
* Analysen
*
.step param tradius list 0.07 0.08 0.09 0.1
*.step param tlaenge list 0.04 0.08 0.16 0.32
.ac dec 100 10 10k
.probe
.end
```

Bild 8.15 „Circuit“-Datei der Baßreflexbox

Variiert man die Größe der Ausgleichsöffnung, so hat das die in Bild 8.16 gezeigten Auswirkungen. Die Wirkung auf die Änderung der Länge der Ausgleichsöffnung ist in Bild 8.17 dargestellt. Durch die Vorgabe des Eingangsstromes von I_{in} = 1 A entspricht die in Bild 8.16 und 8.17 dargestellte Spannung direkt dem Impedanzwert in Ohm. Eine optimale Einstellung ist dann erreicht, wenn die beiden Resonanzüberhöhungen denselben Maximalwert haben (`tradius` = 0,08; `tlaenge` = 0,08).

Die abgestrahlte Wirkleistung ergibt sich aus der Summe der Leistungen in den Widerständen `rluft1` und `rluft2`. Die jeweilige Leistung errechnet sich aus der Spannung über den Widerstand (`V(3)` bzw. `V(5)`) multipliziert mit dem Strom durch den Widerstand (`I(rluft1)` bzw. `I(rluft2)`). Der in Bild 8.18 gezeigte Verlauf der abgegebenen Wirkleistung bezieht sich auf eine Eingangsspannung von `Vin` = 1 V. Man sieht, daß im Resonanzbereich des Helmholtzresonators die abgegebene Schalleistung ausschließlich von der Ausgleichsöffnung kommt.

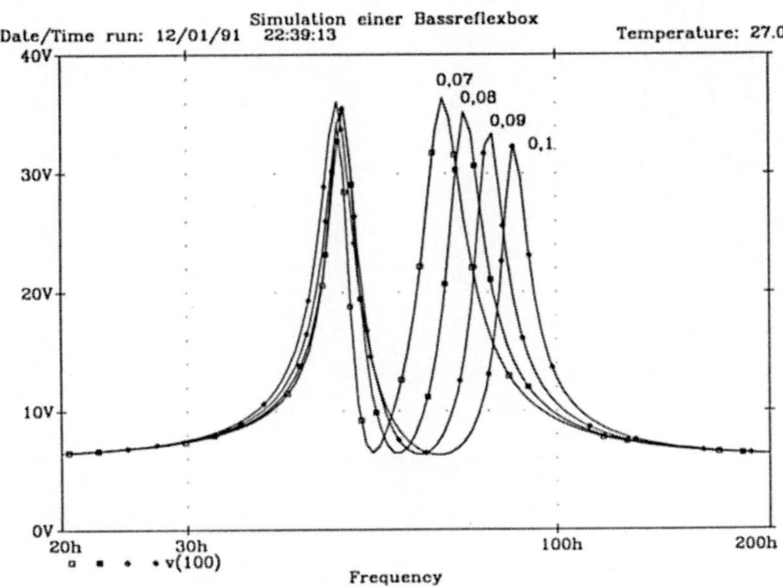

Bild 8.16 Impedanzverlauf bei Variation des Tunnelradius

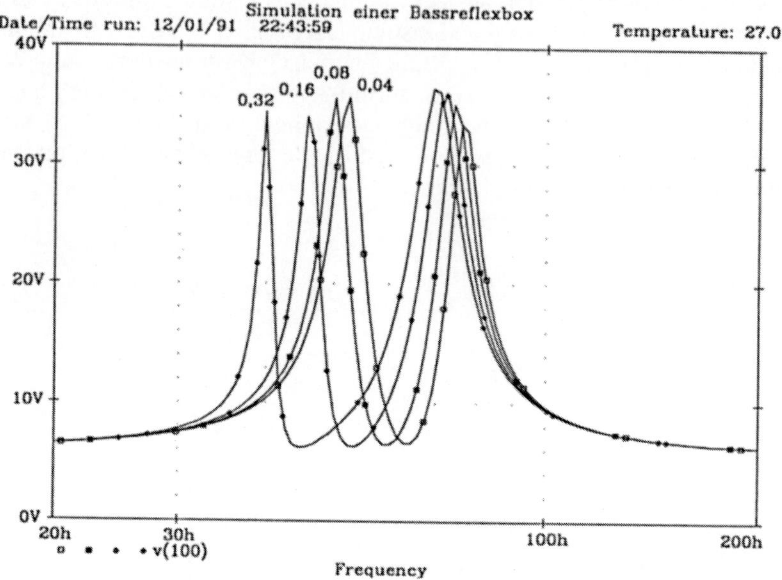

Bild 8.17 Impedanzverlauf bei Variation der Tunnellänge

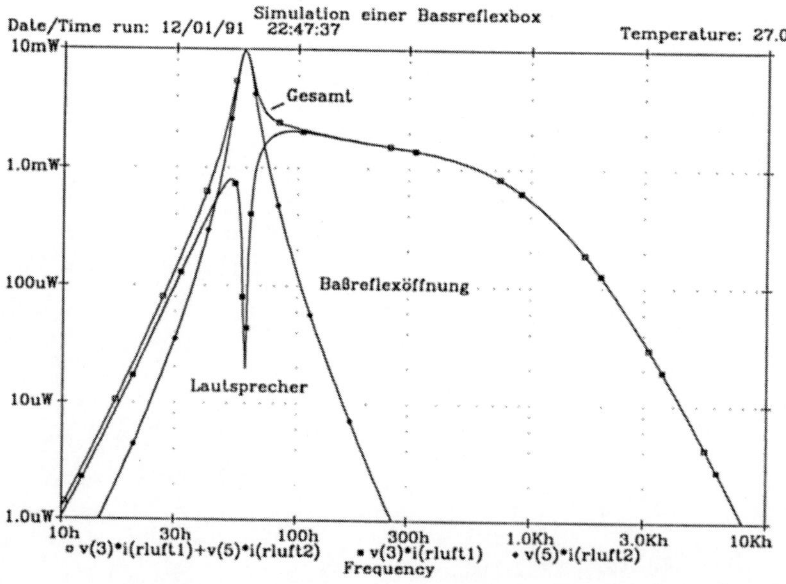

Bild 8.18 Abgestrahlte Wirkleistung der Baßreflexbox

9 Nachbildung von Bauelementen, die in SPICE direkt nicht vorkommen

9.1 Idealer OP

In der Elektrotechnik ist der Operationsverstärker ein häufig benutztes Bauelement. Aufgrund seiner internen Komplexität ist er kein Grundelement von SPICE, so daß man sich ihn selbst erzeugen muß. Je nach Anwendung genügt jedoch schon ein ganz simples Modell. So kann z.B. ein idealer OP durch eine spannungsgesteuerte Spannungsquelle ersetzt werden, wie das folgenden Beispiel zeigt.

```
EOAMP1  1  0  101  102  100k
```

EOAMP1 ist ein idealer Spannungsverstärker mit einer Verstärkung von 100000. Der invertierende Eingang ist Knoten 102, der nichtinvertierende Eingang Knoten 101. Benötigt man ein einfaches Modell zur Modellierung des üblichen Frequenzverhaltens eines intern kompensierten Operationsverstärkers, so kann man die Schaltung nach Bild 9.1 benutzen. Sie enthält zusätzlich eine spannungsgesteuerte Spannungsquelle, die ein RC-Glied treibt. Mit dem RC-Glied wird der übliche dominante Pol der internen Kompensation nachgebildet.

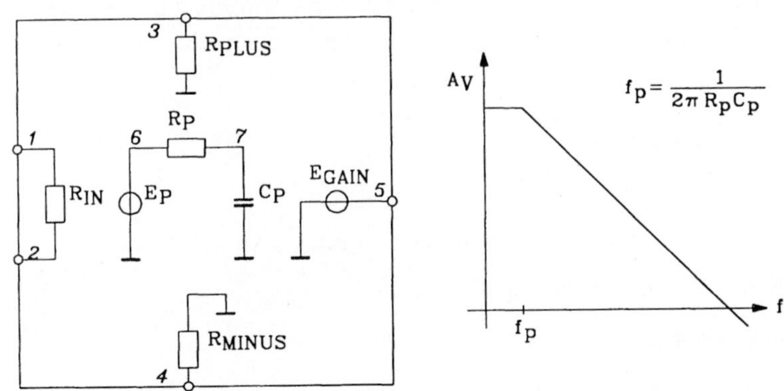

Bild 9.1 Einfaches Modell eines Operationsverstärkers mit frequenzabhängiger Verstärkung

Die Schaltung läßt sich am einfachsten als Teilschaltung realisieren.

```
.SUBCKT  OPAMP2  1  2  3  4  5
RIN      1  2  1G
EP       6  0  1  2  1
RP       6  7  1
CP       7  0  0.016
```

```
EGAIN  5  0  7  0  100000
RPLUS  3  0  1G
RMINUS 4  0  1G
.ENDS
```

Die Teilschaltung orientiert sich an dem Anschlußschema des Macromodells für den Operationsverstärker μA741 nach Bild 2.8.

Dieser ideale OP ist natürlich nicht in der Lage, Strom- und Spannungsbegrenzungen am Ausgang, Nichtlinearitäten und eine endliche *Slew rate* zu simulieren. Legt man an den Eingang des oben beschriebenen invertierenden Verstärkers eine Spannung von 10 V an, wird die Ausgangsspannung –100 V betragen, obwohl dies z.B. aufgrund vorhandener Versorgungsspannungen nicht möglich sein kann. Es ist daher unumgänglich, Simulationsergebnisse richtig zu interpretieren.

9.2 Makromodelle

Reicht der ideale OP zur Simulation nicht mehr aus, kann eine äquivalente Schaltung in Form eines Makromodells eingesetzt werden. Dieses Makromodell ist aus verschiedenen Bauteilen derart aufgebaut, daß es zwar nicht dem Innenleben des Originals entspricht, aber das gleiche Verhalten am Ein- und Ausgang besitzt. In der Regel definiert man ein Makromodell als Subcircuit, um es mehrmals in einer übergeordneten Schaltung einbinden zu können. In Kapitel 2.1.4 wurde das Makromodell des μA741 behandelt. Bild 9.2 zeigt das vereinfachte Schaltbild des Operationsverstärkermakromodells. Es besitzt nicht die ganze Komplexität wie das Modell des μA741, doch es berücksichtigt ebenso die folgenden Effekte:

- Eingangsimpedanz und Eingangsströme
- Differenz- und Gleichtaktverstärkung
- Leerlaufverstärkung und Phasenlage bezüglich der Frequenz
- endliche Ausgangs-*Slew rate* und Ausgangswiderstand
- Begrenzung der Ausgangsspannung und des Ausgangsstromes
- aufgenommene Verlustleistung

In der Regel ist das Makromodell nach Bild 9.2 für die meisten Simulationen ausreichend. Die Vorteile gegenüber einer kompletten Schaltkreisbeschreibung sind die kürzeren Simulationszeiten und die Möglichkeit, das gleiche Makromodell für mehrere verschiedene OPs einsetzen zu können. Den letzten Punkt macht sich das Programm PARTS zunutze (nur Vollversion).

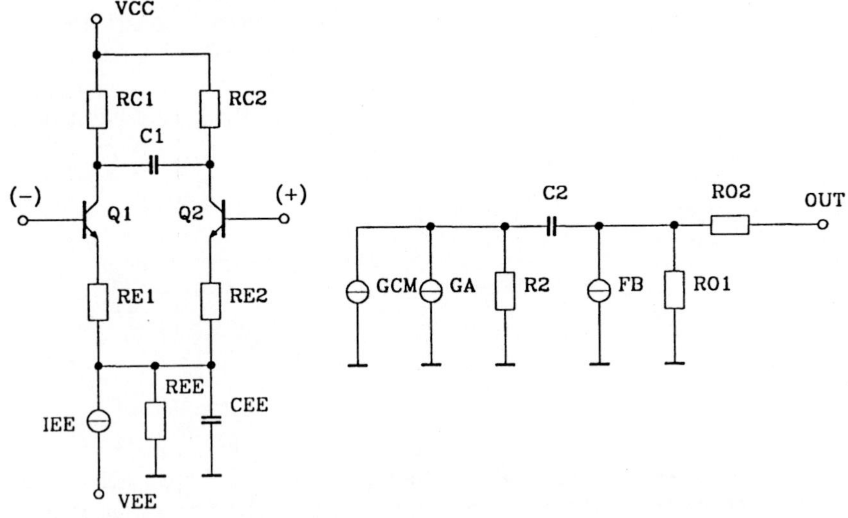

Bild 9.2 Prinzipschaltbild der Makromodelle für Operationsverstärker

9.3 Spannungsabhängige Bauelemente

Häufig benötigt man zur Simulation einer Schaltung variable Widerstände, Kondensatoren oder Induktivitäten. Beim Entwurf einer nichtidealen Spannungsquelle kann z.B. mit Hilfe eines variablen Widerstandes die Lastabhängigkeit der Ausgangsspannung untersucht werden. Es ist daher hilfreich, sich eine Teilschaltung derart zu generieren, daß die Größen dieser Bauelemente über eine externe Spannungsquelle steuerbar sind.

9.3.1 Spannungsgesteuerte Impedanz

Bild 9.3 zeigt die Schaltung einer spannungsgesteuerten Impedanz.

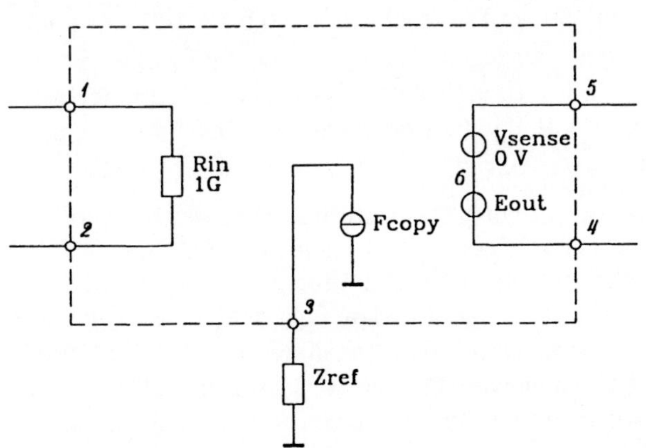

Bild 9.3
Schaltbild einer spannungsgesteuerten Impedanz

Sie besteht aus einem Eingangskreis (Knoten 1 und 2), einem Referenzkreis (Knoten 3) und einem Ausgangskreis (Knoten 4 und 5). Die resultierende variable Impedanz wird durch den Ausgangskreis erzeugt. Seine Größe ergibt sich aus einer externen Referenzimpedanz Z_{ref} am Knoten 3 und der Eingangsspannung U_{in}. Die zu Bild 9.3 gehörige „Circuit"-Datei zeigt Bild 9.4.

```
.subckt zx 1 2 3 4 5
eout    4 6 poly(2) (1,2) (3,0) 0 0 0 0 1
fcopy   0 3 vsense 1
vin     1 2 1g
vsense  6 5 0
.ends
```

Bild 9.4 „Circuit"-Datei der spannungsgesteuerten Impedanz

Die Funktionsweise erklärt sich wie folgt: Die Spannung am Knoten 3 setzt sich aus der Impedanz Z_{ref} und dem Strom aus der stromgesteuerten Stromquelle `fcopy` zusammen, die vom Ausgangsstrom kontrolliert wird.

$$\mathtt{v(3,0)} = Z_{ref} \cdot I_{out} \tag{9.1}$$

Diese Spannung `v(3,0)` wird mit der Eingangsspannung V_{in} mit Hilfe der spannungsgesteuerten Spannungsquelle „`eout`" multipliziert. Eine Multiplikation erreicht man dabei durch eine Polynomdarstellung der Übertragungsfunktion von `eout` mit passend gewählten Koeffizienten. Näheres hierzu ist in Kapitel 4.4.2 beschrieben. Man erhält:

$$E_{out} = V_{in} \cdot Z_{ref} \cdot I_{out} \tag{9.2}$$

Die Ausgangsimpedanz zwischen den Knoten 4 und 5 ist definiert als:

$$Z_{out} = \frac{E_{out}}{I_{out}} \tag{9.3}$$

Angewandt auf Gl.(9.2):

$$Z_{out} = V_{in} \cdot Z_{ref} \tag{9.4}$$

Um z.B. einen variablen Widerstand mit einem Wertebereich von 0 bis 1 kΩ zu simulieren, ist ein 1 kΩ-Widerstand an Knoten 3 zu legen und eine Spannungsquelle, die mit Knoten 1 und 2 verbunden ist, von 0 bis 1 V zu verändern. Es ist selbstverständlich auch möglich, einen 100 Ω Widerstand und eine Spannungsquelle von 0 bis 10 V einzusetzen. Das Ergebnis bleibt das gleiche.

Die Aufgabe von `rin` und `vsense` der „Circuit"-Datei in Bild 9.4 sei nachfolgend beschrieben. Nach Kapitel 2.1 muß von jedem Knoten ein Gleichstrompfad zum Bezugsknoten 0 führen. Eine Spannungsquelle an Knoten 1 und 2 ohne `rin` würde diese Regel verletzen, und eine Simulation wäre nicht möglich. Man fügt daher zusätzlich den Widerstand hinzu, um dies zu verhindern. Durch den hohen Wert von 1 GΩ ist die Belastung der Spannungsquelle, die nicht notwendigerweise ideal sein muß, vernachlässigbar. Die Spannungsquelle `vsense` mit einem Wert von 0 V ist auf den ersten

Blick etwas sonderbar, da sie für die Funktionsweise zwecklos erscheint. Die stromgesteuerte Stromquelle benötigt jedoch eine unabhängige Spannungsquelle, deren Strom zur Steuerung herangezogen wird. `vsense` erfüllt diese Anforderung, da der durch sie fließende Strom bestimmt werden kann, aber durch den Spannungswert von 0 V keinen Einfluß auf die Funktionsweise der Schaltung ausübt.

9.3.2 Spannungsgesteuerte Admittanz

Ähnlich wie die spannungsgesteuerte Impedanz arbeitet die spannungsgesteuerte Admittanz. Sie ist in Bild 9.5 dargestellt. Bild 9.6 zeigt die dazugehörige „Circuit"-Datei.

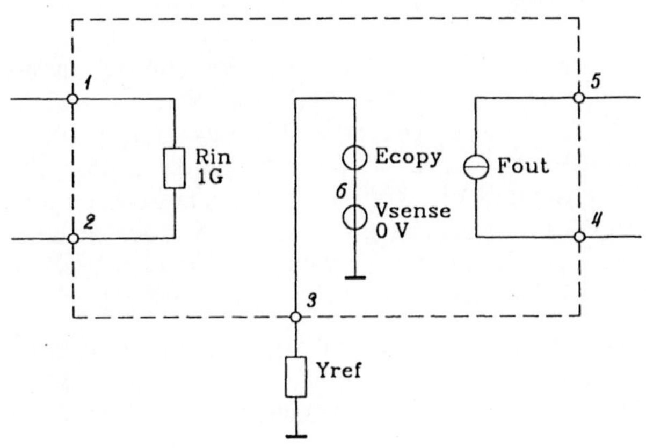

Bild 9.5 Schaltbild einer spannungsgesteuerten Admittanz

```
.subckt yx 1 2 3 4 5
ecopy   3 6 poly(2) (1,2) (4,5) 0 0 0 0 1
fout    4 5 vsense 1
vin     1 2 1g
vsense  0 6 0
.ends
```

Bild 9.6 „Circuit"-Datei einer spannungsgesteuerten Admittanz

Die Spannung an Knoten 3 ist identisch mit `ecopy`, da `vsense` = 0 V. `ecopy` wiederum multipliziert die Eingangsspannung V_{in} mit der Ausgangsspannung V_{out}.

$$\texttt{ecopy} = V_{in} \cdot V_{out} \tag{9.5}$$

Für den Strom durch y_{ref} gilt:

$$y_{ref} = \frac{I_{out}}{\texttt{ecopy}} \tag{9.6}$$

Stellt man Gl. (9.6) nach `ecopy` um und setzt das Ergebnis mit Gl. (9.5) gleich, erhält man:

$$y_{out} = \frac{I_{out}}{V_{out}} = V_{in} \cdot y_{ref} \tag{9.7}$$

Auch hier wird wiederum eine Referenzadmittanz und eine Spannungsquelle benötigt. Die Bauelemente `rin` und `vsense` haben dieselbe Aufgabe wie bei der spannungsgesteuerten Impedanz.

9.4 „Analog Behavioral Modeling“

Mit der Option „Analog Behavioral Modeling“ steht dem Anwender ein vielseitiges Werkzeug zur Verfügung, mit dem er sich auf einfache und schnelle Weise neue elektronische Komponenten generieren kann. Diese können sowohl linear als auch nichtlinear sein. Die Übertragungsfunktion der nichtlinearen Komponenten beschreibt den direkten Zusammenhang zwischen Eingang und Ausgang im Zeitbereich. So kann z.B. das Ausgangssignal die Quadratwurzel des Eingangssignals darstellen. Bei den linearen Komponenten beschreibt die Übertragungsfunktion das Verhalten im Frequenzbereich. In beiden Fällen kann sie sowohl als Formel als auch als Tabelle definiert werden.

Die Option „Analog Behavioral Modeling“ ist als Erweiterung der beiden gesteuerten Quellen `E` und `G` implementiert. Grundsätzlich ist es zwar erlaubt, die Steuerfunktion der gesteuerten Quellen mittels Polynomdarstellung zu charakterisieren, doch diese Möglichkeit besitzt drei Einschränkungen:

- Viele Übertragungsfunktionen können durch ein Polynom nicht korrekt beschrieben werden.
- Die Syntax zur Spezifikation der Polynome ist recht schwierig zu handhaben.
- Es gibt keinen Weg, ein frequenzabhängiges Verhalten zu definieren.

Durch die Option „Analog Behavioral Modeling“ werden diese Einschränkungen beseitigt.

Zur Modellierung nichtlinearer Komponenten sind folgende Anweisungen vorgesehen:

Funktionen

Funktionen werden mit dem Schlüsselwort `{VALUE}` definiert:

```
E<name> <+node> <-node> VALUE = {<expression>}
G<name> <+node> <-node> VALUE = {<expression>}
```

Die erste Form liefert eine Spannung, die zweite einen Strom. Der Funktionsausdruck `<expression>` nach `VALUE` darf Spannungen, Ströme und die Zeit (`TIME`) enthalten. Es wird somit nicht mehr zwischen spannungs- und stromgesteuerten Quellen unterschieden. Spannungen sind als Spannung an einem Knoten oder zwischen zwei Knoten anzugeben. Ströme müssen als Strom durch eine Spannungsquelle beschrieben werden. Hierfür eignen sich Quellen mit einem Spannungswert von 0 V. Weiterhin sind Konstanten und Parameter erlaubt. Zur Beschreibung der Übertragungsfunktion sind die in Kapitel 2.1.1 angegebenen Funktionen erlaubt. Sie muß in eine Zeile passen. Ist dies nicht möglich, ist die Benutzung von selbstdefinierten Funktionen (über `.FUNCTION`) erlaubt.

Beispiel:

```
ESQROOT 5 0 VALUE = {5V*SQRT(V(3,2))}
```

Die Spannungsquelle `ESQROOT` erzeugt eine Spannung, die der Wurzel aus der Spannung zwischen Knoten 3 und 2 multipliziert mit 5 V entspricht.

```
EAM 11 0 VALUE = {4V*(1+V(5,1))*COS(2*3.14159*5kHz*TIME)}
```

Die Spannungsquelle `EAM` ist eine amplitudenmodulierte Sinusquelle mit einer Trägeramplitude von 4 V und einer Trägerfrequenz von 5 kHz.

Look-up-Tabelle

Look-up-Tabellen besitzen das Schlüsselwort `TABLE`.

```
E<name> <+node> <-node> TABLE {<expression>} =
  +  <<input value>,<output value>>
G<name> <+node> <-node> TABLE {<expression>} =
  +  <<input value>,<output value>>
```

Die Übertragungsfunktion wird durch diskrete paarweise Punkte dargestellt. Der erste Wert entspricht der Eingangs-, der zweite der Ausgangsgröße. Die Punkte können z.B. aus einer Messung stammen, um so ein unbekanntes Bauteil mit Hilfe des „Analog Behavioral Modeling" in PSPICE zu implementieren. Zwischen den Werten findet eine lineare Interpolation statt. Liegt der Wert von `<expression>` außerhalb der in der Tabelle vorkommenden Eingangswerte, geht der Ausgang auf den Wert, der dem kleinsten bzw. größten Eingangswert entspricht. Die Syntax von `<expression>` muß die gleichen Regeln befolgen, die auch beim Schlüsselwort `VALUE` gelten.

Beispiel:

```
EOP 5 0 TABLE {V(in+,in-)} = (-0.1m,-10) (0.1m,10)
```

EOP ist ein idealer OP mit einer Verstärkung von 100000. Die Ausgangsspannung wird für Eingangsspannungen |`V(in+,in-)`| > 0.1 mV auf ± 10 V begrenzt.

Die Modellierung linearer Komponenten erfordert folgende Anweisungen:

Laplace-Transformation

Das Schlüsselwort `LAPLACE` leitet die Definition einer Laplace-Beschreibung ein.

```
E<name> <+node> <-node> LAPLACE {<expression>} = {<transform>}
G<name> <+node> <-node> LAPLACE {<expression>} = {<transform>}
```

Der Ausdruck <expression> muß nach der gleichen Art und Weise wie bei den ersten beiden Schlüsselwörtern dargestellt werden. Für <transform> gelten die Regeln analog. Hier dürfen jedoch keine Spannungen, Ströme und die Zeit (TIME) eingesetzt werden. Stattdessen ist für die abhängige Variable der Buchstabe s zu wählen.

Der Ausgang des Bauelements hängt von der Analyseart ab. Für .DC und .OP ist der Ausgang gleich dem Produkt aus der Laplace-Transformierten <transform> bei der Frequenz s = 0 und dem Wert der Eingangsgröße <expression>. Bei einer .AC-Analyse wird <expression> um dem Arbeitspunkt linearisiert. Der Ausgangswert ergibt sich dann als Produkt aus der Eingangsgröße, der Verstärkung der Funktion <expression> und dem Wert des Ausdrucks <transform> bei der momentanen Frequenz. Für eine Transient-Analyse muß das Geschehen vor der momentanen Zeit berücksichtigt werden. Es findet eine Faltung zwischen den vergangenen Werten von <expression> und der Impulsantwort von <transform> statt.

Beispiel:

```
ERC 5 0 LAPLACE {V(10)} = {1/(1+.001*s)}
```

Die Laplace-Transformierte beschreibt einen RC-Tiefpaß mit einer Zeitkonstante von 1 ms.

Frequenzgangtabelle

Eine weitere mögliche Variante zur Beschreibung linearer Komponenten ist die Darstellung über eine Frequenzgangtabelle.

```
E<name> <+node> <-node> FREQ {<expression>} =
+       <<frequency value>,<magnitude value>, <phase value>>

G<name> <+node> <-node> FREQ {<expression>} =
+       <<frequency value>,<magnitude value>, <phase value>>
```

Der Eingangswert wird durch <expression> berechnet. Aus dieser Größe ergibt sich der Ausgangswert über die Tabelle. Die Tabelle enthält die Amplitude in dB und die Phase in Grad. Dabei wird die Phase zwischen den einzelnen Punkten linear und die Amplitude logarithmisch interpoliert. Liegt der Eingangswert außerhalb der in der Tabelle angegebenen Werte, entspricht der Ausgang dem Wert, der dem kleinsten bzw. größten Eingangswert zugeordnet ist. Die Tabelle muß so aufgebaut sein, daß die Frequenzen zunehmend steigen. Der Ausgangswert hängt auch hier wie bei der Laplace-Transformation von der Analyseart ab. Es gilt sinngemäß das gleiche wie oben.

Beispiel:

```
ELOWPASS 5 0 FREQ {V(10)} =
+  (0,0,0)
+  (5kHz,0,-5760)
+  (6kHz,-60,-6912)
```

Das Eingangssignal ist die Spannung am Knoten 10. Die Ausgangsspannung erscheint über den Knoten 5 und 0. Die Tabelle beschreibt einen Tiefpaßfilter mit einem Übertragungsmaß von 1 (0 dB) für Frequenzen unterhalb von 5 kHz und einem Übertragungsmaß von 0.001 (-60 dB) für Frequenzen oberhalb von 6 kHz. Die Phase ist linear mit der Frequenz, um eine konstante Gruppenlaufzeit zu erreichen. Dadurch wird das System kausal, d.h. am Ausgang ist kein Signal vor der Zeit 0 vorhanden.

Tschebyscheffilter

Mit dem Schlüsselwort `CHEBYSHEV` ist es möglich, ein Tschebyscheffilter zu modellieren.

```
E<name> <+node> <-node> CHEBYSHEV {<expression>} =
+ <[LP] [HP] [BP] [BR]>,<cutoff frequencies>, <attentuation>
```

Es können vier verschiedene Filtertypen gewählt werden. `LP` beschreibt einen Tiefpaß, `HP` einen Hochpaß, `BP` einen Bandpaß und `BR` eine Bandsperre. Die ersten zwei Filter benötigen zwei Eckfrequenzen (`<cutoff frequencies>`), die die Kanten des Durchlaß- und des Sperrbereichs beschreiben. Für die anderen Filtertypen sind vier Eckfrequenzen erforderlich. Sie können in beliebiger Reihenfolge definiert werden, müssen jedoch vor den `<attentuation>`-Werten stehen. Letztere beschreiben die maximal zulässige Welligkeit im Durchlaßbereich und die mindestens erforderliche Dämpfung im Sperrbereich in dB. Auch sie können in beliebiger Reihenfolge angegeben werden. Die Syntax von `<expression>` ist analog zu den vier übrigen Schlüsselwörtern.

Beispiel:

```
ELOWPASS  5  0  CHEBYSHEV  {V(10)} = LP 800 1.2k 0.1dB 50dB
```

`ELOWPASS` beschreibt einen Tschebyscheff-Tiefpaßfilter. Der Durchlaßbereich erstreckt sich von 0 Hz bis 800 Hz mit einer maximalen Welligkeit von 0.1 dB. Der Sperrbereich beginnt ab 1.2 kHz. Das Eingangssignal `V(10)` wird in diesem Bereich um mindestens 50 dB abgeschwächt.

9.4.1 Beispiel: Phasenregelschleife (PLL)

Als Beispiel für das „Analog Behavioral Modeling" soll die Simulation einer PLL-Schaltung dienen. Während des Programmlaufs traten die folgenden Probleme auf:

- Durch den sinnvollen großen Frequenzabstand zwischen natürlicher Frequenz der Regelschleife (Bandbreite der Regelschleife) und der VCO-Frequenz ergeben sich sehr lange Simulationszeiten.
- Das „Analog Behavioral Modeling" erlaubt keine Differentiation bzw. Integration, so daß man z.B. bei einem VCO mit zusätzlichen Komponenten arbeiten muß.

Bild 9.7 zeigt die Schaltung der PLL und Bild 9.8 die dazugehörige „Circuit"-Datei.

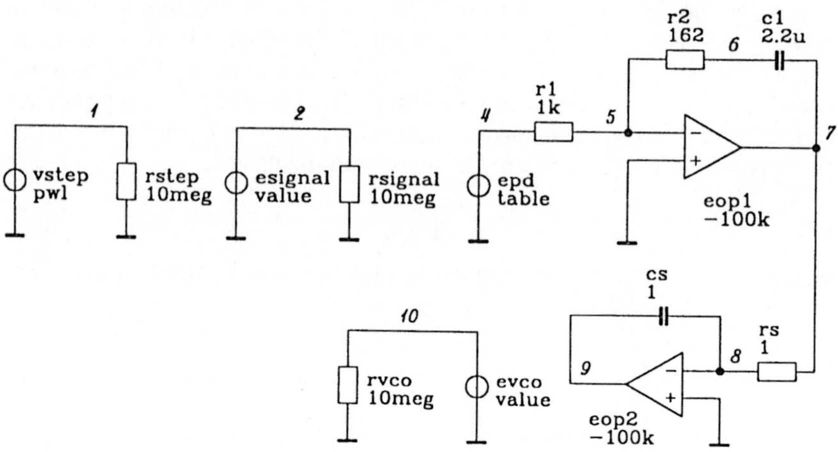

Bild 9.7 Schaltung der PLL

```
Simulation einer PLL-Schleife
*
* Parameter
*
.param kphi=1
.param kvco=70k
.param fvco=10k
.param ksignal=1k
.param fsignal=10k
.param tpi=6.283185307
.param rdampf=162
*
* Schaltungsbeschreibung
*
vstep    1 0 pwl (0 0 1m -2m 3m 2m 4m 0)
rstep    1 0 10meg
esignal 2 0 value {sin(tpi*fsignal*time+v(1)*ksignal*tpi)}
rsignal 2 0 10meg
evco    10 0 value {sin(tpi*fvco*time+v(9)*kvco*tpi)}
rvco    10 0 10meg
epd      4 0 table {kphi*v(2)*v(10)} (-1 -1) (+1 +1)
r1       4 5 1k
r2       5 6 {rdampf}
c1       6 7 2.2u
eop1     7 0 5 0 -100k
rs       7 8 1
cs       8 9 1
eop2     9 0 8 0 -100k
*
* Analysen
*
```

```
.step param rdampf list 80 160
.tran 3u 1.6m 0.4m 3u
.probe
.end
```

Bild 9.8 Schaltungsbeschreibung der PLL

Die Phase bzw. die Frequenz des Eingangssignals `esignal` wird durch die Spannungsquelle `vstep` kontinuierlich verändert. Beide Quellen sind über eine Funktionsbeschreibung miteinander gekoppelt. In Bild 9.9 ist der Verlauf der Spannungsquelle `vstep` und deren Ableitung dargestellt.

Für den Betrieb einer PLL sind ein VCO und ein Regler notwendig. Den VCO stellt die Spannungsquelle `evco` dar. Der Regler besteht aus einem PI-Regler (`eop1`) mit nachgeschaltetem Tiefpaß (`eop2`). Die Ausgangsspannung des Tiefpasses steuert die Frequenz des VCOs. Dazu ist sie ebenfalls über eine Funktionsbeschreibung mit dem VCO gekoppelt. Um die Regelschleife zu schließen, müssen die Ausgangssignale des Eingangs und des VCOs miteinander multipliziert werden. Dies ist die Aufgabe der Spannungsquelle `epd`. Ihre Übertragungsfunktion wird über eine Look-up-Tabelle beschrieben. Diese ist so aufgebaut, daß Eingangssignale, die innerhalb der Grenzen –1 und +1 liegen, mit der Verstärkung 1 weiterzuleiten sind. Liegen sie außerhalb, ist der Ausgang auf ±1 beschränkt.

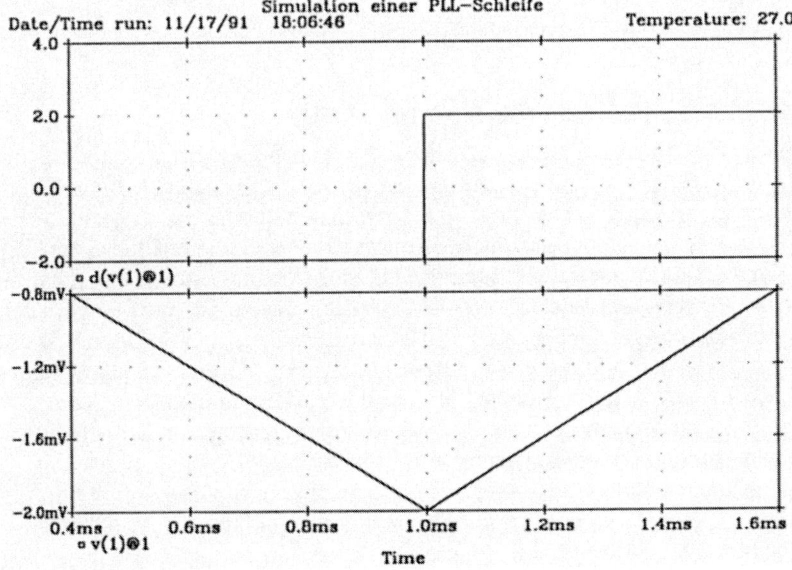

Bild 9.9 Verlauf der Eingangsgröße der PLL

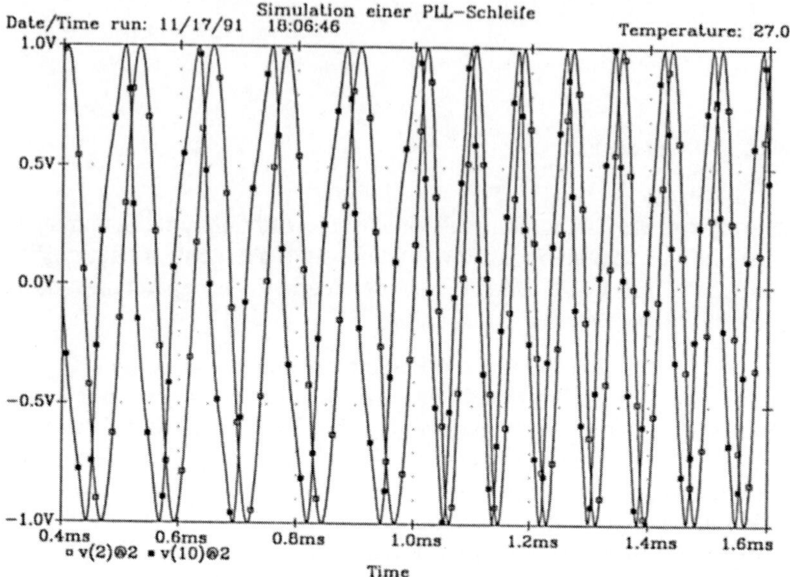

Bild 9.10 Spannungsverlauf an den Eingängen des Phasenvergleichers

Durch den Sprung der Ableitung des Steuersignals `vstep` ändert sich auch die Frequenz des Eingangssignals (Bild 9.10, `v(2)`). Diesen Sprung muß auch die PLL mitmachen. Wie man anhand der Ausgangsspannung des VCOs (`v(10)`) entnehmen kann, ist dies gewährleistet.

Das Einschwingverhalten der PLL ist in Bild 9.11 dargestellt.

Hier wird deutlich, wie die Steuerspannung des VCOs sich bei einem Frequenzsprung ändert (gestrichelte Linien). Es ist die Sprungantwort für zwei unterschiedliche Werte des für die Dämpfung im Regelkreis verantwortlichen Widerstandes `r2` dargestellt. Ein geringerer Widerstand `r2` hat eine geringere Dämpfung und damit ein höheres Überschwingen zur Folge (untere gestrichelte Linie). Der Steuerspannung überlagert ist der hochfrequente Anteil des Phasendetektorsignals, das unerwünscht ist, weil es die spektrale Reinheit des VCOs negativ beeinflußt. Üblicherweise liegt dieses Störsignal mit seiner Frequenz so hoch, daß durch das Schleifenfilter (`eop1`, `r1` und `c1`) eine ausreichende Unterdrückung gegeben ist. Man hätte also die zu vergleichenden Frequenzen höher machen sollen (damit verbunden ist aber eine Verringerung der Schrittweite in der Simulation und damit eine Verlängerung der Simulationszeit), oder man hätte das Schleifenfilter langsamer machen müssen (dann wäre auch eine größere Simulationszeit nötig, um eine Sprungantwort zu sehen). Die vorliegende Simulation stellt daher einen Kompromiß zwischen Größe des Störsignals und Größe der Simulationszeit dar.

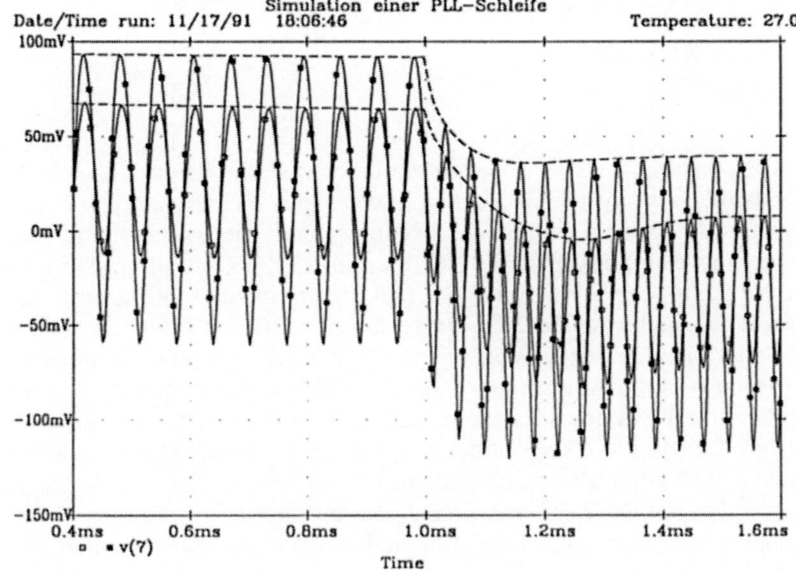

Bild 9.11 Sprungantwort der PLL (Steuerspannung des VCOs)

10 PSPICE unter Windows mit graphischer Schaltplaneingabe

Seit der Version 5.0 von PSPICE liefert Microsim für die graphische Benutzeroberfläche „Windows" ein Schaltplaneingabemodul, genannt „Schematics". Es erlaubt das Zeichnen eines Schaltplanes für die zu simulierende Schaltung, prüft die Schaltung auf Eingabefehler, extrahiert aus dem Schaltplan die Netzliste für PSPICE, startet den Simulator und ruft nach der Simulation PROBE auf. Schematics war anfangs ein eigenständiges Modul, das aus Windows heraus die DOS-Programme PSPICE und PROBE aufrief. Ab der Version 5.1 hat Microsim das „Design Center" eingeführt, in dem neben Schematics spezielle Windows-Applikationen von PSPICE und PROBE eingebunden sind. Die Programme „Parts" und „Stimulus Editor" waren nach wie vor DOS-Applikationen geblieben. Im Design Center sind die eigentlich eigenständigen drei Programme Schematics, PSPICE und PROBE durch einen im Hintergrund weilenden „Design Manager" verbunden. Er koordiniert die Datenflüsse zwischen den einzelnen Programmen. So ist es zum Beispiel möglich, nach erfolgter Simulation in den Schaltplan zu gehen und dort „Marker" an Signalleitungen zu setzen, die man näher analysieren möchte. Direkt darauf läßt sich dann der dazugehörigen Kurvenzug in PROBE betrachten.

Seit der Version 6.0 ist auch der „Stimulus Editor" eine Windows-Applikation, die direkt aus Schematics aufgerufen werden kann.

10.1 Schematics

Eine Arbeitssitzung am Design Center beginnt also mit dem Aufruf von Schematics. Das geschieht wie üblich durch Doppelklicken auf das Symbol (Icon) des Schaltplaneditors innerhalb der Programmgruppe „Design Center #.#" bzw. „Design Center Eval #.#" (#.# steht für die aktuelle Versionsnummer). Auf dem Computerbildschirm sollte dann eine Darstellung erscheinen wie im Bild 10.1.

Die Arbeitsfläche (das Zeichenblatt) hat eine Punktrasterung mit Fangfunktion, die das genaue Plazieren der Bauteile ermöglicht. Am unteren Ende der Arbeitsfläche in der Statuszeile ist links die Position des Mauszeigers (Cursor) angegeben (außerhalb des Fensters links unten ist das Symbol des Design Managers zu sehen, der aktiviert wird, sobald eines der drei obengenannten Programme startet). In der Mitte der Statuszeile wird der Status der aktuellen Aktionen angezeigt. Im rechten Teil der Statusanzeige findet sich eine Angabe über das zuletzt ausgeführte Kommando. Die Titelzeile des Schematic-Fensters zeigt den Programmnamen („Schematics"), den Namen der Datei, die gerade bearbeitet wird und eine Seitennummer („p.1"). Schematic erlaubt in der Vollversion mehrseitige Schaltpläne, und die Seitennummer gibt an, wo man sich gerade befindet. Weiterhin findet sich in der Titelzeile der Name des Bauteils, das zuletzt aufgerufen wurde. Die Menüzeile hat zehn Einträge, die im folgenden näher beschrieben werden.

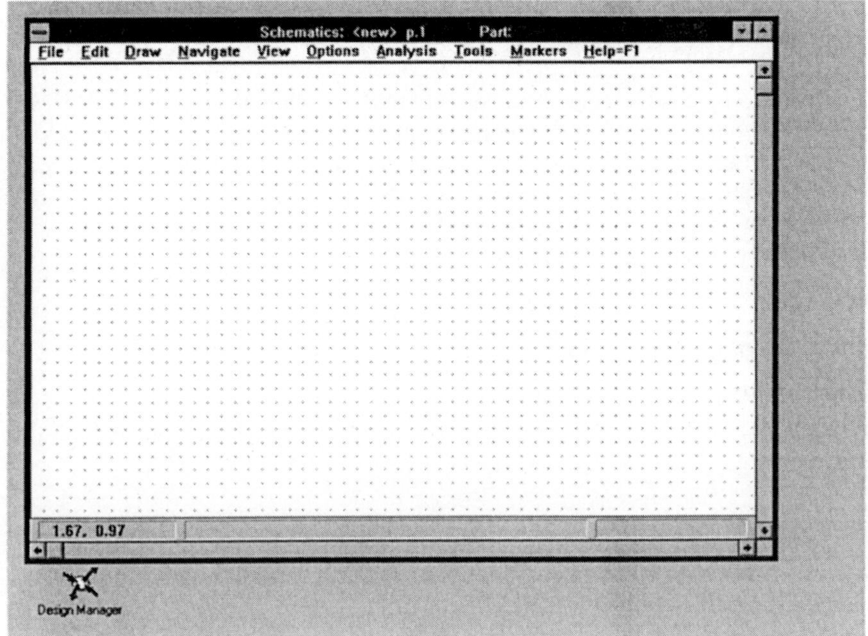

Bild 10.1 Bildschirm nach Aufruf von Schematics

10.1.1 File-Menü

Das File-Menü erlaubt das Öffnen von neuen und existierenden Schaltplänen, das Sichern und das Drucken von Schaltplänen, den Aufruf des Symbol-Editors zur Erzeugung eigener Symbole und das Verlassen des Schematic-Editors. Die Menüpunkte im einzelnen:

New: Löscht die aktuelle Arbeitsfläche und öffnet ein neues Arbeitsblatt.

Open: Öffnet einen existierenden Schaltplan zur Bearbeitung.

Save: Sichert den gerade bearbeiteten Schaltplan in einer Datei.

Save As: Sichert einen neuen Schaltplan, der vorher noch nicht gesichert wurde oder sichert den aktuellen Schaltplan unter einem anderen Namen.

Print: Erlaubt den Ausdruck einer oder mehrerer Seiten des Schaltplanes. Nach dem Anklicken dieses Menüpunktes erscheint eine Dialogbox, die verschiedene Einstellungen ermöglicht. Darunter gehört der Aufruf der Dialogbox zur Auswahl eines Druckers oder Plotters, die Vergrößerung oder die Verkleinerung des Ausdrucks (Zoom), die Auswahl der zu druckenden Seiten und die Orientierung auf dem Papier.

Printer Select: Auswahl des Druckers.

Edit Library: Ruft den Symbol-Editor auf. Mit ihm lassen sich neue Bauteile entwerfen oder schon bestehende Bauteile aus einer Bauteilbibliothek (Part Libraries) editieren.

Symbolize: Erzeugt ein Symbol aus dem aktuellen Schaltplan bzw. aktualisiert ein schon bestehendes Symbol. Wenn das Symbol neu ist, fragt Schematics nach der Bibliotheksdatei, unter der das Symbol abgelegt werden soll. Es lassen sich also mit diesem Befehl Blöcke erzeugen, die später in einem Blockschaltbild zu einem Ganzen zusammengefügt werden können. Damit die Blöcke später verbunden werden können, müssen „interface ports“ in den Schaltplan eingefügt werden.

Current Errors: Zeigt eine Liste der bisher aufgetretenen Fehler.

Exit: Verläßt das Programm Schematics.

Unterhalb des Menüeintrages „Exit“ finden sich die Dateinamen der vier zuletzt editierten Schaltpläne, um einen schnellen Zugriff auf die vorangegangene Arbeit zu ermöglichen.

10.1.2 Edit-Menü

Das Edit-Menü erlaubt das Hinzufügen, Löschen, Wiederherstellen und Modifizieren von Elementen. Folgende Menüpunkte finden sich hier:

Undelete: Stellt das (die) zuletzt gelöschte(n) Element(e) wieder her und löscht den Pufferspeicher.

Cut: Löscht ein selektiertes Element (oder eine Gruppe von selektierten Elementen) auf dem Schaltplan und legt es im Pufferspeicher ab. Nur das zuletzt gelöschte Element verbleibt im Pufferspeicher und kann über „Undelete“ oder „Paste“ zurückgeholt werden.

Copy: Macht eine Kopie des selektierten Elements (der selektierten Elemente) und legt diese im Pufferspeicher ab. Nachdem „Copy“ aktiviert wurde, muß der „Paste“-Befehl angewandt werden, um die Kopie im Schaltplan zu plazieren.

Paste: Plaziert eine oder mehrere Kopien des zuletzt im Pufferspeicher mit „Cut“ oder „Copy“ abgelegten Elements in das Schaltbild. Wenn „Paste“ aktiviert wird, nimmt der Mauszeiger die Form des Elementes an. Wenn der richtige Ort mit dem Mauszeiger erreicht ist, kann das Element durch Klicken der Maustaste im Schaltplan abgelegt werden.

Copy to Clipboard: Der Pufferspeicher, den Schematics benutzt, hat nichts mit der Zwischenablage zu tun, die unter Windows üblich ist. Vielmehr handelt es sich bei den Schematics-Elementen um Objekte, die neben der bildhaften Darstellung noch eine Reihe weiterer Informationen beinhalten, wie Attribute, Anschlüsse etc. Wenn ein Ausschnitt des Schaltplanes z.B. in einem Textprogramm als Pixelbild eingebunden werden soll, dann läßt sich das über diesen Befehl erreichen. Dazu muß mit dem Mauszeiger die zu kopierende Schaltplanfläche markiert werden. Dies geschieht durch Anklicken und Halten der Maustaste an einer Ecke des zu kopierenden Bereiches, Ziehen der Maus und Loslassen der Maustaste an der gegenüberliegenden Ecke des zu kopierenden Bereiches (Drag and Drop). Anschließend kann durch Anklicken des Menüpunktes „Copy to Clipboard“ die markierte Fläche in die Zwischenablage kopiert werden.

Attributes: Ruft eine Dialogbox auf, mit der die Attribute eines Bauteils editiert werden können. Attribute sind Bauelementwerte, Parameterübergabewerte, Bauelementnamen, Modellnamen und Gehäuseangaben. In der Dialogbox werden sämtliche Attribute aufgelistet, von denen einige mit einem „*" versehen sind. Diese markierten Attribute lassen sich über die Dialogbox nicht verändern, sondern müssen über den Symboleditor modifiziert werden. Um ein Attribut aus der Liste ändern zu können, muß es durch Mausklicken selektiert werden. Im Editionsfenster erscheinen dann Name und Wert des Attributes, und der Wert kann nun verändert werden. Der neue Wert wird anschließend entweder durch Drücken der Return-Taste oder durch Mausklicken auf das Feld „Save Attr" übernommen. Weiterhin lassen sich über das Feld „Change Display" die Angaben modifizieren, die im Schaltbild neben dem Bauteil angezeigt werden sollen. Die Dialogbox erscheint auch durch Doppelklicken auf das Bauelement, man muß dann nicht über das Menü gehen.

Label: Hiermit lassen sich zuvor selektierte Leitungsverbindungen mit einem Namen (Label) versehen. Um das Label zu editieren, ist es zu selektieren und „Attributes" aufzurufen, oder man muß es doppelt anklicken.

Model: Mit diesem Menüpunkt läßt sich die `.MODEL`- oder `.SUBCKT`-Definition eines Bauteils editieren (sofern vorhanden). Dieser Menüpunkt ist primär dazu gedacht, von der üblichen `.MODEL`- bzw. `.SUBCKT`-Definition eines Bauteils eine individuelle Kopie herzustellen und diese zu ändern. Die Änderungen betreffen dann nur dieses Bauteil. Die Informationen darüber werden in einer eigenen Datei abgelegt, die standardmäßig den Namen des Schaltplanes mit der Erweiterung „`.lib`" bekommt. Nach Aufruf dieses Menüpunktes erscheint eine Dialogbox, wo man wählen kann, ob man sich auf ein anderes Modell beziehen möchte (z.B. ein anderer Typ eines Operationsverstärkers) oder ob man das aktuell benutzte Modell editieren will.

Stimulus: Ruft den Stimulus-Editor auf. Wenn kein Stimulus-Symbol selektiert war, erscheint ein Dialog, in dem man die Auswahl der möglichen Stimulus-Symbole vornehmen kann.

Symbol: Ruft für das gerade selektierte Bauteil den Stimulus-Editor auf.

Views: Der Menüpunkt verwaltet die Zuordnung zu einem Block. Wenn ein Blockschaltbild erstellt wird, dann möchte man den Blöcken die entsprechenden Schaltpläne oder Schaltungsvarianten zuordnen. Schematics erlaubt es außerdem, einem Block verschiedene Schaltungsvarianten (sog. „Views") zuzuordnen. Schaltungsvarianten wären anhand eines Operationsverstärkers beispielsweise eine Version, die nur aus gesteuerten Strom- und Spannungsquellen besteht, eine Version, die aus einem üblichen Makromodell besteht, und eine Version, die aus einer kompletten Schaltung besteht. Die Zuordnung eines Blockes zu einer oder mehreren Schaltungen wird über diesen Menüpunkt vorgenommen. Dazu ist erst der betreffende Block zu selektieren. In der nach dem Aufruf von „Views" erscheinenden Dialogbox können Zuweisungen in einer Tabelle eingegeben oder verändert werden. Dabei ist es auch zulässig, daß sich mehrere Namen von Schaltungsvarianten auf dieselbe Schaltung beziehen.

Convert Block: Konvertiert selektierte Blöcke zu Symbolen.

Rotate: Rotiert ein selektiertes Objekt gegen den Uhrzeigersinn in 90°-Schritten. Wenn ein Bereich selektiert wurde, rotiert dieser um seinen Mittelpunkt.

Flip: Erzeugt ein Spiegelbild des (der) selektierten Objektes (Objekte).

Align Horizontal: Bewegt alle selektierten Objekte in einer Weise, daß ihre Basispunkte (relativer Koordinatennullpunkt eines Objektes) auf einer horizontalen Linie liegen.

Align Vertical: Bewegt alle selektierten Objekte in einer Weise, daß ihre Basispunkte auf einer vertikalen Linie liegen.

Replace: Tauscht Bauteile durch neue Bauteile aus. Nach dem Aktivieren dieses Menüpunktes erscheint eine Dialogbox, in der der Name des Bauteils (Target Part) angegeben werden kann, das ersetzt werden soll. Weiterhin ist der Name des Ersatzbauteils (Replacement) anzugeben und ob die alten Attributwerte übernommen werden sollen (Keep Attribute Values). Es läßt sich auch einstellen, daß nur selektierte Bauteile ausgetauscht werden (Selected Parts Only). Dann braucht der Name des Bauteils nicht mehr eingegeben zu werden. Man kann den Austausch auf die aktuelle Seite begrenzen (Current Page Only) oder auf allen Seiten erlauben (All Pages).

Find: Sucht nach Bauteilen, Verbindungen und Bussen in einem Schaltplan nach bestimmten Suchkriterien. Diese Suchkriterien werden in einer Dialogbox eingestellt. Dort lassen sich Name und Wert eines oder mehrerer Attribute angeben, nach denen gesucht werden soll. Die Suche ist unabhängig von Groß- oder Kleinschreibung. Es lassen sich ähnlich wie unter DOS „Wildcards" vereinbaren. Man kann angeben, ob alle Objekte, die die Kriterien erfüllen, selektiert werden sollen (Select All) oder nur das erste vorkommende bzw. das folgende bei wiederholter Suche (Select Next).

10.1.3 Draw-Menü

Das Draw-Menü dient zum Plazieren von Text, Bauteilen, Blöcken, Verbindungen und Bussen auf dem Schaltplan. Weiterhin finden sich hier Befehle zum Wiederholen, zur Nachverdrahtung und zum Nachzeichnen der Schaltung.

Repeat: Wiederholt das zuletzt eingegebene Kommando.

Place Part: Plaziert ein weiteres Exemplar vom zuletzt benutzten Bauteil auf dem Schaltplan. Das zuletzt benutzte Bauteil wird in der Statusanzeige im oberen Menübalken rechts angezeigt. Dies gilt solange, bis über „Get New Part" ein neues Bauteil aufgerufen wird. Nach Aktivierung dieses Menüpunktes nimmt der Mauszeiger die Umrisse des zu plazierenden Bauteils an. Man kann das Bauteil vor dem Plazieren dann mit <Ctrl R> rotieren oder mit <Ctrl F> spiegeln. Jeder Mausklick plaziert ein weiteres Exemplar des aktuellen Bauteils. Ein Doppelklick plaziert das Bauteil und beendet den Modus. Der Modus läßt sich auch durch Klicken der rechten Maustaste beenden, ohne noch ein weiteres Bauteil zu plazieren.

Text: Plaziert Text auf dem Schaltplan. Man kann den Text überall auf dem Schaltplan plazieren. Mit dem Aktivieren dieses Menüpunktes erscheint eine Dialogbox, in der man den Text einzugeben hat. Selektieren von „OK" beendet die Eingabe, und man kann mit der Maus den Text zur gewünschten Stelle schieben. Ein Mausklick legt den Text dann ab. Um die Größe des Textes zu modifizieren, ist in der Dialogbox das Feld

„Size“ anzuklicken und die Standardgröße (100%) entsprechend den eigenen Wünschen abzuändern.

Wire: Erlaubt das Zeichnen einer Verdrahtung (also einer elektrischen Verbindung), die aus einem oder mehreren Segmenten bestehen kann. Wenn dieser Menüpunkt aktiviert ist, wandelt sich der Mauszeiger zu einem Stift. Zum Zeichnen einer Verbindung ist der Stift an den Punkt zu führen, an dem die Verbindung beginnen soll. Mit einem Mausklick verankert man den Beginn dieser Verdrahtung. Erweitert wird die Verdrahtung durch Verschieben der Maus in jede beliebige Richtung. Man kann nun durch Doppelklicken die Verbindung abschließen und das Verdrahten beenden, oder man kann die Maus weiterbewegen und durch einfaches Klicken Eckpunkte der Leitungsführung festlegen. Hat man den Verdrahtungsmodus beendet, kann man durch Doppelklicken auf die rechte Maustaste in den Verdrahtungsmodus zurückkehren.

Bus: Erlaubt das Zeichnen eines Busses (mehradrige Verbindung). Die Vorgehensweise ist die gleiche wie bei einer Verdrahtung.

Block: Plaziert ein oder mehrere Exemplare eines hierarchischen Blocks auf dem Schaltplan. Wenn ein Block plaziert wurde, kann man ihn in seiner Größe verändern. Dazu wird er selektiert, und der Mauszeiger wird auf eine der zu verändernden Kanten oder Ecken geführt. Durch Drücken der Maustaste und Bewegen der Maus kann die Blockkante gezogen werden. Ist die gewünschte Form erreicht, wird die Maustaste losgelassen (Drag and Drop).

Leitungen und Busse, die an einer Kante des Blockes enden, werden automatisch mit dem Block verbunden. Es werden an den Stellen, wo die Verbindung auftritt, Verbindungspunkte (PIN) erstellt. Ein Standardname wird innerhalb des Blockes für den jeweiligen PIN erscheinen. Der Name des PIN läßt sich ändern, indem man den PIN-Namen selektiert und den Menüpunkt „Attributes“ aus dem „Edit“-Menü aktiviert oder indem man einfach auf den PIN-Namen zeigt und zweifach die Maustaste drückt.

Um einen bestehenden Schaltplan einem Block zuzuordnen, ist der Befehl „Views“ aus dem „Edit“-Menü zu benutzen. Um für den aktuellen Block ein Schaltplan zu erstellen, ist der Befehl „Push“ aus dem „Navigate“-Menü zu benutzen.

Get New Part: Mit diesem Menüpunkt kann man ein neu zu plazierendes Bauteil auswählen und/oder die Liste der Symbolbibliotheksdateien nach Bauteilen durchsehen. Wenn der Menüpunkt aktiviert wird, erscheint ein Dialogfeld, in dem man den Namen des gewünschten Bauteils direkt eingeben kann. Kennt man den Namen des Bauteils nicht, kann man über das Schaltfeld „Browse“ eine weitere Dialogbox aufrufen, in der man sich die vorhandenen Symbolbibliotheken und deren Inhalt anschauen kann. Um ein Bauteil zu selektieren, kann man entweder mit dem Mauszeiger auf den Namen des Bauteils doppelklicken oder nur einfachklicken und dann mit dem Schaltfeld „OK“ abschließen. Dieses neu ausgewählte Bauteil wird dann aktuelles Bauteil, d.h. der Name des Bauteils erscheint in der Statusanzeige des oberen Menübalkens und dient dem Kommando „Place Part“ als Standardvorgabe.

Ähnlich wie bei „Place Part“ nimmt nach dem Schließen der Dialogbox der Mauszeiger die Umrisse des zu plazierenden Bauteils an. Man kann nun das Bauteil vor dem Plazieren mit <Ctrl R> rotieren oder mit <Ctrl F> spiegeln. Jeder Druck auf die linke

Maustaste plaziert ein weiteres Exemplar des Bauteils. Ein Doppelklick plaziert das Bauteil und beendet den Menüpunkt „Get New Part". Der Menüpunkt wird auch beendet, wenn die rechte Maustaste betätigt wird. Dabei wird kein weiteres Bauteil plaziert.

Rewire: Dieser Befehl verlegt eine Verbindung neu, ohne die Endpunkte zu lösen. Ist der Befehl aktiviert, kann man nach dem Selektieren einer Verbindungsleitung diese mit dem Mauszeiger beliebig ziehen. Ein Mausklick setzt eine Abkantung in die Leitung und ein Doppelklick beendet den „Rewire"-Modus.

10.1.4 Navigate-Menü

Um einen komplexen Schaltplan übersichtlich zu halten, sollte man diesen in einzelne Seiten oder hierarchische Blöcke aufteilen. Das „Navigate"-Menü dient zum Blättern zwischen diesen Seiten oder Hierarchieebenen eines Schaltplanes (in der Demoversion ist allerdings nur eine Seite möglich).

Previous Page: Blättert zur vorherigen Seite eines mehrseitigen Schaltplanes.

Next Page: Blättert zur nächsten Seite eines mehrseitigen Schaltplanes.

Select Page: Erfragt über eine Dialogbox die Nummer der Seite, die man sehen möchte und zeigt dann diese Seite.

Create Page: Erweitert den bestehenden Schaltplan um eine neue Seite. Man kann für diese Seite einen Titel angeben. Die neue Seite wird nach der aktuellen sichtbaren Seite eingefügt.

Delete Page: Löscht die aktuell sichtbare Seite nach einer zusätzlichen Abfragebestätigung.

Copy Page: Kopiert eine oder mehrere Seiten entweder vom aktuellen Schaltplan oder einem anderen Schaltplan in den aktuellen Schaltplan. Die kopierte(n) Seite(n) wird (werden) nach der aktuellen Seite eingefügt, und sämtliche Seiten des Schaltplanes werden neu numeriert. In einer Dialogbox kann man angeben, von welchem Schaltplan wieviel kopiert werden soll.

Edit Page Info: Erlaubt das Editieren des Titels einer Schaltplanseite.

Edit Schematic Instance: Dieser Menüpunkt erlaubt es, die exemplarspezifischen Attribute eines Blockes oder eines hierarchischen Symbols anzuschauen, in das man zuvor mit „Push" gewechselt hatte. Innerhalb dieses Modus lassen sich nur Attribute wie Bemerkungen und Kommentare ändern, die für das jeweilige Exemplar spezifisch sind. Um die Schaltung eines Blockes oder hierarchischen Symbols zu ändern, ist der Befehl „Edit Schematic Definition" zu verwenden.

Edit Schematic Definition: Mit diesem Menübefehl läßt sich der Schaltplan eines Blockes oder eines hierarchischen Symbols ändern, in das man zuvor mit „Push" gewechselt ist. Änderungen, die hier am Schaltbild vorgenommen werden, wirken sich auf alle Exemplare eines Blockes oder hierarchischen Symbols aus, die sich auf diesen Schaltplan beziehen.

Push: Mit dem Befehl wechselt man in die darunterliegende Hierarchieebene eines Blockes oder hierarchischen Symbols, um den zugrunde liegenden Schaltplan editieren zu können.

Pop: Der Befehl wechselt in die darüberliegende Hierarchieebene. Wurden in der bisherigen Ebene Änderungen vorgenommen, fragt Schematics, ob die Änderungen gesichert werden sollen.

Top: Bringt den Anwender in die oberste Hierarchieebene zurück.

Where: Zeigt den aktuellen Hierarchiepfad an. Eine Dialogbox informiert den Anwender, wie sich der gerade in Arbeit befindliche Schaltplan in das Gesamtdesign einfügt.

10.1.5 View-Menü

Das „View"-Menü dient zur Änderung des Anzeigemaßstabes. Wird schrittweises Vergrößern oder Verkleinern gewählt, so beträgt die Abstufung jeweils 20%. Somit bedeutet ein viermaliges Vergrößern eine Verdopplung der angezeigten Schaltplangröße oder eine Halbierung der Schaltplangröße, wenn viermal verkleinert wurde. Der Prozentsatz der Vergrößerung oder Verkleinerung läßt sich in der Initialisierungsdatei „msim.ini" mit dem Parameter „ZOOMDELTA" einstellen.

Fit: Setzt den Anzeigemaßstab so, daß alle Bauteile, Verbindungen und Stecker im aktuellen Schematics-Fenster zu sehen sind.

In: Vergrößert die Anzeige der aktuellen Schaltplanseite. Ein Fadenkreuz markiert das Zentrum der späteren Anzeige.

Out: Verkleinert die Anzeige der aktuellen Schaltplanseite. Ein Fadenkreuz markiert das Zentrum der späteren Anzeige.

Area: Dient zur Vergrößerung eines Ausschnittes. Der gewählte Ausschnitt wird fensterfüllend angezeigt.

Entire Page: Zeigt die gesamte aktuelle Schaltplanseite an.

Redraw: Zeichnet die aktuelle Zeichnung neu auf den Bildschirm (Auffrischen der Anzeige).

Pan-New-Center: Behält den Anzeigemaßstab bei, verschiebt aber den Bildausschnitt so, daß ein danach angeklickter Punkt das neue Zentrum des Bildausschnittes wird.

10.1.6 Options-Menü

Dieses Menü stellt Funktionen zur Verfügung, um diverse Einstellungen von Schematics verändern zu können. Neben diesem Menü dient die Initialisierungsdatei „msim.ini" dazu, alle Programme des Design Centers seinen individuellen Wünschen anzupassen. Die „msim.ini"-Datei läßt sich mit einem üblichen Texteditor editieren. Die verwendeten Begriffe sind vielfach selbsterklärend. Die Möglichkeiten, die das „Options"-Menü bietet, stellt nur eine Teilmenge dessen dar, was über „msim.ini" verändert werden kann.

Display Options: Hier lassen sich verschiedene Einstellungen, die den Bildschirmmodus betreffen, verändern. So zum Beispiel, ob ein Raster als Zeichenhilfe sichtbar sein soll (Grid On), ob Leitungen und Bauelemente an den Rasterpunkten einschnappen sollen (Snap to Grid), ob die Verdrahtung generell rechtwinklig sein soll (Orthogonal), ob beim Verschieben der Bauelemente die Verbindungen, wie an einem Gummiband, erhalten bleiben sollen (Rubberband), ob die aktuelle Position des Cursors angezeigt werden soll (Cursor X and Y) oder welchen Abstand die Rasterpunkte haben sollen (Grid Spacing), um einige wichtige Punkte zu nennen.

Page Size: Setzt die Seitengröße für den aktuellen Schaltplan fest (in der Demoversion ist nur eine Seitengröße möglich, das amerikanische A-Format).

Auto-Repeat: Wenn dieser Menüpunkt aktiviert ist, wird automatisch ein Exemplar des letzten Bauteils (nach vorheriger Ausführung von „Place Part") oder der letzten Verbindung (nach vorheriger Ausführung von „Wire") in einer horizontalen und/oder vertikalen Distanz beim zweimaligen Klicken auf die rechte Maustaste wiederholt plaziert. Die Distanz wird über die Dialogbox eingestellt.

Auto-Naming: Vergibt, wenn es aktiviert ist, automatisch fortlaufende Bauteilnummern. Es kann auch zum automatischen Beschriften von Leitungen verwendet werden.

Man kann die Startnummer wählen (Starting Designator No:), und man kann die Leitungsbezeichnung wählen (Label Templates:). Wenn z.B. in einem digitalen System ein Datenbus mit den Bezeichnungen DB[0] bis DB[7] versehen werden sollen, schreibt man in die Dialogbox als Leitungsbezeichnung „DB[0]" und aktiviert die Schaltbox „Enable Auto-Increment". Nun selektiert man die erste Leitung und klickt auf den Menüpunkt „Label" aus dem Menü „Edit", um diese erste Leitung zu beschriften. Wenn nun die nächste Leitung selektiert wird, kann man durch Klicken auf die rechte Maustaste automatisch eine inkrementierte Bezeichnung auf der Leitung ablegen.

Set Display Level: Hier kann man eingeben, welche Texte oder spezifischen Komponenten auf dem Schirm bzw. auf dem Ausdruck erscheinen soll.

Editor Configuration: Dient zur Definition von Bibliotheksdateien, zur Vereinbarung des Pfadnamens für die Bibliotheksdateien und zur Vereinbarung eines Zeitintervalls, in dem ein automatisches Abspeichern erfolgt (wird als Zeit 0 min eingegeben, ist diese Funktion abgeschaltet). Weiterhin läßt sich die Größe der Zeichenebene für eine bestimmte Papiersorte einstellen und das Rastermaß. Eine Klickbox erlaubt es, in den monochromen Modus zu schalten. (Ein selektiertes Bauteil wird dann nicht mehr wie üblich rot gezeichnet, sondern umrahmt.)

Translators: Hier kann der Übersetzer, zur Umsetzung des Schaltplanes in eine Netzliste, eingestellt werden. Außerdem lassen sich, wenn vorhanden, Schaltungsvarianten auswählen.

10.1.7 Analysis-Menü

Das Analysis-Menü dient zur Spezifikation der Analysen und als Bindeglied zu Layoutprogrammen, zum Simulator PSPICE und zur graphischen Auswertung PROBE. Hier kann man die einzelnen Bauteile bezeichnen lassen, die Schaltung prüfen lassen und die

Netzliste für den Simulator erzeugen. Die Programme PSPICE und PROBE werden von hier aus gestartet, und die Listenausgabe des Simulators kann hierüber angesehen werden.

Annotate: Numeriert die Bauelemente durch oder entfernt eine zuvor durchgeführte Numerierung. Nach dem Aufruf des Menüpunktes erscheint eine Dialogbox. Im Feld „Function" kann gewählt werden, ob neben der Numerierung auch ein Zusammenfassen einzelner Gatter zum integrierten Schaltkreis erfolgen soll (wichtig für Layoutprogramme), ob nur die Numerierung alleine erfolgen soll oder ob eine bestehende Numerierung aufgehoben werden soll. Ein weiteres Feld „Set Values for:" erlaubt anzugeben, welche Bauteile numeriert werden sollen. Die Auswahl ist entweder alle, bis auf die Bauelemente, die explizit vom Benutzer über den Menüpunkt „Attribute" aus dem Menü „Edit" bezeichnet wurden, oder alle, die noch nicht bezeichnet sind, oder generell alle. Man kann angeben, mit welcher Nummer gestartet werden soll („Starting Designator"), welcher Zahlenversatz beim Wechsel zu einer weiteren Seite („Page Increment") oder zu einer weiteren Hierarchieebene („Level Increment") verwendet werden soll. Beim Zusammenfassen der einzelnen Gatter eines Schaltkreises kann beim Vorhandensein unterschiedlicher Gehäuseformen deren Priorität angegeben werden (Package Class Priorities).

Electrical Rule Check: Startet ein Programm zum Prüfen der Schaltungsverbindungen. Dieses Programm wird automatisch auch beim Aufruf von „Create Netlist" und „Simulate" (siehe weiter unten) gestartet.

Create Netlist: Generiert die Netzliste („Circuit"-Datei) für den Simulator PSPICE.

Simulate: Führt eine Schaltungssimulation mit der aktuellen Schaltung durch. Wenn nötig, wird zuvor das Durchnumerieren der Bauteile, ein „Electrical Rule Check" und die Generierung der Netzliste automatisch veranlaßt. Der Simulator erzeugt zwei Dateien, eine Listenausgabe mit eventuellen Fehlermeldungen und Statusausgaben in einer Datei mit der Erweiterung „.out", die sich mit dem Menüpunkt „Examine Output" anschauen läßt, und eine Datei mit der Erweiterung „.dat", die die Zahlenwerte für PROBE enthält.

Run Probe: Ruft das graphische Auswertungprogramm PROBE auf. Normalerweise wird PROBE automatisch nach einer erfolgreichen Simulation gestartet. Über den Menüpunkt „Probe Setup" läßt sich der automatische Aufruf abschalten.

Probe Setup: Hier lassen sich diverse Parameter für PROBE einstellen. Es erscheint eine Dialogbox. Im Feld „Auto-run Option" kann man einstellen, ob der Aufruf von PROBE automatisch nach der Simulation erfolgen soll, ob PROBE schon gestartet werden soll, wenn PSPICE gestartet wird, so daß man gleichzeitig mit der Berechnung die Kurvenpunkte sehen kann oder ob PROBE manuell gestartet werden soll. Im Feld „Data Collection" kann man festlegen, welche Daten vom Simulator generiert werden sollen. Dies können einmal alle Daten sein, an denen ein „Marker" ist, oder generell alle oder alle, außer den Daten aus Unterschaltkreisen („Subcircuits"). Ein Schaltfeld gestattet es, die generierten Daten auch im Textformat auszugeben (gilt nicht für den Modus, in dem gleichzeitig mit der Berechnung die Kurvenpunkte angezeigt werden).

Setup: Hier werden alle Analysearten aktiviert und spezifiziert. Nach Aufruf des Menüpunktes erscheint eine Dialogbox mit beschrifteten Auswahlfeldern. Durch Anklicken dieser Auswahlfelder kann man sich die zur jeweiligen Analyseart gehörigen Dialogbox hervorholen, um die Parameter dieser Analyseart einzugeben. Die Parameter sind dieselben wie unter Kap. 3 beschrieben. Neben den beschrifteten Auswahlfeldern befinden sich Schaltfelder, mit denen die jeweilige Analyseart aktiviert werden muß.

Library and Include Files: Öffnet ein Dialogfeld zur Angabe der Namen von Bibliotheks- oder Einfügedateien, die zur aktuellen Netzliste hinzugefügt werden sollen. Jeder Schaltplan kann seine eigene Liste von Bibliotheks- und Einfügedateien haben. Die Dialogbox zeigt je einen Listenbereich für Bibliotheksdateien und einen für Einfügedateien. Man kann wählen, ob die Dateien global, also generell für alle Schaltpläne, oder lokal, also nur für den aktuellen Schaltplan eingesetzt werden sollen. Globale Dateien müssen über die Schaltfelder hinzugefügt werden, die mit einem „*“ gekennzeichnet sind. Sie erscheinen dann auch im Listenbereich mit diesem Zusatzsymbol.

Examine Netlist: Öffnet die erzeugte Netzliste („Circuit“-Datei) mit dem Notizblockeditor von Windows. Man sollte sich die Datei aber nur anschauen und nicht modifizieren, weil sonst der Inhalt der Netzliste nicht mit dem Schaltplan übereinstimmt. Man kann auch einen anderen Editor benutzen (der Notizblockeditor von Windows hat eine Dateigrößenbeschränkung auf 64kByte). Dazu ist ein Eintrag in der Datei „msim.ini“ zu ändern (editor=*<editor name>* %f).

Examine Output: Öffnet die erzeugte Ausgabenliste auf ähnliche Weise, wie bei „Examine Netlist“.

10.1.8 Tools-Menü

Das Menü dient als Bindeglied zu externen Layoutprogrammen, also Programmen, mit denen man Leiterplatten (Printed Circuit Board, PCB) entwirft.

Create Layout Netlist: Erzeugt eines Netzliste im aktuell eingestellten Layout-Editor-Format.

Layout Editor: Startet den aktuell eingestellten Layout-Editor.

Back Annotate: Erlaubt eine Neunummerierung der Bauteile aufgrund der Änderungen, die im Layout-Editor vorgenommen wurden. Dieser Vorgang wird in der englischsprachigen Literatur mit „Engineering Change Order“ oder „ECO“ bezeichnet, was soviel wie Änderungsmitteilung bedeutet. Schematics unterstützt folgende nachträglichen Änderungen: Die Namensänderung eines Bauteils, den Austausch zweier Gatter und den Austausch zweier Bauteilanschlüsse.

Configure Layout Editor: Hier läßt sich Schematics an die Gegebenheiten des verwendeten Layout-Editors anpassen.

Browse Netlist: Öffnet die Layoutnetzliste zur Begutachtung, ähnlich wie unter „Examine Netlist“ aus dem „Analysis“-Menü.

View Package Definition: Zeigt eine Dialogbox, in der die Gehäuseinformationen für das gerade selektierte Bauteil aufgelistet sind.

Create Subcircuit: Erzeugt einen Unterschaltkreis (Subcircuit) von der aktuellen Schaltung mit allen in ihm enthaltenen Unterschaltkreisen bzw. Hierarchieebenen.

10.1.9 Markers-Menü

Das „Marker“-Menü erlaubt das Plazieren und Verändern von speziellen Objekten, „Marker“ genannt. Nachdem ein Schaltplan simuliert wurde und das graphische Auswerteprogramm PROBE aufgerufen wurde, erlauben es die „Marker“, sichtbar auf dem Schaltplan Punkte anzugeben, wo man Spannungen, Ströme und digitale Kurvenformen in PROBE sehen möchte.

Die Kommandos in diesem Menü plazieren einen oder mehrere „Marker“ auf der aktuellen Seite des Schaltplanes. Wenn PROBE aktiviert ist, also wenn das PROBE-Fenster angezeigt wird, wird der Fensterinhalt von PROBE direkt aktualisiert, sobald ein „Marker“ gesetzt ist.

Mark Voltage/Level: Zeigt die Spannung oder ein digitales Signal bezogen auf Knoten 0. Der „Marker“ muß an Verbindungen oder an Anschlußklemmen plaziert werden.

Mark Voltage Differential: Zeigt die Spannungsdifferenz zwischen zwei Knoten. Es werden zwei „Marker“ zur Verfügung gestellt, einer für den „+“-Knoten und einer für den „–“Knoten. Jeder der beiden „Marker“ muß an Verbindungen oder an Anschlußklemmen plaziert werden.

Mark Current Into Pin: Zeigt den Strom in den Knoten eines klassischen PSPICE-Bauteils (Bipolar Transistor, JFET, MOSFET, GaAs-FET, Induktivität, Widerstand, Kapazität, Diode, und ähnliches). Wenn der „Marker“ an einem inkompatiblen Bauteil plaziert wird, erscheint eine Warnung.

Mark Advanced: Ruft eine Dialogbox auf, in der man für den jeweiligen „Marker“ eine spezielle Darstellungsform (z.B. Betrag in dB, Phase, Gruppenlaufzeit) für PROBE wählen kann.

Clear All: Löscht alle „Marker“.

Show All: Frischt das PROBE-Fenster mit allen Kurvenzügen die markiert wurden auf.

Show Selected: Frischt das PROBE-Fenster nur mit den aktuell selektierten „Markern“ auf.

10.1.10 Help-Menü

Gibt „On Line“-Hilfestellung.

Index: Listet alle Einträge auf, die im Hilfemenü zur Verfügung stehen.

Keyboard: Listet die Spezialtasten der Tastatur und deren Funktion auf.

Menue Commands: Listet die vielzähligen Menükommandos und deren Funktion auf.

Procedures: Beschreibt, wie man die Menükommandos anwenden muß, um ein bestimmtes Ziel zu erreichen.

Using Help: Beschreibt, wie das Hilfemenü anzuwenden ist.

About: Zeigt die Copyright-Notiz, die Versionsnummer, die Seriennummer und die Benutzeridentifikationsnummer.

10.2 Symboleditor

10.2.1 File-Menü

Das File-Menü dient zum Erstellen von neuen Symbolbibliotheken, dem Öffnen und Editieren von existierenden Symbolbibliotheken, der Konfiguration von Druckern, dem Ausdruck von Symboldefinitionen, der Rückkehr zum „Schematic"-Editor oder zum vollständigen Verlassen des Symboleditors. Die Menüpunkte im einzelnen:

New: Erstellt eine neue Symbolbibliothek.

Open: Lädt eine existierende Symbolbibliothek zum Editieren. Es erscheint eine Dialogbox zur Eingabe des Verzeichnisses, wo sich die Bibliothek befindet. Es muß eine Datei mit der Dateierweiterung „.slb" gewählt werden.

Save: Sichert die editierte Symbolbibliothek unter dem bestehenden Namen. Existiert bislang noch kein Name, fragt der Symboleditor nach einem solchen.

Save As: Sichert die editierte Symbolbiliothek unter einem neuen Namen, der per Dialogbox erfragt wird.

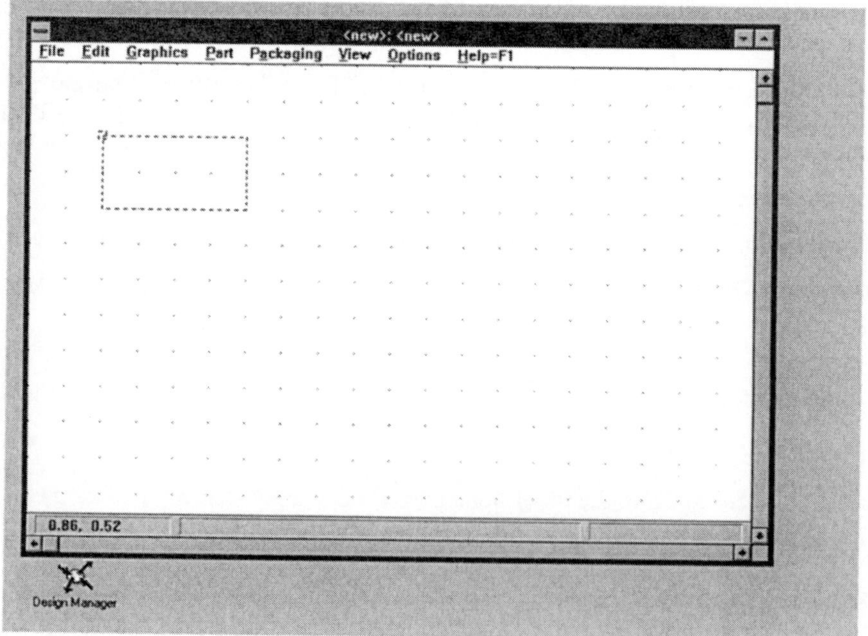

Bild 10.2 Bildschirm nach Aufruf des Symboleditors

Print: Dient zum Ausdrucken aller Daten, die zu einem Symbol gehören. Nach dem Anklicken des Menüpunktes erscheint eine Dialogbox, in der man wählen kann, von welchem Bauteil der aktuellen Bibliothek die Information ausgedruckt werden soll (Parts, Select All Parts, Current Symbol Only). Weiterhin kann festgelegt werden, welche Information von dem Bauteil genommen werden soll (Content Options). Das Feld „Scaling“ erlaubt die Wahl der Darstellungsgröße auf dem Blatt. Mit dem Feld „Orientation“ wird die Lage des Papiers bestimmt. Auswahlflächen wie „Page Setup...“, „Printer Setup...“ und „Printer Select...“ erlauben zusätzliche Spezifikationen über das verwendete Papierformat und den verwendeten Drucker.

Printer Select: Neben der Auswahlfläche „Printer Select...“ aus dem vorigen Menüpunkt, kann hier dieselbe Dialogbox zur Auswahl des Druckers, der innerhalb des Symboleditors benutzt werden soll, direkt aufgerufen werden.

Current Errors: Zeigt eine Liste der bisher aufgetretenen Fehler. Man kann diese Liste auch ausdrucken oder in einer Datei ablegen.

Return to schematic: Verläßt den Symboleditor und kehrt zurück zu Schematics.

Exit: Verläßt Schematics und kehrt zurück zur Windows-Benutzeroberfläche.

10.2.2 Edit-Menü

Über das „Edit“-Menü werden die Symbolgraphiken und die Bauteildefinitionen bearbeitet. Neben dem Schneiden, Kopieren und Wiedereinsetzen von Symbolen, lassen sich das graphische Aussehen des Symbols, die Symboltexte, die Anschlußattribute, die Anschlußarten und die Attributwerte editieren. Hierarchische Befehle erlauben es, in die Schaltbildebene eines existierenden Symbols zu wechseln oder neue Schaltbilder zu erstellen, die später einem Symbol zugeordnet werden können.

Undelete: Fügt das zuletzt gelöschte Objekt in die Zeichnung ein und löscht das Objekt aus dem Zwischenspeicher (nicht die Zwischenablage von Windows!).

Cut: Löscht ein Objekt und speichert es im Zwischenspeicher.

Copy: Kopiert ein Objekt in den Zwischenspeicher.

Paste: Fügt das zuletzt im Zwischenspeicher abgelegte Objekt in die Zeichnung ein, ohne den Zwischenspeicher zu löschen.

Change: Erlaubt die Änderung selektierter Texte, Anschlußstifte (Pins) oder Attribute, die einem Symbol zugeordnet sind. Man kann diese Änderungen auch vornehmen, ohne das Menü zu benutzen, indem man auf die betreffenden Elemente doppelklickt. Zu den jeweiligen Elementen, also Text, Pin oder Attribut, erscheint eine separate Dialogbox „Change Text“, „Change Pin“ bzw. „Change Attribute“. In der Dialogbox „Change Text“ kann neben dem Text auch die Schriftgröße und die Orientierung der Schrift bestimmt werden. In der Dialogbox „Change Pin“ kann man den Namen eines Anschlußstiftes angeben (Pin Name), kann bestimmen, ob der Name des Anschlusses sichtbar sein soll (Display Name), kann Größe und Orientierung der Beschriftung bestimmen (Size, Orient, Hjust und Vjust), kann die Art des Anschlusses vorgeben (Type) und die Attribute festlegen (Pin Attributes), die dem Anschlußstift zugeordnet werden sollen. In der Dialogbox „Change Attribute“ läßt sich angeben, welches Attribut geändert werden soll (Name). Zu den Möglichkeiten gehören „Part“ (welche Art von Bauelement), „REFDES“ (die individuelle Bezeichnung des Bauelementes) und „TEMPLATE“ (die Zusammensetzung der Bauelementanweisung in der „Circuit“-Datei). Zu jedem dieser Attribute kann angegeben werden, was sie beinhalten sollen (Value), ob sie in Schematics editierbar sein sollen (Changeable in schematics), was von den Attributen angezeigt werden soll (Display), und wie die Größe und Orientierung der Beschriftung sein soll.

Pin Type: Ändert die Art und das Aussehen des selektierten Anschlusses. Standard ist ein Liniensegment mit einer Länge von 10 Längeneinheiten. Alternativen sind „Bubble“, „Clock“, „Inverted Clock“, „ANSI Low Active In“, „ANSI Low Active Out“, „ANSI Inverted Clock“ und „Zero Length“.

Model: Mit diesem Menüpunkt läßt sich die Modelldefinition (`.MODEL`) oder die Teilschaltkreisdefinition (`.SUBCKT`) eines Bauteils editieren. Es werden die globalen Modelle verändert, d.h. alle Änderungen, die hier vorgenommen werden, betreffen alle Schaltungen, die diese Modelle bzw. Teilschaltungen benutzen. Nach Aufruf dieses Menüpunktes erscheint die Dialogbox „Model Editor“. Ein Feld „Copied From“ gibt an, woher die angezeigte Modelldefinition stammt. Das Feld „Save To“ gibt an, wohin nach Beenden des Modelleditors die Definition gesichert werden soll. Ein Textfeld zeigt die aktuellen Parameter für das Bauteil, wenn diese bestehen. Um eine neue Modelldefinition zu erzeugen, braucht man sie nur im Textfeld einzugeben. Die Syntax ist dieselbe wie unter Kapitel 2 erläutert. Als Beispiel soll eine sog. AKO-Referenz dienen (AKO, „A Kind Of“ bezeichnet eine Modelldefinition, die basierend auf einer bestehenden Modelldefinition, diese für ein neues Modell in einigen Punkten abwandelt). Es soll vom Modell des Transistors 2N222 eine Version erstellt werden, deren Sättigungsstrom *IS* und Basisbahnwiderstand *RB* vom Original abweicht:

```
.model q2n222-x npn AKO: q2n222 (
is=14.34f
rb=10 dev 10%)
```

Nach Eingabe des Namens für die Bibliothek und Klicken auf „OK“ steht diese neue Modelldefinition zur Verfügung.

Stimulus: Ruft den Stimulus-Editor auf, wenn zuvor ein Stimulus-Symbol selektiert war.

Push: Wenn ein neues Symbol erstellt wurde, kann man über diesen Menüpunkt den Schematics-Editor aufrufen, um diesem neuen Symbol einen Schaltplan zuzuordnen.

Set Schematic: Gibt dem Schaltplan, der dem Symbol zugrunde liegt, einen Namen.

Check Schematic: Prüft den Schaltplan, der dem Symbol zugeordnet werden soll, auf Unstimmigkeiten bezüglich der Anschlüsse.

Rotate: Rotiert selektierte Objekte in 90°-Schritten entgegen dem Uhrzeigersinn.

Flip: Spiegelt das selektierte Objekt um die Y-Achse.

Align Horizontal: Richtet alle selektierten Objekte so aus, daß ihre Basispunkte (relativer Koordinatennullpunkt eines Objektes) auf derselben horizontalen Linie sind.

Align Vertical: Richtet alle selektierten Objekte so aus, daß ihre Basispunkte auf derselben vertikalen Linie sind.

10.2.3 Graphics-Menü

Das „Graphics"-Menü stellt Werkzeuge zum Zeichnen zur Verfügung.

Arc: Zeichnet einen Bogen. Der erste Klick markiert den Anfangspunkt des Bogens, und der zweite Klick markiert den Endpunkt. Mit der Maus kann dann die Größe des Bogens variiert werden, um mit dem dritten Klick den Bogen zu fixieren.

Box: Zeichnet ein Rechteck. Ein Klick mit der Maus markiert die obere linke Ecke des Rechteckes. Mit der Maus kann dann die Größe des Rechteckes festgelegt werden. Ein zweiter Klick mit der Maus beendet das Zeichnen des Rechteckes.

Circle: Zeichnet einen Kreis. Man beginnt mit dem Mittelpunkt des Kreises durch Klicken mit der Maus an der gewünschten Stelle. Mit der Maus läßt sich dann ein Kreis aufziehen, den man bei gewünschter Größe durch Mausklicken fixiert.

Line: Zeichnet eine Linie. Wenn man in diesem Modus ist, wechselt der Mauszeiger zum Bleistiftsymbol. Um das Zeichnen zu beginnen, ist am Startpunkt mit der Maus zu klicken. Die Mausbewegung erweitert die Linie. Ein Klick mit der Maustaste erzeugt eine Ecke in der Linie. Ein doppeltes Klicken auf die Maustaste beendet das Zeichnen der Linie.

Pin: Fügt einem Symbol einen Anschlußstift hinzu. Wenn man in diesem Modus ist, wechselt der Mauszeiger zur Form eines Anschlusses. Jedes Klicken der Maustaste legt einen Anschlußstift ab. Ein doppeltes Klicken beendet den Modus.

Text: Fügt eine Textzeile hinzu. Nach Aufruf dieses Menüpunktes erscheint eine Dialogbox, in der die Textzeile eingegeben werden muß. Nach der Eingabe kann die Textzeile mit der Maus an den richtigen Ort gebracht werden. Ein Klicken der Maustaste plaziert den Text.

Bbox: Definiert ein Rechteck, das die Gesamtausmaße des Symbols festlegt. Alle Anschlüsse und alle graphischen Elemente müssen innerhalb dieses Rechteckes liegen.

Origin: Definiert den Basispunkt des Bauteils (meist der Anschluß links oben), also den Nullpunkt des bauteileigenen Koordinatensystems.

Repeat: Wiederholt den letzten Befehl.

10.2.4 Part-Menü

Das Menü dient zum Erzeugen, Kopieren, Löschen, Sichern, Importieren und Exportieren von Bauteilen.

New: Dieser Menüpunkt erlaubt die Erzeugung eines neuen Bauteils für die Bauteilbibliothek. Wenn das aktuelle Bauteil modifiziert wurde, fragt der Symboleditor, ob es abgespeichert werden soll.

Copy: Kopiert ein Bauelement aus der Bibliothek und macht es zum aktuellen Bauteil. In einer Dialogbox wird man nach dem Quellbauelement und nach dem neuen Namen für das Bauelement gefragt.

Get: Holt ein bestehendes Bauteil aus der Bibliothek in den Symboleditor zur Bearbeitung. In der Dialogbox kann man entweder den Namen des Bauteils direkt angeben, oder man kann aus einer Liste das gewünschte Bauteil anklicken.

Remove: Erlaubt das Entfernen eines Bauteils aus der aktuellen Bibliothek. Das Entfernen geschieht dabei vorerst nur im Speicher. Das endgültige Entfernen wird erst mit der Ausführung des Befehls „Save" aus dem „File"-Menü vollzogen.

Save Changes: Sichert die aktuellen Änderungen im Speicher. Ein permanentes Sichern ist erst gegeben, wenn der Befehl „Save" aus dem „File"-Menü ausgeführt wurde.

Save to Library: Selektiert die Bibliothek, in der das aktuelle Symbol abgespeichert werden soll.

Attributes: Dient zur Definition neuer Attribute oder zur Änderung bestehender Attribute. Es erscheint eine Dialogbox, in der Name, Argument (Value) und Aussehen des Attributes editiert werden können (vgl. „Change" aus dem „Edit"-Menü).

Definition: Erlaubt das Verändern oder Neuerstellen der Bauteilbeschreibung. Neben der verbalen Beschreibung des Bauteils (Description) kann hier der Name des Bauteils, eine Liste äquivalenter Namen mit denselben Daten (Alias List) und die Art des Bauteils (Type) eingegeben werden. Wenn es sich bei dem Bauteil um eine veränderte Version eines Grundbauelementes handelt, kann der Name des Grundbauelementes angegeben werden (AKO Name).

Pin List: Erlaubt das Editieren aller Anschlußstifte innerhalb eines Dialogfensters.

Get Symbol Graphics: Importiert die Grafik eines schon bestehenden Symbols zum aktuellen Symbol.

Export: Schreibt die Definitionen eines Bauteils in eine Textdatei mit der Dateierweiterung „.sym".

Import: Liest eine Bauteildefinition als Textdatei mit der Dateierweiterung „.sym".

10.2.5 Packaging-Menü

Das „Packaging"-Menü dient zum Editieren der Gehäusedefinitionen in der Gehäusebibliothek, die zur aktuellen Symbolbibliothek gehört. Innerhalb des Menüs lassen sich die Gehäusetypen, die Gattertypen, die Anschlußbelegung, gemeinsame Anschlüsse und Attribute der Gehäusedefinitionen editieren.

New: Dient zur Erzeugung einer neuen Gehäusedefinition. Es erscheint eine Dialogbox, in der alle Informationen zum Gehäuse eingetragen werden können. Der Name des Gehäuses wird unter „Package Name" eingegeben. Man kann spezifizieren, wieviele Gatter das Gehäuse enthält (No. Gates:) und wieviele Gattertypen darin vorkommen (No. Gate Types). Die Art des Gehäuses z.B. „DIP14" kann unter „Package Types:" vereinbart werden. Ein Eingabefeld zur Vereinbarung der Anschlußzuordnung (Pin Assignments) erlaubt die Zuweisung der Anschlußstifte zu den einzelnen Gattern. Gemeinsame Anschlüsse, wie die Stromversorgung werden im Feld „Shared Pins:“ vorgegeben. Das Feld „Attributes:“ erlaubt die optionale Eingabe von Zusatzinformationen.

Copy: Kopiert eine bestehende Gehäusedefinition aus einer Gehäusebibliothek, um sie editieren und unter einem neuen Namen abspeichern zu können.

Get: Öffnet eine bestehende Gehäusedefinition zum Editieren.

Remove: Entfernt eine Gehäusedefinition von der Gehäusebibliothek.

Edit: Editiert die Gehäusedefinition des aktuellen Symbols.

Configure Package Types: Dient zur Erweiterung der Liste der bekannten Gehäusetypen und erlaubt ihre Gruppierung in Klassen.

Export: Schreibt die eine oder mehrere Gehäusedefinitionen in eine Textdatei mit der Dateierweiterung „.pkg“.

Import: Liest eine Gehäusedefinition als Textdatei mit der Dateierweiterung „.pkg“.

10.2.6 View-Menü

Das „View“-Menü dient zur Änderung des Anzeigemaßstabes.

Fit: Setzt den aktuellen Anzeigemaßstab so, daß alle graphischen Komponenten im aktuellen Fenster zu sehen sind..

In: Vergrößert die Anzeige der aktuellen Schaltplanseite. Ein Fadenkreuz markiert das Zentrum der späteren Anzeige. Die Vergrößerung beträgt ca. 30%.

Out: Verkleinert die Anzeige der aktuellen Schaltplanseite. Ein Fadenkreuz markiert das Zentrum der späteren Anzeige.

Area: Dient zur Vergrößerung eines Ausschnittes. Der gewählte Ausschnitt wird fensterfüllend angezeigt.

Entire Symbol: Stellt die Vergrößerung so ein, daß das Symbol fensterfüllend angezeigt wird.

Redraw: Zeichnet den Bildschirm neu.

Pan-New-Center: Behält den Anzeigemaßstab bei, verschiebt aber den Bildausschnitt so, daß ein danach angeklickter Punkt das neue Zentrum des Bildausschnittes wird.

10.2.7 Options-Menü

Dieses Menü stellt Funktionen zur Verfügung, um diverse Einstellungen des Symboleditors verändern zu können.

Display Options: Hier lassen sich verschiedene Einstellungen, die den Bildschirmmodus betreffen, verändern. So zum Beispiel, ob ein Raster als Zeichenhilfe sichtbar sein soll (Grid On), ob Zeichenelemente an den Rasterpunkten einschnappen sollen (Snap to Grid), ob die Koordinaten des Mauszeigers angezeigt werden soll (Cursor X and Y) oder ob automatisch am Bildrand weitergeschoben werden soll (Auto-Scroll).

Weitere Eingaben sind der Abstand, der unterschritten werden muß, damit ein Objekt mit dem Mauszeiger selektiert werden kann (Gravity) und der Abstand des Zeichengitters (Grid Spacing).

Auto-Repeat: Wenn dieser Menüpunkt aktiviert ist, wird automatisch das letzte Objekt in einer horizontalen und/oder vertikalen Distanz beim zweimaligen Klicken auf die rechte Maustaste wiederholt plaziert. Die Distanz wird über die Dialogbox eingestellt.

Set Display Level: Hier kann man eingeben, welche Texte oder spezifischen Komponenten auf dem Schirm bzw. auf dem Ausdruck erscheinen sollen.

10.2.8 Help-Menü

Dieses Menü ist identisch mit dem Menü unter 10.1.10.

10.3 Beispielsimulation LC-Tiefpaßfilter

Im folgenden Beispiel soll ein einfaches LC-Tiefpaßfilter simuliert werden. Das Verhalten des Tiefpasses läßt sich am einfachsten über eine Sprungantwort analysieren. Daher reicht es aus, nur eine Transient-Analyse durchzuführen. Als Spannungsquelle bietet sich hierbei eine Impulsquelle an. Die Güte des Tiefpasses wird über den Innenwiderstand der Spannungsquelle bestimmt. Über eine Parametervariation des Widerstandswertes soll es möglich sein, verschiedene Güten des Tiefpasses durchzuspielen.

10.3.1 Das Plazieren von Bauelementen

Die Erstellung des Schaltplanes beginnt mit dem Aufruf des „Schematic-Editors". Das erste Bauteil wird angewählt, indem man im Menü „Draw" den Befehl „Get New Part" anklickt (siehe Bild 10.3). Als Folge erscheint die Dialogbox „Add Part", in der man im Feld neben „Part:" den Bauteilnamen direkt eingeben kann (Bild 10.4). Weiß man den genauen Namen nicht, so kann man sich über Anklicken von „Browse..." die Dialogbox „Get Part" heranholen (Bild 10.5). In dieser Dialogbox sind alle verfügbaren Bibliotheken unter dem Fenster „Library" aufgelistet. Die gewünschte Quelle „VPULSE" befindet sich in der Bibliothek „source.slb". Durch Anklicken des Bibliotheksnamens erscheinen im Fenster „Part" alle Bauelemente dieser Bibliothek, hier also auch das Bauelement „VPULSE". Ein Anklicken des Bauelementes bringt den Namen in das Fenster rechts von „Part Name:". Mit der „Return"-Taste oder durch Klicken auf „OK" wird die Auswahl gültig, und man verläßt die Dialogbox. Der Mauszeiger hat nun das Aussehen des einzufügenden Bauteils, und nach Anfahren der richtigen Position, läßt sich das Bauelement durch Mausklicken am gewünschten Ort plazieren. Man hat hierzu zwei Möglichkeiten. Zum einen kann man durch einmaliges Klicken mit der linken Maustaste das Bauteil plazieren. Danach behält der Mauszeiger das Aussehen des Bauelements, und man kann das gleiche Bauelement noch an anderen Stellen plazieren.

Dieser fortgesetzte Eingabemodus wird durch Drücken der rechten Maustaste abgeschlossen. Die zweite Möglichkeit ist, durch zweimaliges Klicken der linken Maustaste einmalig ein Bauteil am gewünschten Ort abzulegen.

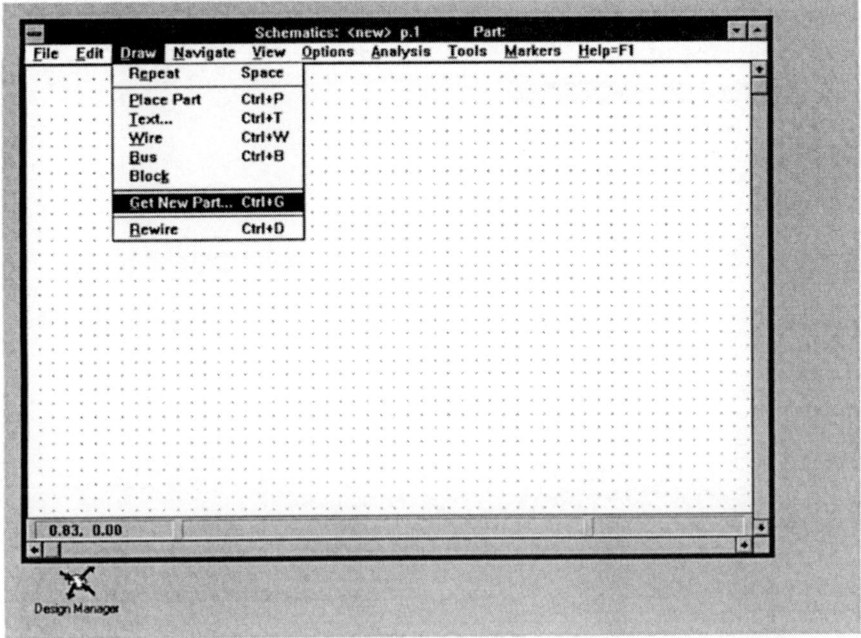

Bild 10.3 Ein neues Bauteil soll eingefügt werden

10.3.2 Die Spezifikation von Bauelementen

Das zuletzt abgelegte Bauteil wird automatisch selektiert, was üblicherweise durch eine rote Einfärbung des Bauteils sichtbar wird. Bei einem selektierten Bauelement läßt sich durch einmaliges Anklicken mit der Maus eine Dialogbox aufrufen, in der man das Bauelement spezifizieren kann (Bei einem unselektierten Bauelement erreicht man dies durch Doppelklicken).

Die Dialogbox zur Spezifikation der Impulsquelle ist in Bild 10.6 dargestellt. Die Abbildung zeigt, daß schon vor Aufnahme des Bildes verschiedene Eingaben erfolgten. Die Spannung für die DC-Analyse, die automatisch durchgeführt wird, wurde auf 0V gesetzt (DC=0). Für die AC-Analyse ist kein Wert eingegeben worden, da diese hier nicht durchgeführt werden soll (AC=). Die Spannungswerte bei der Transient-Analyse sind mit 0V und mit 10V angegeben (v1=0, v2=10). Weiter Eingaben waren die Verzögerungszeit „td“ und die Anstiegszeit „tr“. Die Eingabe der Impulsabfallzeit ist im Moment der Aufnahme des Bildes 10.6 vorgesehen. Durch Anklicken der Attributzeile für die Abfallzeit (tf=) wird diese selektiert und der Name des Attributes erscheint im Namensfeld. Das Wertefeld (Value) muß nun angeklickt werden, und man kann den Attributwert, hier 1ns, eingeben. Diese Eingabe muß mit der „Return“-Taste abgeschlossen werden, sonst erfolgt keine Übernahme des Wertes. Auf gleicher Weise lassen sich auch noch die weiteren Werte für „pd=2µs“ und „pw=1µs“ eingeben.

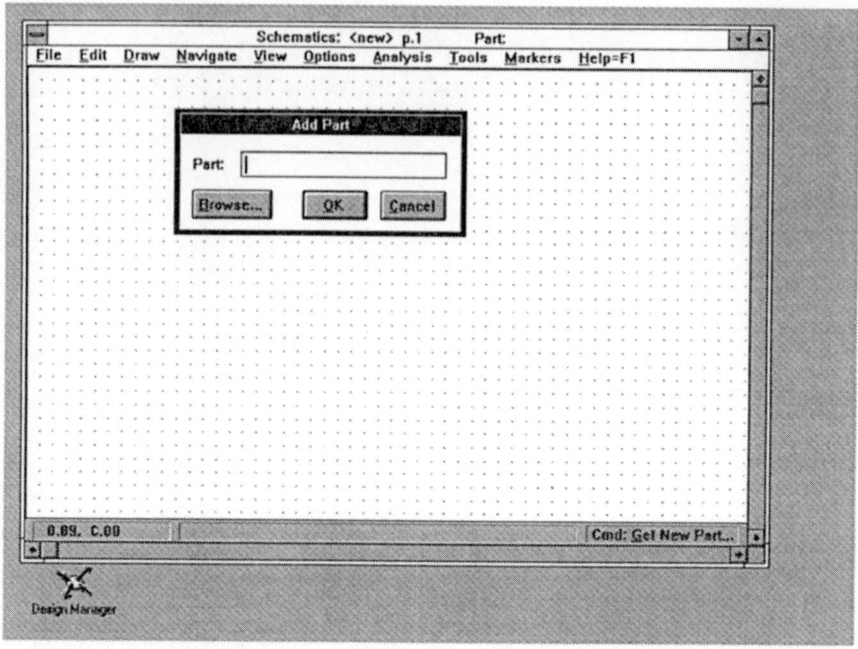

Bild 10.4 Direkte Eingabe des Bauteilnamens oder Aufruf der Wahlliste

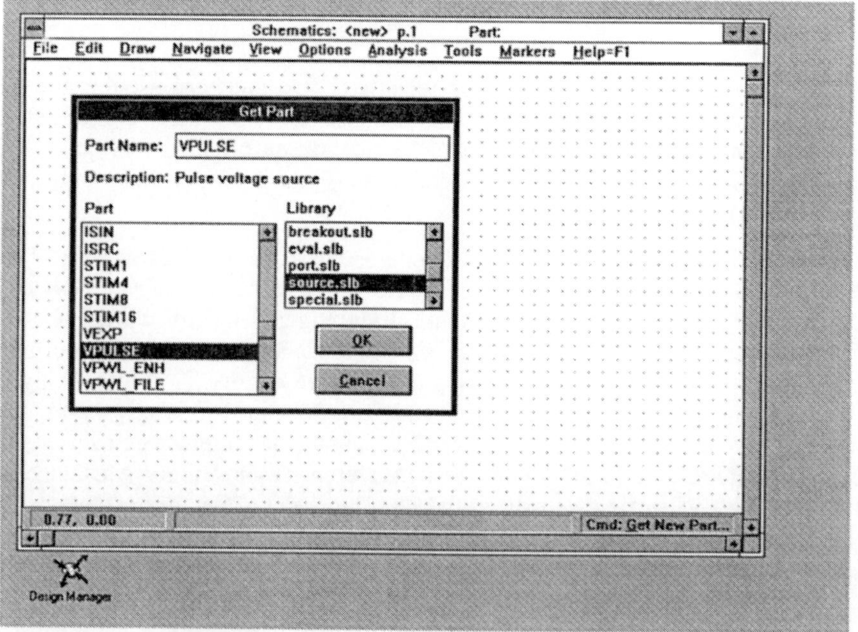

Bild 10.5 Auswahl der Pulsquelle aus der Liste

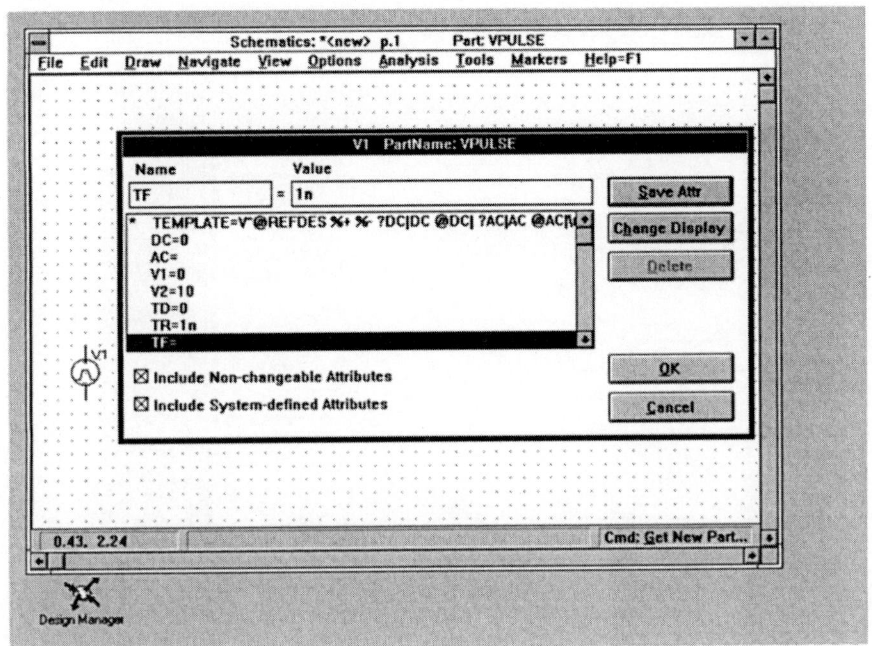

Bild 10.6 Eingabe der Bauteilattribute für die Spannungsquelle

10.3.3 Parametervariation

In der vorliegenden Schaltung soll der Innenwiderstand der Spannungsquelle, also der Widerstand, der in Reihe zur Spannungsquelle liegt, variiert werden. Wie schon in den verschiedenen Beispielen des Kapitel 6 gezeigt, eignet sich dafür die Parametervariation. Als Widerstand wird hier aus der Bibliothek „analog.slb“ das Bauelement „R_var“ benutzt, also ein variabler Widerstand, dessen Widerstandswert sich aus der Multiplikation von einem Nominalwert (VALUE) mit einem Individualwert (SET) zusammensetzt. Der Individualwert soll nun durch Parametervariation während der Simulation verändert werden. Dazu ist statt des konstanten Vorgabewertes von 0.5 ein Variablenname (z.B. „poti“) einzugeben, wie das in Bild 10.7 gezeigt ist.

Weiterhin ist aus der Bibliothek „special.slb“ das Bauelement „PARAM“ in das Schaltbild einzubauen. (Es erscheint auf dem Schaltplan mit dem Schriftzug „PARAMETER:“.) Dieses Bauelement sorgt für die Programmzeile, die zur Vereinbarung der Parametervariablen nötig ist, damit der Simulator diese kennt. Das Bauelement „PARAM“ erlaubt pro Exemplar die Vereinbarung von maximal 3 Variablennamen und der dazugehörigen Nominalwerten. Für die aktuelle Simulation wird nur eine Variable „poti“ benötigt. Der Nominalwert wird immer dann benutzt, wenn während der Simulation keine Parametervariation durchgeführt wird. Er ist also für das Beispiel belanglos. Nach Eingabe der Werte und Schließen der Dialogbox erscheinen unter dem Schriftzug „PARAMETER:“ die eingegebenen Werte.

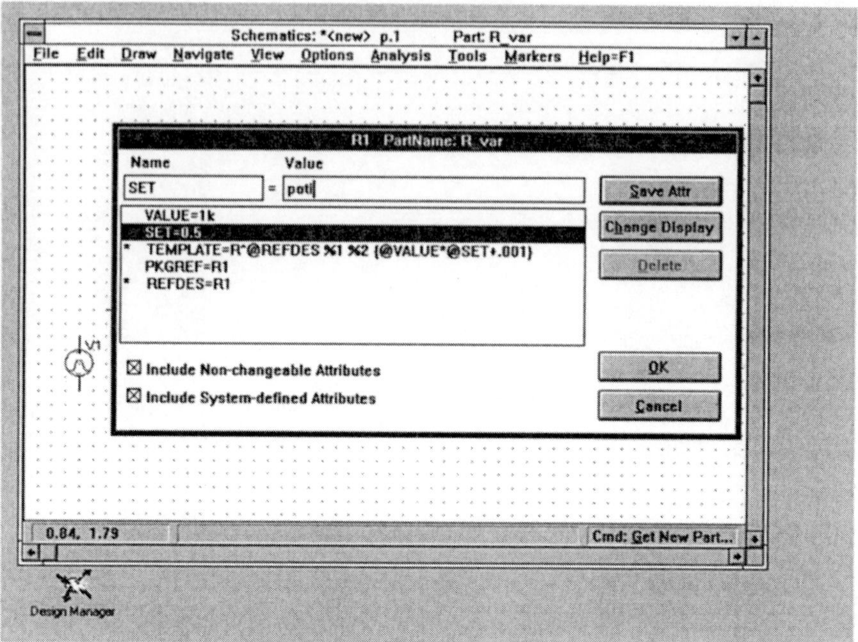

Bild 10.7 Eingabe der Attribute für den variablen Widerstand

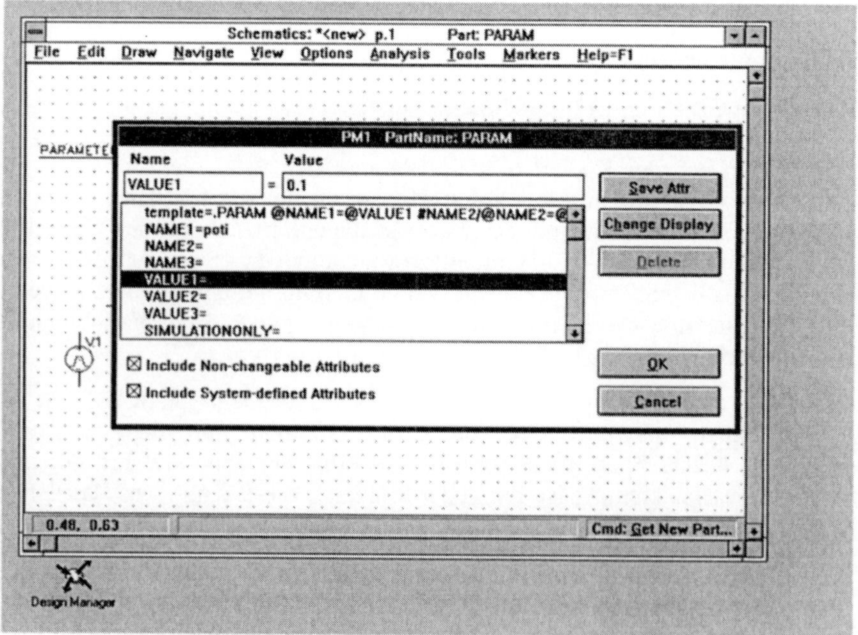

Bild 10.8 Eingabe der Attribute für den Parameter „Poti“

In ähnlicher Weise wie in Kapitel 10.3.2 beschrieben, werden die Induktivität mit einem Wert von 1 μH und die Kapazität mit einem Wert von 1nF in die Schaltung eingebaut. Als Schaltungsmasse fungiert das Bauelement „AGND" aus der Bibliothek „port.slb". Es weist der Verbindung den Bezugsknoten 0 zu.

10.3.4 Verdrahtung

Sind alle Bauelemente plaziert, müssen sie verdrahtet werden. Dazu dient der Befehl „Wire" aus dem „Draw"-Menü. Der Mauszeiger wandelt sich zu einem Bleistiftsymbol. Man klickt die linke Maustaste, um den Startpunkt der Verbindung zu markieren. Muß die Verbindung über Eck geführt werden, ist die Ecke durch Klicken der linken Maustaste festzulegen. Die Orientierung der Leitungsführung, also ob eine Eckverbindung zuerst waagerecht und dann senkrecht oder umgekehrt erfolgt, ist von der Bewegungsart des Mauszeigers abhängig.

Ist man am Verbindungsende angekommen, schließt man den Verdrahtungsmodus durch doppeltes Klicken auf die linke Maustaste ab. Der Mauszeiger nimmt dann seine ursprüngliche Form an. Ein doppeltes Klicken auf die rechte Maustaste kehrt zum letzten Modus, also hier dem „Wire"-Modus, zurück und vermeidet so ein neuerliches Aufrufen des Menüpunktes „Wire".

10.3.5 Bezeichnung der Knoten

Ist die Verdrahtung erfolgt, empfiehlt sich eine Bezeichnung der Leitungen (ähnlich wie in vorangegangenen Kapiteln die Knotennummern verteilt wurden). Unterläßt man dies, erzeugt „Schematics" beim Generieren der Netzliste eigene Bezeichnungen für die Knoten, und man hat später bei der Analyse der Ergebnisse mit PROBE Schwierigkeiten, eine bestimmte Leitung zu finden, es sei denn, man hat sie mit einem Marker gekennzeichnet, wie weiter unten noch gezeigt wird. Um eine Leitungsbezeichnung anzubringen, ist die jeweilige Leitung zu selektieren und der Menüpunkt „Label" aus dem „Edit"-Menü aufzurufen. Das Bild 10.9 zeigt, daß zwischen der Spannungsquelle V1 und dem Widerstand R1 die Bezeichnung „1" eingefügt wurde und daß nun die Verbindung zwischen Widerstand R1 und Induktivität L1 bezeichnet werden soll. Man kann die in Bild 10.9 gezeigte Dialogbox auch durch doppeltes Anklicken der Leitung mit der linken Maustaste aufrufen. Sind die Leitungen bezeichnet, so hat man es nach der Simulation in PROBE leichter herauszufinden, welche von den vielen möglichen Spannungen und Strömen für die Auswertung interessant sind.

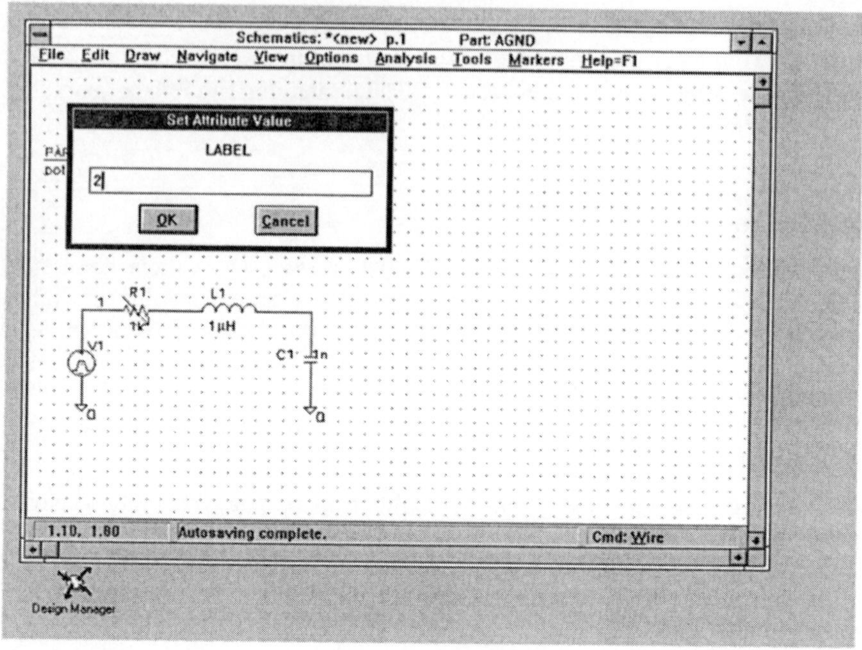

Bild 10.9 Beschriftung der Leitungen mit einem „Label“

10.3.6 Setzen eines Markers

Wenn man vorher genau weiß, welchen Punkt in der Schaltung man näher besehen möchte, kann man einen „Marker“ setzen (Bild 10.10). Das bedeutet, daß nach der Simulation und nach dem automatischen Aufruf von PROBE direkt die markierten Signale angezeigt werden. In der Beispielschaltung soll die Leitung „3“ zwischen Induktivität L1 und Kapazität C1 mit einem Marker versehen werden, der eine Spannung zum Referenzknoten 0 anzeigt. Unter dem Menü „Markers“ wird der Menüpunkt „Mark Voltage/Level“ aktiviert, und der Mauszeiger wandelt sich zu einem Pfeilsymbol mit Schildchen. Der Marker kann in gewohnter Weise an der zu analysierenden Leitung abgelegt werden (Bild 10.11).

Übrigens kann man auch nach erfolgter Simulation in das Fenster von Schematics gehen und nachträglich einen Marker setzen. Aktiviert man dann wieder das Fenster von PROBE, wird der Signalverlauf automatisch gezeichnet.

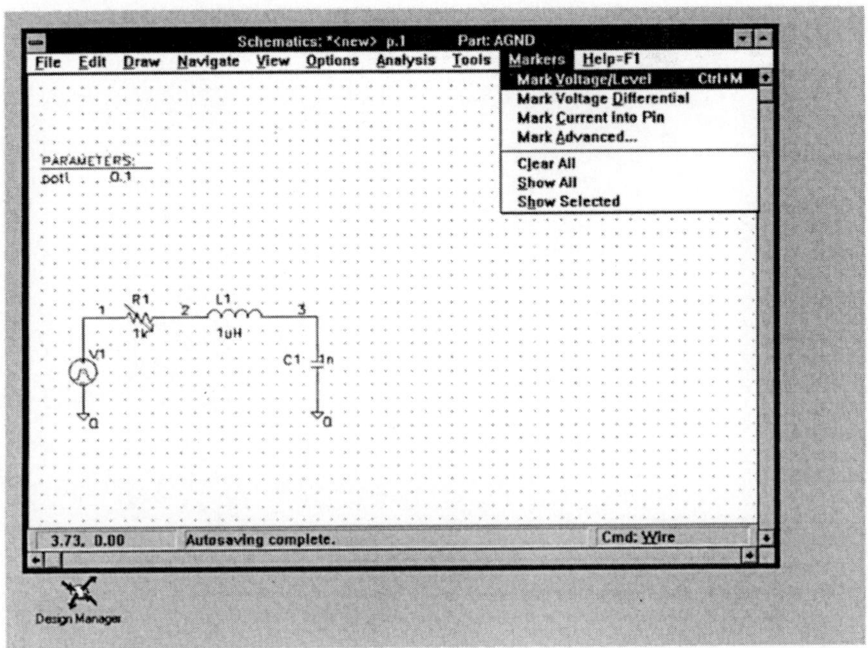

Bild 10.10 Setzen eines „Markers“

10.3.7 Spezifikation der Analysen

Nachdem die Schaltung vollständig gezeichnet wurde, müssen noch die Parameter für die Analysen eingegeben werden. Dazu dient unter dem Menü „Analysis“ der Befehl „Setup...“. Bild 10.11 zeigt den Aufruf von „Setup...“. Nach Aufruf von „Setup...“ erscheint ein Menüfeld „Analysis Setup“, wo die benötigten Analysearten durch Schaltfelder aktiviert werden können. Weiterhin läßt sich durch Klicken auf das jeweilige Namensfeld eine Dialogbox hervorholen, in der die spezifischen Daten für die Analyseart eingegeben werden können.

Als erstes sollen die Daten zur Variation des Parameters „poti“ eingegeben werden. Dies geschieht durch Klicken auf das Feld „Parametric...“. Bild 10.12 zeigt die dazugehörige Dialogbox. Es ist der Name des Parameters einzugeben (hier „poti“), die Art des Parameters (hier „Global Parameter“), die Art des Durchlaufens (hier „linear“) und die dazugehörigen Werte für Start, Ende und Inkrement.

In ähnlicher Weise ist die Transient-Analyse zu spezifizieren (siehe Bild 10.13).

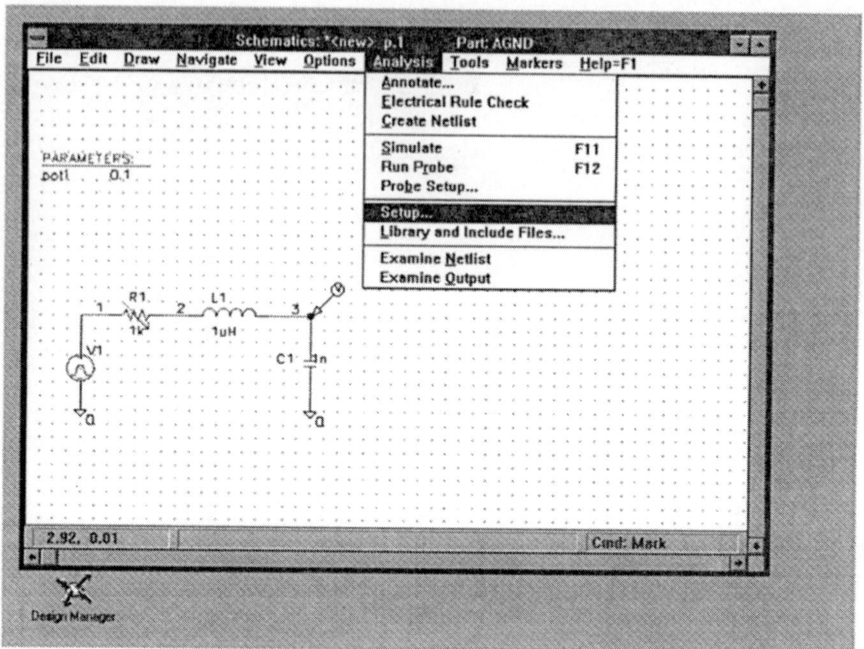

Bild 10.11 Das fertige Schaltbild und die Anwahl zur Festlegung der Analysen

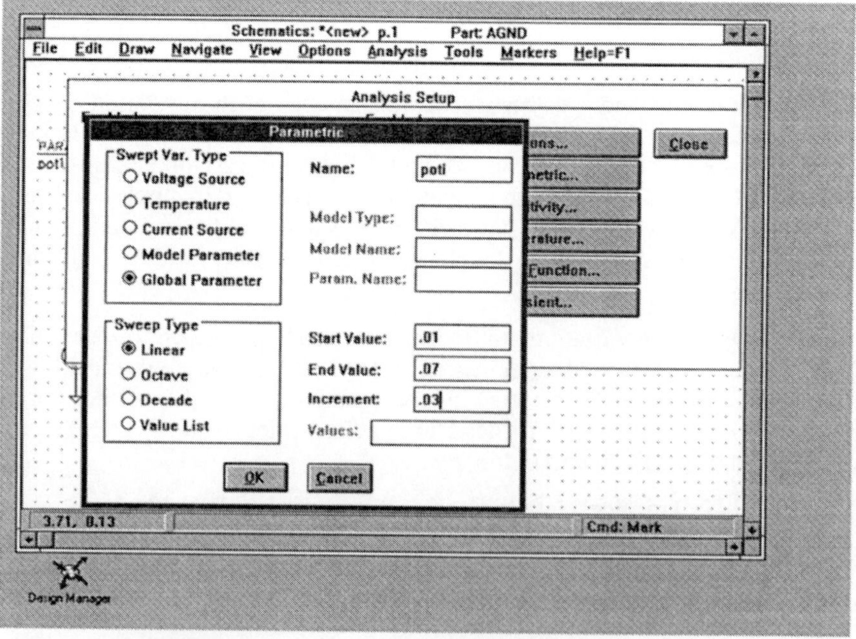

Bild 10.12 Die Eingaben zur Variation des Parameters „poti“

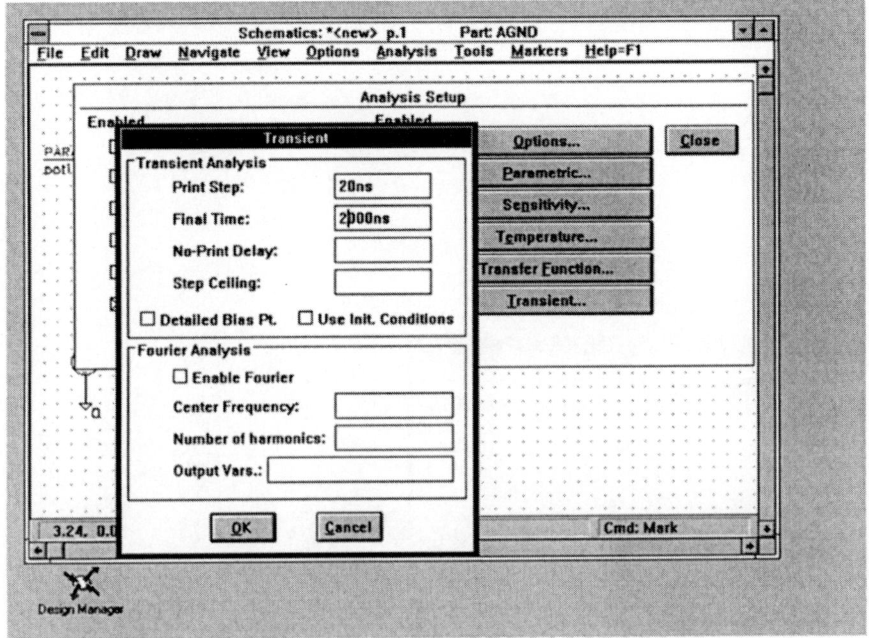

Bild 10.13 Das Setzen der Parameter für die Transient-Analyse

10.3.8 Start der Simulation und Auswertung

Nachdem alle Eingaben vorgenommen und die jeweiligen Analysearten aktiviert sind, kann die Simulation durch Anklicken des Befehls „Simulate" aus dem Menü „Analysis" gestartet werden. An dieser Stelle fragt Schematics nach dem Namen, den diese Schaltung erhalten soll. Das gezeigte Beispiel soll den Namen „LCFILT" bekommen. Nach Eingabe des Namens erzeugt Schematics die Netzliste, macht einen „Electric Rule Check", also prüft die Schaltung auf Fehler und startet anschließend den Simulator. Der Ablauf der Simulation ist in Bild 10.14 festgehalten. Nach Beendigung der Simulation wird standardmäßig automatisch PROBE aufgerufen. Da die Simulation mit Parametervariation durchgeführt wurde, existieren mehrere Sektionen als Simulationsergebnis. Daher fragt PROBE in bekannter Weise, bevor es das Ergebnis zur Anzeige bringt, welche Sektionen angezeigt werden sollen. Für den Bildschirmausdruck in Bild 10.15 wurde PROBE angewiesen, alle Sektionen anzuzeigen. Als Ergebnis der Simulation erscheint nun das zuvor markierte Signal am Knoten 3, nämlich die Sprungantwort des LC-Tiefpaßfilters für unterschiedliche Güten, beziehungsweise Werte von R1 (10Ω, 40Ω, 70Ω).

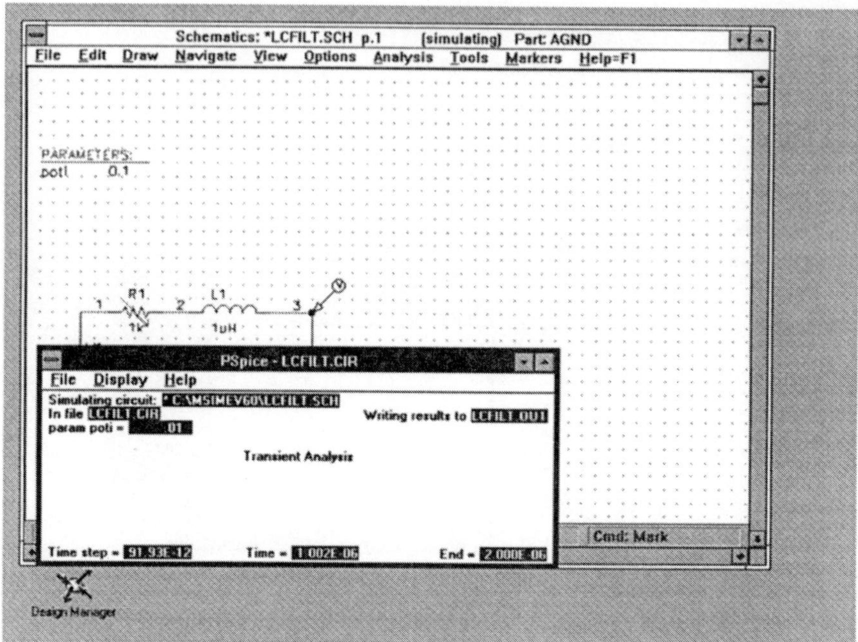

Bild 10.14 Ablauf der Simulation

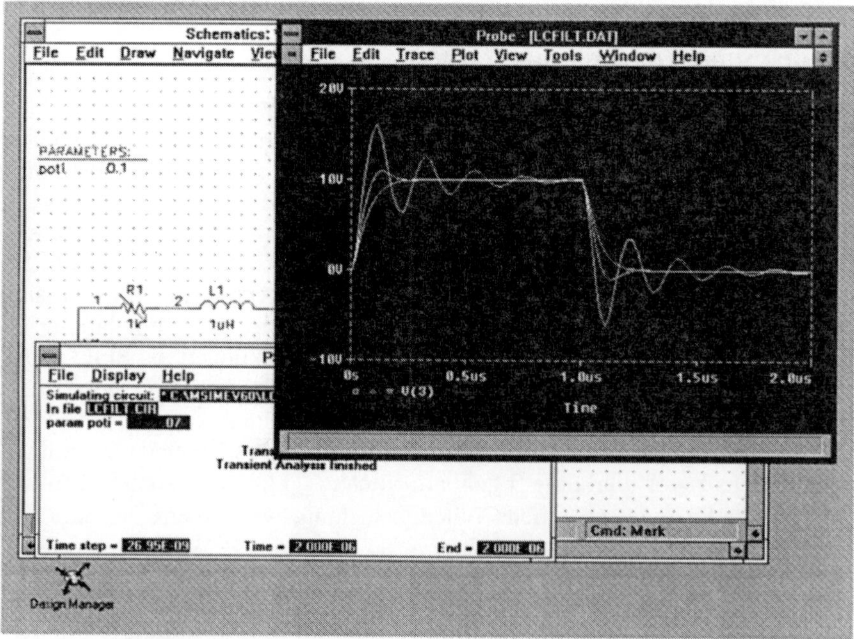

Bild 10.15 Das Ergebnis der Simulation

10.4 Beispiel mit dem Symboleditor

Im vorliegenden Beispiel soll das Symbol des Widerstandes, das entsprechend seiner amerikanischen Herkunft als Zickzacklinie ausgebildet ist, durch das bei uns übliche Rechtecksymbol ersetzt werden.

Um in den Symboleditor zu gelangen, ist der Menüpunkt „Edit Library" aus dem „File"-Menü aufzurufen. Schematics und Symboleditor werden nicht gleichzeitig betrieben, sie benutzen daher beide dasselbe Darstellungsfenster. Das hat zur Folge, daß beim Wechsel von Schematics zum Symboleditor lediglich die Menüleiste wechselt und die Arbeitsfläche geleert wird.

Es soll nun, wie oben erwähnt, das Symbol des Widerstandes verändert werden. Das Bauteil befindet sich in der Bibliothek „analog.slb", die nun erst einmal geöffnet werden muß. Mit dem Befehl „Open" aus dem „File"-Menü läßt sich dies bewerkstelligen (siehe Bild 10.16). Nach dem Öffnen der Bibliothek muß das Bauteil hereingeholt werden. Dazu dient der Befehl „Get" aus dem „Part"-Menü. Es erscheint die in Bild 10.17 gezeigte Dialogbox. Nach der Auswahl des Bauelementes „R_var" und Anklicken des Feldes „Edit" erscheint das Bauelement in vergrößerter Darstellung auf der Arbeitsfläche (Bild 10.18).

Durch Anklicken mit der linken Maustaste lassen sich die Zeichnungsteile selektieren, die nun entfernt werden sollen. Mit dem Befehl „Cut" aus dem Menü „Edit" schneidet man die Zickzacklinie heraus (Bild 10.19). Nun soll anstatt der Zickzacklinie ein Rechteck eingebaut werden. Dies geschieht mit dem Befehl „Box" aus dem „Graphics"-Menü (Bild 10.20). Mit dem Zeichnen des Rechteckes ist die Änderung vollzogen, und der Symboleditor kann über den Befehl „Return to schematic" aus dem „File"-Menü verlassen werden. Da am aktuellen Bauteil Änderungen vorgenommen wurden, fragt der Symboleditor, ob die Änderungen abgespeichert werden sollen, wie das in Bild 10.21 dargestellt ist. Die Änderung hat auch eine sofortige Wirkung auf den aktuell in Arbeit befindlichen Schaltplan, wie man das in Bild 10.22 erkennen kann.

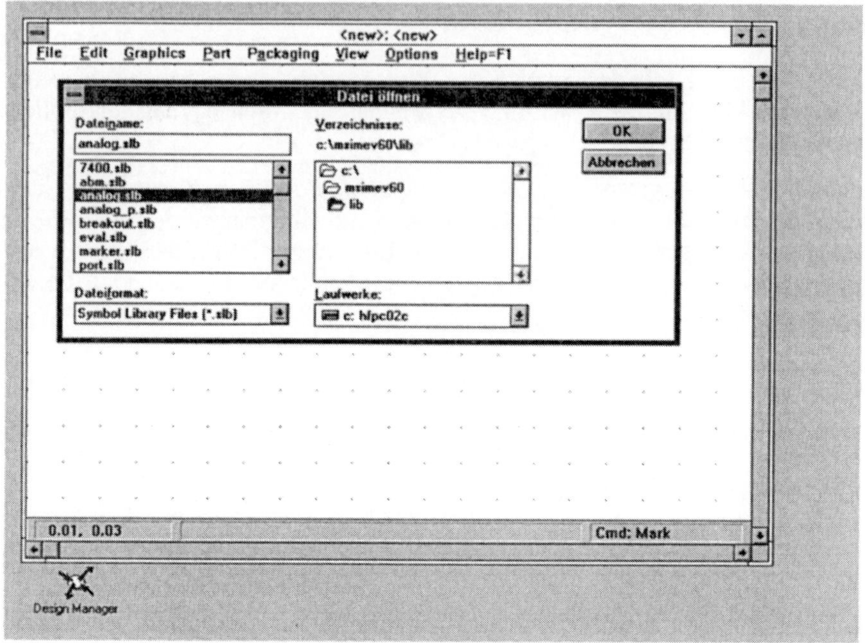

Bild 10.16 Das Öffnen der Bibliothek

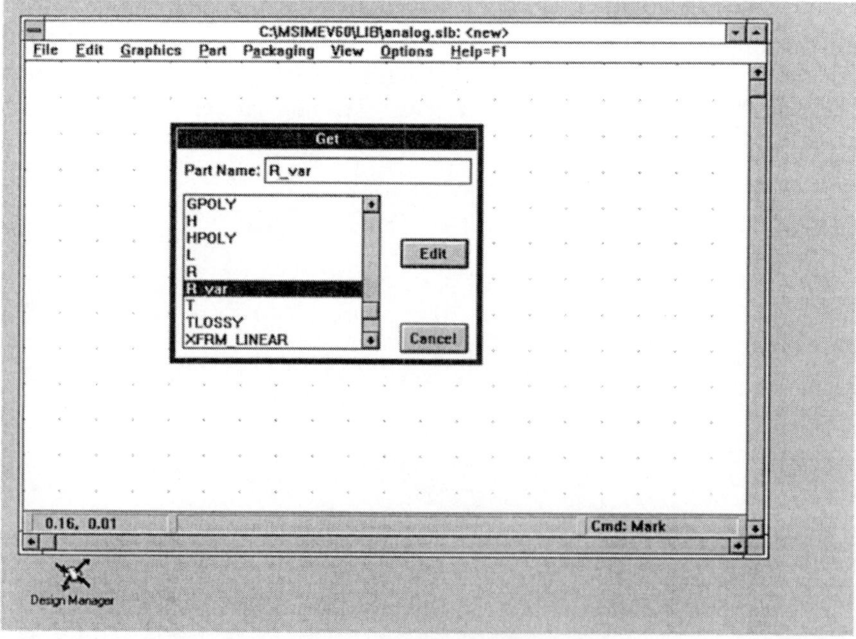

Bild 10.17 Aufruf des Bauelementes „R_var“

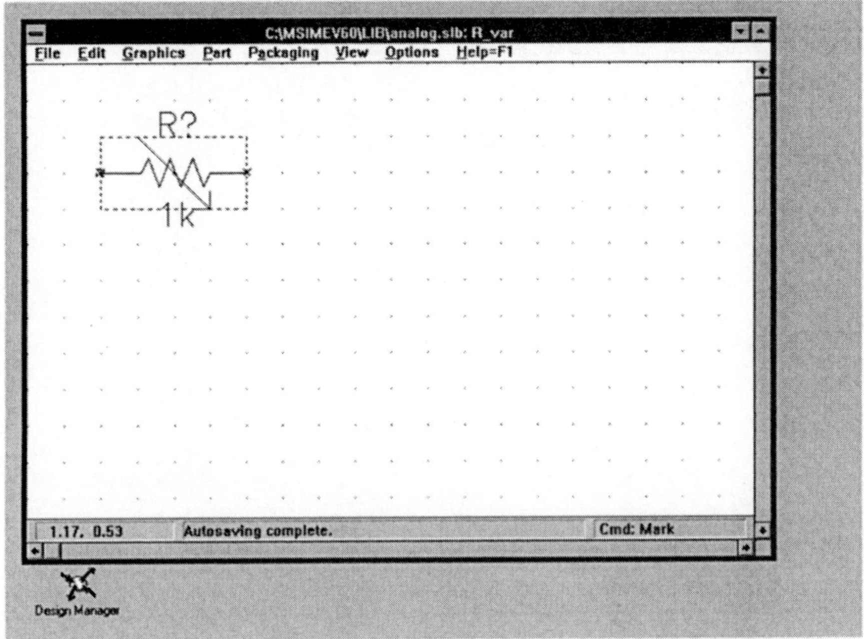

Bild 10.18 Das Bauteil erscheint auf dem Arbeitsblatt

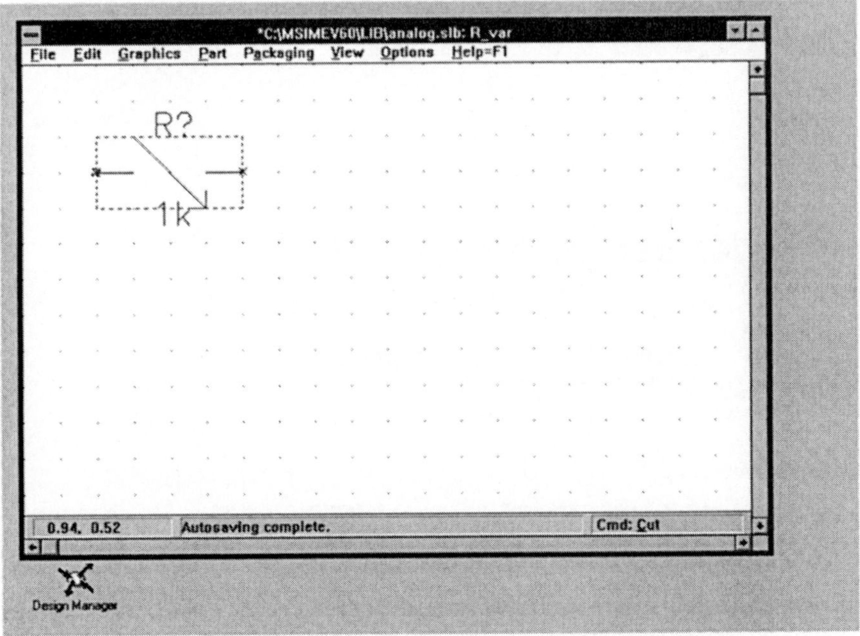

Bild 10.19 Durch Markieren und „Edit/Cut“ wird die Zickzacklinie herausgenommen

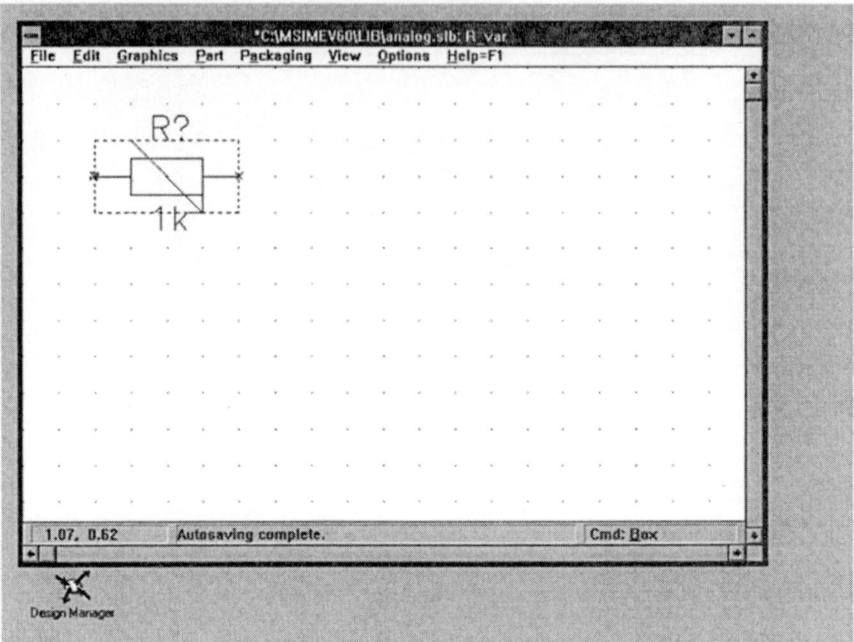

Bild 10.20 Mit „Graphics/Box“ wird das neue Widerstandssymbol gemalt

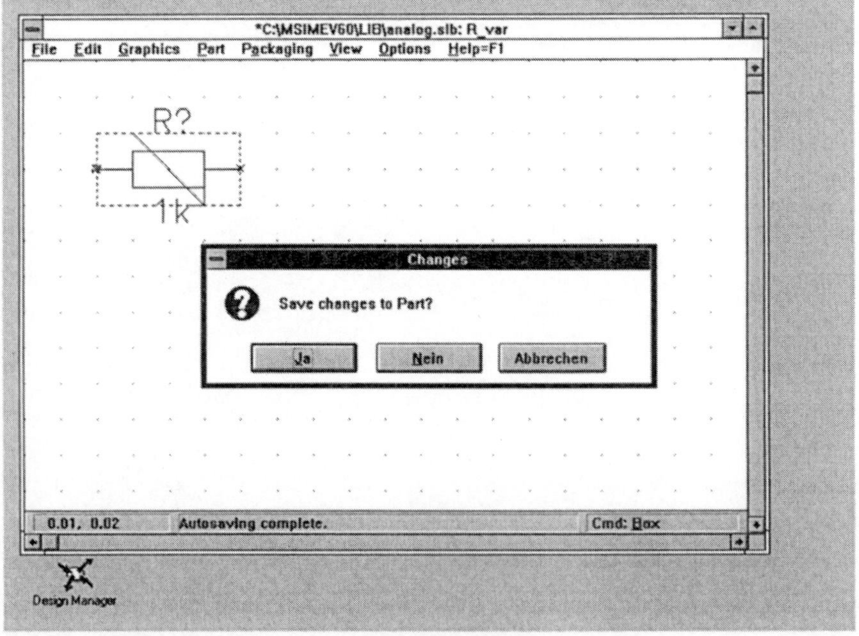

Bild 10.21 Das Sichern des Bauelementes

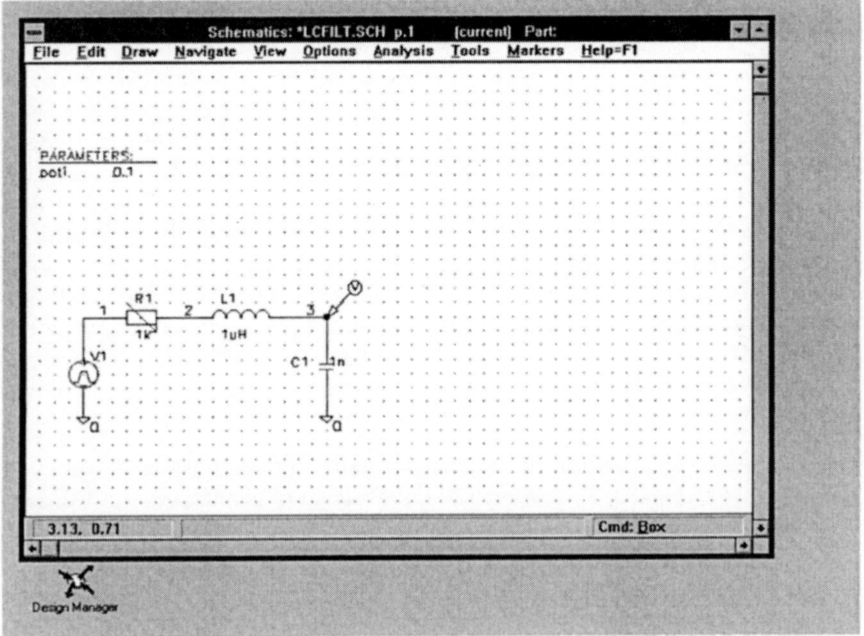

Bild 10.22 Auch in der „Circuit"-Datei ist die Änderung vollzogen

11 Modellbestimmung

Um realistische Simulationen zu erhalten, müssen die Modelle der einzelnen Bauelemente möglichst gut spezifiziert sein. Kann man bei den passiven Elementen „Widerstand“, „Kapazität“ und „Induktivität“ noch auf ein Modell verzichten, ist dies bei den Halbleiterbauelementen nicht mehr möglich. Um an die notwendigen Parameter zu gelangen, könnte man die Bauelemente elektrisch vermessen. Dies ist jedoch sehr aufwendig und zeitintensiv. Werden lediglich die voreingestellten Default-Werte benutzt, ergibt sich nur ein einfaches Standardmodell, das weder strom- noch frequenzabhängig ist. Als dritte Alternative bietet sich das Programm PARTS an. Die Demoversion von PSPICE erlaubt jedoch nur die Modellierung einer Diode. Näheres hierzu soll in Kapitel 11.2 beschrieben werden.

Eine einfache und schnelle Methode ist die Bestimmung der Parameter anhand von Datenblättern des entsprechenden Bauelementes. Dies soll im folgenden gezeigt werden.

11.1 Aus den Datenblättern

Bipolartransistor

Die Bestimmung der wichtigsten Parameter des Bipolartransistors kann mittels des entsprechenden Datenblattes durchgeführt werden. Man benötigt die Kurven $I_C(U_{CE}, U_{BE})$, $\beta(I_C)$ und $I_B(U_{BE})$ sowie einige zusätzliche Größen, die in der Regel ebenfalls im Datenblatt zu finden sind.

Im aktiv normalen Betrieb gilt für den Kollektorstrom:

$$I_C = I_S \cdot e^{U_{BE}/(n_F \cdot U_T)} \tag{11.1}$$

U_T ist die Temperaturspannung und berechnet sich aus:

$$U_T = k \cdot \frac{T}{e} \tag{11.2}$$

mit k = Boltzmannkonstante, T = Temperatur, e = Elementarladung.

Für Raumtemperatur T = 300 k ist $U_T \approx 26$ mV. Die zu bestimmenden Größen in Gl. (11.1) sind I_S und n_F. Dazu werden aus dem Ausgangskennlinienfeld $I_C(U_{CE}, U_{BE})$ zwei Wertepaare $[U_{BE}, I_C]$ entnommen, die nicht zu dicht beieinander liegen. Außerdem sollten die Kollektorströme nicht zu groß gewählt werden, damit sich die Stromverstärkung nicht im abfallenden Bereich befindet. Dies ist anhand der Kurve $\beta(I_C)$ zu überprüfen.

Die zwei Wertepaare werden nun in Gl. (11.1) eingesetzt und die Gleichungen ins Verhältnis gesetzt. Man erhält:

$$\frac{I_{C1}}{I_{C2}} = \frac{I_S}{I_S} \cdot e^{(U_{BE1}-U_{BE2})/(n_F \cdot U_T)} \tag{11.3}$$

Für n_F ergibt sich:

$$\text{NF} = \frac{U_{BE1} - U_{BE2}}{U_T \cdot \ln(I_{C1} / I_{C2})} \tag{11.4}$$

Damit berechnet sich IS aus Gl. (11.1) zu:

$$\text{IS} = I_C \cdot e^{-U_{BE}/(n_F \cdot U_T)} \tag{11.5}$$

Die ideale maximale Vorwärtsstromverstärkung kann aus dem Kollektor- und Basisstrom im gleichen Arbeitspunkt ermittelt werden.

$$\text{BF} = \frac{I_C}{I_B} \tag{11.6}$$

Auch hier ist darauf zu achten, daß die Ströme nicht zu groß sind, um nicht in den abfallenden Bereich der Stromverstärkungskurve $\beta(I_C)$ zu gelangen.

Bei hohen Strömen macht sich der Einfluß des Basisbahnwiderstandes $R_{BB'}$ (RB) zunehmend bemerkbar. Er kann aus dem sog. „Gummel-Poon-Plot“ ermittelt werden.

$$\text{RB} = \frac{U_{BE1} - U_{BE2}}{I_B} \tag{11.7}$$

Die entsprechenden Werte sind für hohe Basisströme abzulesen.

Bild 11.1 zeigt am Beispiel des Transistors BC107B, was unter einem Gummel-Poon-Plot zu verstehen ist. Man trägt den Logarithmus von Kollektorstrom und Basisstrom als Funktion der Basis-Emitterspannung auf. Im Hochstrombereich des Transistors (z.B. für $I_C > 10$ mA) ergibt sich durch den Basisbahnwiderstand eine Abweichung zwischen dem idealen Verlauf des Basisstromes (gestrichelte Linie) und dem realen Verlauf (ausgezogene Linie). Aus dieser Spannungsdifferenz läßt sich der Basisbahnwiderstand gemäß Gleichung 11.7 errechnen.

Die Vorwärts-Early-Spannung VAF kann auf zwei verschiedene Art und Weisen bestimmt werden. Nähert man die Kennlinien im $I_C(U_{CE}, U_{BE})$-Feld im aktiven Bereich durch Geraden an und verlängert sie so weit, bis sie die negative U_{CE}-Achse schneiden, stellt der Schnittpunkt betragsmäßig den gesuchten Parameter dar.

In der Praxis hat VAF eine Größenordung von ca. 100 V, die auf der U_{CE}-Achse nicht mehr dargestellt ist. Man ermittelt den Parameter daher analytisch. Die Steigung der oben erwähnten asymptotisch angenäherten Geraden ist der Ausgangswiderstand $r_{CE} = 1/h_{22e}$. Einer dieser Parameter ist im Datenblatt zu finden, und mit dessen Hilfe kann die dazugehörige Geradengleichung aufgestellt und daraus VAF errechnet werden. Man erhält:

$$\text{VAF} = \frac{I_C}{h_{22e} - U_{CE}} \tag{11.8}$$

h_{22e} wird in der Regel für einen bestimmten Kollektorstrom und die dazugehörige Kollektor-Emitterspannung angegeben.

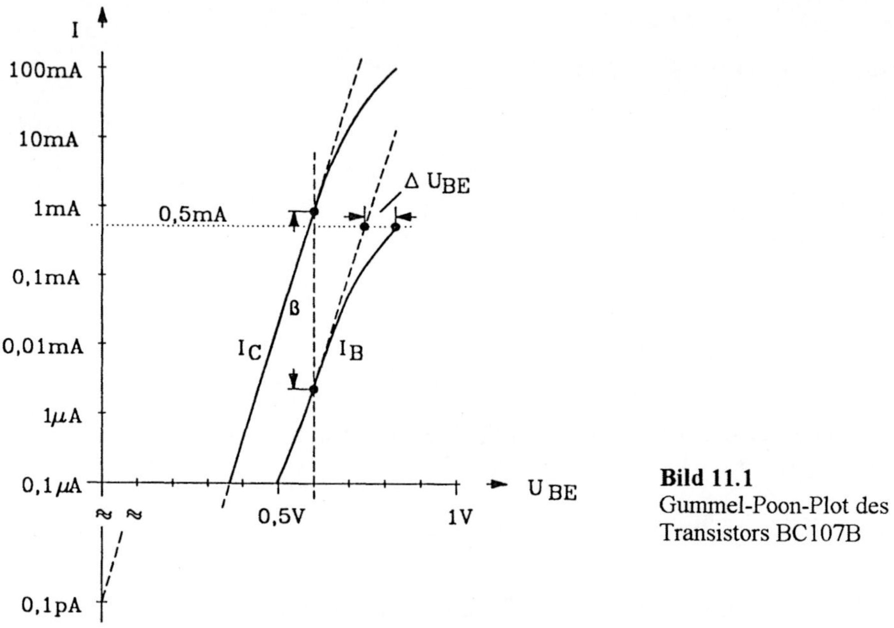

Bild 11.1
Gummel-Poon-Plot des Transistors BC107B

Die wichtigsten statischen Parameter für den Vorwärtsbetrieb des Transistors sind nun bestimmt. Für den Rückwärtsbetrieb genügen im allgemeinen die Default-Werte.

Die wichtigsten dynamischen Parameter des Bipolartransistors sind die Größen CJE, CJC, TF und, betrachtet man zusätzlich das Rauschen, KF. Die beiden Kapazitäten ergeben sich direkt aus dem Datenblatt, da sie für eine Spannung von 0 V gelten.

$$\text{CJE} = C_{EB0} \tag{11.9}$$

$$\text{CJC} = C_{CB0} \tag{11.10}$$

TF ergibt sich aus der maximalen Transitfrequenz f_T des Transistors, die ebenfalls in den Datenblättern zu finden ist. Es gilt:

$$\text{TF} = \frac{1}{\omega_T} = \frac{1}{2 \cdot \pi \cdot f_T} \tag{11.11}$$

Wenn TF noch genauer bestimmt werden soll, ist zusätzlich der Einfluß der Basis-Emitter- und der Kollektor-Basis-Kapazität zu berücksichtigen. Es gilt dann:

$$\text{TF} = \frac{1}{2 \cdot \pi \cdot f_T} - \frac{(\text{CJE} + \text{CJC}) \cdot U_T}{I_C} \tag{11.12}$$

Für I_C setzt man den Kollektorstrom ein, bei dem die Transitfrequenz maximal ist.

Zur Bestimmung des Rauschparameters KF ist die Kenntnis der $1/f$-Eckfrequenz erforderlich. Sie bestimmt den Übergang zwischen dem $1/f$-Rauschen und dem Schrotrauschen. Betrachtet man alle Rauschquellen eines Transistors und rechnet diese in einen äquivalenten Eingangsrauschstrom um, erhält man:

$$I_{eq} = I_B + \frac{\mathrm{KF} \cdot I_B}{2 \cdot e \cdot f} + \frac{I_C}{\left|\beta(j\omega)\right|^2} \tag{11.13}$$

Für den Parameter KF sind nur die ersten zwei Summanden relevant, da der dritte aufgrund seiner geringen Größe vernachlässigbar ist und erst bei hohen Frequenzen eine Rolle spielt. An der $1/f$-Eckfrequenz muß der erste Summand gleich dem zweiten sein. Daraus folgt für KF:

$$\mathrm{KF} = f_{1/f} \cdot 2 \cdot e \quad \text{mit } e = 1{,}602 \cdot 10^{-19}\ \mathrm{As} \tag{11.14}$$

Sperrschichtfeldeffekttransistor (JFET)

Auch die wichtigsten Parameter des JFETs können anhand des Datenblattes bestimmt werden. VTO ist direkt mit der Schwellspannung U_P gleichzusetzen.

$$\mathrm{VTO} = U_P \tag{11.15}$$

Die Ausgangskennliniengleichung eines JFETs im Sättigungsbetrieb hat bekanntlich die Form:

$$I_D = \frac{I_{DSS}}{U_P^2} \cdot (U_{GS} - U_P)^2 \cdot (1 + \lambda \cdot U_{DS}) \tag{11.16}$$

PSPICE verwendet die Formel:

$$I_D = \mathrm{BETA} \cdot (U_{GS} - \mathrm{VTO})^2 \cdot (1 + \mathrm{LAMBDA} \cdot U_{DS}) \tag{11.17}$$

Korreliert man Gl. (11.17) mit Gl. (11.16), muß gelten:

$$\mathrm{BETA} = \frac{I_{DSS}}{U_P^2} \tag{11.18}$$

Mit der aus dem Datenblatt bekannten Größe I_{DSS} ist somit auch BETA bekannt.

LAMBDA charakterisiert ähnlich wie beim Bipolartransistor der Parameter VAF die Steigung der Ausgangskennlinien im Sättigungsbereich. Angegeben ist in der Regel der Ausgangswiderstand r_o bzw. -leitwert g_o für eine bestimmte Spannung U_{DS}. Differenziert man Gl. (11.16) nach U_{DS} und stellt das Ergebnis nach LAMBDA um, ergibt sich:

$$\mathrm{LAMBDA} = \frac{1}{(I_{DSS} / g_0) - U_{DS}} \tag{11.19}$$

Für die dynamische Beschreibung des JFETs fehlen die Kapazitäten CGS und CGD, die bei einer Spannung von 0 V definiert sind. Auch diese Größen enthält das Datenblatt, so daß sie direkt übernommen werden können.

$$\text{CGS} = C_{\text{iss}} \tag{11.20}$$

$$\text{CGD} = C_{\text{rss}} \tag{11.21}$$

Der Rauschparameter KF berechnet sich in ähnlicher Weise wie beim Bipolartransistor. Auch hier ist die Kenntnis der $1/f$-Eckfrequenz erforderlich. Betrachtet man wieder alle Rauschquellen des JFETs und errechnet daraus den äquivalenten Eingangsrauschwiderstand, erhält man:

$$R_{\text{eq}} = \frac{2}{3 \cdot g_{\text{m}}} + \frac{\text{KF} \cdot I_{\text{D}}}{4 \cdot \text{k} \cdot T \cdot g_{\text{m}}^2 \cdot f} \tag{11.22}$$

Bei der $1/f$-Eckfrequenz muß der erste Summand gleich dem zweiten sein. Das bedeutet:

$$\text{KF} = f_{1/\text{f}} \cdot \frac{8 \cdot \text{k} \cdot T \cdot g_{\text{m}}}{3 \cdot I_{\text{D}}} \tag{11.23}$$

Die noch unbekannten Größen sind die Steilheit g_{m} und der Drainstrom I_{D}. Die Größe g_{m} ist definiert als:

$$g_{\text{m}} = \frac{\delta I_{\text{D}}}{\delta U_{\text{GS}}} \tag{11.24}$$

Die Gl. (11.16) ist daher nach U_{GS} abzuleiten. Gl. (11.16) und (11.24) in Gl. (11.23) eingesetzt, ergibt den endgültigen Parameter KF.

$$\text{KF} = f_{1/\text{f}} \cdot \frac{16 \cdot \text{k} \cdot T}{3 \cdot (U_{\text{GS}} - U_{\text{P}})} \tag{11.25}$$

Gl. (11.25) besagt, daß KF vom eingestellten Arbeitspunkt abhängig ist. In den Datenblättern ist daher auch die $1/f$-Eckfrequenz nur für $U_{\text{GS}} = 0$ V angegeben.

Metalloxid-Feldeffekttransistor (MOSFET)

Zur Bestimmung der Parameter des MOSFETs geht man in ähnlicher Weise vor wie beim JFET. Die Ausgangskennliniengleichung im Sättigungsbetrieb lautet:

$$I_{\text{D}} = \frac{\text{KP}}{2} \cdot \frac{\text{W}}{\text{L}} \cdot (U_{\text{GS}} - U_{\text{TH}})^2 \cdot (1 + \lambda \cdot U_{\text{DS}}) \tag{11.26}$$

Die gleiche Form benutzt auch PSPICE. Man kann daher sofort:

$$\text{VTO} = U_{\text{TH}} \tag{11.27}$$

setzen. Analog zum JFET ergibt sich für LAMBDA:

$$\text{LAMBDA} = \frac{1}{(I_D / g_0) - U_{DS}} \tag{11.28}$$

Für I_D und U_{DS} sind die Werte einzusetzen, für die g_0 definiert ist.

Bevor KP ermittelt werden kann, muß zuerst die Kanallänge L und -weite W des MOSFETs bekannt sein. Da nicht beide bestimmbar sind, beläßt man die Kanalweite auf ihren Default-Wert von 100 μm. Zur Bestimmung von L müssen die dynamischen Eigenschaften des MOSFETs untersucht werden. Im Gegensatz zum JFET lassen sich diese nicht über zwei einzelne Kapazitäten beschreiben, so daß die Formeln, die PSPICE zur Modellierung benutzt, näher betrachtet werden müssen. In den Datenblätter sind die Kapazitäten für den Kleinsignalbetrieb angegeben. Es genügen somit die passenden Formeln für den Sättigungsbetrieb.

$$C_{GS} = C_{iss} = \frac{2}{3} \cdot \frac{\text{W} \cdot \text{L} \cdot \varepsilon_0 \cdot \varepsilon_r}{\text{TOX}} \quad \text{mit } \varepsilon_r = 3.9 \tag{11.29}$$

TOX ist die Dicke des Gateoxids und hat in der Regel die realistische Größe von:

$$\text{TOX} = 100\ \text{n}. \tag{11.30}$$

Mit diesem Wert berechnet sich die Kanallänge L aus Gl. (11.29) zu:

$$\text{L} = \frac{3}{2} \cdot \frac{\text{TOX} \cdot C_{iss}}{\text{W} \cdot \varepsilon_0 \cdot \varepsilon_r} \quad \text{bzw.} \tag{11.31}$$

$$\text{L} = \frac{C_{iss}}{2{,}3 \cdot 10^{-8}} \tag{11.32}$$

Die Rückwirkungskapazität erhält man im Sättigungsbetrieb aus:

$$C_{rss} = \text{CGDO} \cdot \text{W} \tag{11.33}$$

bzw. für CGDO:

$$\text{CGDO} = \frac{C_{rss}}{1 \cdot 10^{-4}} \tag{11.34}$$

Mit Hilfe der bisher ermittelten Größen und Gl. (11.26) kann nun KP errechnet werden.

$$\text{KP} = 2 \cdot I_D \cdot \frac{\text{L}}{\text{W}} \cdot (U_{GS} - \text{VTO})^2 \cdot (1 + \lambda \cdot U_{DS}) \tag{11.35}$$

Für I_D, U_{GS} und U_{DS} ist ein Wertepaar zu wählen, das sich im Sättigungsbereich des MOSFET's befindet.

Der Rauschparameter KF wird in gleicher Weise berechnet wie beim JFET.

Es gilt daher

$$\text{KF} = f_{1/f} \cdot \frac{16 \cdot \text{k} \cdot T}{3 \cdot (U_{GS} - U_{TH})} \tag{11.36}$$

11.2 Mit PARTS

Die Ermittlung der SPICE-Parameter anhand der Datenblätter ist zwar eine einfache Methode, sie liefert jedoch nur die wichtigsten Größen. Zur genaueren Beschreibung eines Bauelementes ist das Programm PARTS geeigneter. In der Vollversion können hiermit Dioden, Bipolartransistoren, JFETs, Leistungs-MOSFETs, Operationsverstärker und Spannungskomparatoren modelliert werden. Da die zwei zuletzt Genannten keine Grundbauelemente von PSPICE sind, modelliert PARTS hiervon Makromodelle. Ein Beispiel eines Operationsverstärkers wurde in Bild 2.8 gezeigt. In der Demoversion kann jedoch nur eine Diode modelliert werden.

Nach dem Start des Programms wählt man in einem Menü das gewünschte Bauteil aus. Anschließend ist ein Bauteilname einzugeben. Bei Wahl der Diode erscheint nun ein Funktionsverlauf, der den Vorwärtsstrom über der Vorwärtsspannung darstellt. Auf der rechten Seite sind zwei Parameterfelder zu sehen. Das untere Feld zeigt die SPICE-Parameter, die PARTS aus dem momentanen Funktionsverlauf errechnet hat.

Um den Verlauf des Vorwärtsstroms zu verändern, werden aus der Datenblattkurve $I_D(U_D)$ einige Wertepaare $[U_D, I_D]$ benötigt. Sie sollten nicht zu dicht beieinander liegen. Am günstigsten sind Werte für einen kleinen, mittleren und großen Diodenstrom. Die Daten müssen nun über den Menüpunkt `Device_curve` in das obere rechte Feld eingetragen werden. PARTS errechnet daraus nun die SPICE-Parameter neu, was wiederum einen neuen Funktionsverlauf zur Folge hat. Bild 11.2 zeigt das Resultat für zwei Wertepaare.

Es ist durch weitere Daten solange zu verfeinern, bis es dem Original entspricht. Ist kein befriedigendes Ergebnis zu erreichen, können die SPICE-Parameter auch direkt manipuliert werden. Dies geschieht über den Menüpunkt `Model_parameters`.

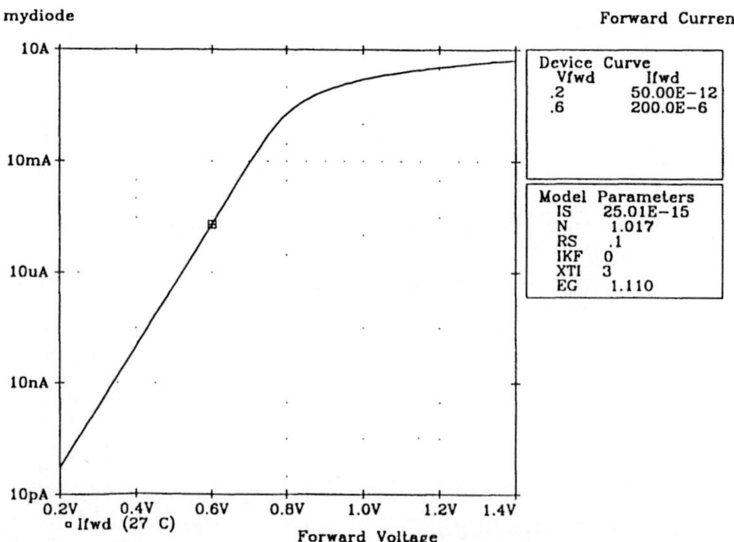

Bild 11.2 Modellparameterbestimmung über den Strom im Vorwärtsbetrieb

Mittels des Menüpunktes `Next_set` wird der nächste Funktionsverlauf mit dem zugehörigen Parametersatz aufgebaut. Die Vorgehensweise zur Veränderung des Verlaufs ist die gleiche wie oben beschrieben. Im Falle der Diode ergibt sich Bild 11.3.

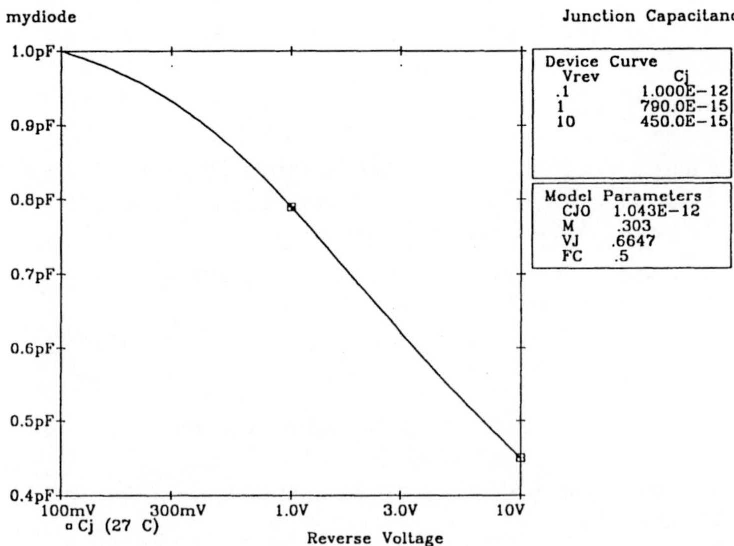

Bild 11.3 Modellparameterbestimmung über die Sperrschichtkapazität

Sind alle Parameter bestimmt, erzeugt PARTS eine Datei mit dem Namen des Bauteils und der Extension `.MOD` (Bild 11.4).

```
* mydiode model created using Parts version 4.05 on 11/20/91
* at 19:11
*
.model mydiode D(Is=25.01f N=1.017 Rs=.1 Ikf=0 Xti=3
+ Eg=1.11 Cjo=1.043p
+ M=.303 Vj=.6647 Fc=.5 Isr=100p Nr=2 Bv=100 Ibv=100u Tt=5n)
```

Bild 11.4 Die von PARTS generierten Modellparameter des gezeigten Beispiels

Zusätzlich wird eine Datei mit der Extension `.MDT` generiert. Sie enthält sämtliche Daten, die der Bediener zu diesem Modell eingegeben hat. Bei einem erneuten Start von PARTS mit dem gleichen Bauteilnamen stehen die alten Daten wieder zur Verfügung und müssen nicht neu eingegeben werden. Man kann somit ein Modell zeitlich getrennt modellieren oder auch nachträglich verändern.

12 Installations- und Bedienungshinweise zur Software

12.1 Installation unter DOS

Mit der Bestellkarte, die diesem Buch beiliegt, kann bei der Firma Thomatronik die aktuelle Demoversion des Programms PSPICE bezogen werden. Für den Betrieb der Software sind die folgenden Hardware-Anforderungen notwendig:

- IBM-PC 80386/486/586 oder Kompatible mit mindestens 640 Kilobyte Hauptspeicher und mindestens 1024 Kilobyte EMS-Speicher
- Koprozessor 80387
- Harddisk
- MS-DOS 3.3 oder höher bzw. Windows 3.x bei der Windows-Version.

Es kann ein Monochrom- oder Farbbildschirm eingesetzt werden. Ein Drucker oder Plotter ist nicht zwingend notwendig.

Die Demoversion von PSPICE enthält die Programme

`PS:`	eine Control Shell-Oberfläche
`PSPICE:`	das eigentliche Simulationsprogramm
`STMED:`	den Stimuluseditor
`PROBE:`	das Software-Oszilloskop
`PARTS:`	zur Modellierung von Bauelementen

sowie einige für den Programmablauf notwendige Zusatzdateien.

Die Installation ist relativ einfach. Auf der Festplatte müssen mindestens 5 MB freier Speicher vorhanden sein. Man wechselt zu dem Laufwerk, in dem man die erste der Installationsdisketten eingelegt hat, und mit dem Aufruf von „INSTALL“ wird das gesamte Programmwerk menügesteuert installiert.

12.1.1 CONTROL SHELL (bis Version 5.4)

Die Control Shell ist ein Oberflächenmenü, mit dessen Hilfe sämtliche zur Simulation und Auswertung notwendigen Schritte durchgeführt werden können. Der traditionelle Weg wäre, eine „Circuit“-Datei mit einem Editor zu erstellen und zu speichern, diese mit PSPICE zu simulieren und das Ergebnis mit PROBE auszuwerten bzw. die Output-Datei aufzulisten. All dies und einige zusätzliche Funktionen sind in der Control Shell vereinigt.

Das Programm wird mit PS gestartet. Wer einen monochromen Monitor besitzt, sollte zusätzlich die Option `/M` benutzen. Dies bewirkt, daß der momentan gewählte Menüpunkt invers dargestellt wird und damit leichter zu erkennen ist. Weiterhin kann der Name einer „Circuit"-Datei angegeben werden, die noch nicht notwendigerweise existieren muß.

Es erscheint eine Benutzeroberfläche mit einer Menüleiste am Bildschirmoberrand. Die Menüpunkte, die mit einer hohen Intensität dargestellt sind, können angewählt werden. Die mit normaler Intensität sind gesperrt. Die aktuelle Wahlmöglichkeit eines Menüpunktes hängt vom Zustand der „Circuit"-Datei ab und ändert sich im Laufe der Arbeit. Ist z.B. eine „Circuit"-Datei fehlerhaft, kann `ANALYSIS` nicht angewählt werden, da eine sinnvolle Simulation nicht durchführbar ist.

Die Wahl eines Menüpunktes geschieht entweder über die Cursortasten und RETURN oder über die Maus und eine der Maustasten oder über den entsprechenden Anfangsbuchstaben. Mit der ESC-Taste oder durch Drücken der linken und rechten Maustaste wird das Menü wieder verlassen.

Die Funktionen der Menüs im einzelnen sind:

Files

Das FILES-Menü dient zum Editieren, Laden und Speichern der aktuellen „Circuit"-Datei und zur Gerätekonfiguration. Die einzelnen Menüpunkte sind:

- `Edit`: Startet den internen Editor. Über F1 kann ein Hilfemenü aufgerufen werden. Mit ESC wird der Editor verlassen und, wenn erwünscht, die „Circuit"-Datei in einer temporären Datei gespeichert.
- `Browse Output`: Es wird die Output-Datei `.OUT` der aktuellen „Circuit"-Datei aufgelistet. Mit ESC wird dieser Punkt verlassen.
- `Current File...`: Hier kann eine „Circuit"-Datei geladen werden. Es wird eine temporäre Datei angelegt, mit der PSPICE arbeitet.
- `Save File`: Dient zum Speichern der aktuellen „Circuit"-Datei in die Originaldatei.
- `X - External Editor`: Startet einen externen Editor. Als Default wird der DOS-Editor EDLIN verwendet. Mit der Environmentvariablen PSEDIT kann ein alternativer Editor benutzt werden. Die Syntax des entsprechenden DOS-Kommandos lautet:
  `SET PSEDIT=<Editorname> [options].`
  Die folgenden Optionen, basierend auf dem Circuitnamen `MYDIR\DESIGN.CIR`, sind erlaubt:
  `%c`: Dem Editornamen wird der Pfadname des aktuellen Verzeichnisses angehängt.
  `%e`: Es wird der Circuitname ohne Extension angehängt (`MYDIR\DESIGN`).
  `%f`: Der komplette Name wird verwendet (`MYDIR\DESIGN.CIR`).
  `%n`: Nur der Name ohne Pfad wird angehängt (`DESIGN`).
  `%p`: Nur der Pfad wird angehängt (`MYDIR`).

Zu beachten ist, daß den Optionen ein `%`-Zeichen voranzustellen ist, wenn die Environmentvariable in einer Batch-Datei gesetzt wird (z.B. `%%f`).

- `R - External Browser`: Es wird ein externer Editor für die Output-Datei gestartet. Das Defaultkommando hierfür ist der DOS-Befehl `TYPE`, kombiniert mit `MORE`. Auch hier kann über die Enviromentvariable `PSBROWSER` ein alternativer Editor gewählt werden. Es gilt die gleiche Syntax wie bei `PSEDIT`.
- `Display/Prn Setup...`: Hier kann die Gerätekonfiguration durchgeführt werden. Näheres hierzu Abschnitt „Gerätekonfiguration".

Circuit

Im Circuit-Menü können Bauelementwerte, Modelle und Parameter der aktuellen „Circuit"-Datei verändert werden.

Die einzelnen Menüpunkte sind:

- `Devices...`: Bauelementwerte können editiert werden.
- `Models...`: Hier sind Änderungen an Modellbeschreibungen möglich.
- `Parameters`: Dient zur Editierung globaler Parameter.
- `Errors`: Zeigt vorhandene Fehler in der aktuellen „Circuit"-Datei an. Die gleiche Funktion kann mit F6 ausgelöst werden.

StmEd

Dieser Menüpunkt behandelt den Stimulus-Editor. Die einzelnen Menüpunkte sind:

- `Edit`: Der Stimulus-Editor wird für die aktuelle „Circuit"-Datei gestartet.
- `Command File...`: Legt fest, ob eine Kommando-Datei angelegt werden soll.
- `Log to File...`: Der Stimulus-Editor wird mit einer Log-Datei gestartet.

Analysis

Mit dem Analysis Menü wird die aktuelle „Circuit"-Datei simuliert. Darüber hinaus können nachträglich die Analysearten und Optionen verändert werden. Die einzelnen Menüpunkte sind:

- `Run PSpice`: Die Simulation wird gestartet.
- `AC & Noise`: Die Parameter der AC- und Rauschanalyse können editiert werden.
- `DC Sweep`: Die Parameter der DC-Analyse können editiert werden.
- `Transient...`: Die Parameter der Transient-Analyse können editiert werden.
- `Parametric...`: Die Parameter einer .STEP-Anweisung können editiert werden.
- `Specify Temperature...`: Die Temperatur kann editiert werden.

- `Monte Carlo...`: Die Parameter der Monte Carlo-Analyse können editiert werden.
- `Change Options...`: Die Kontrolloptionen können editiert werden.

Display

- `Print`: Es können die Parameter einer `.PRINT`-Anweisung editiert werden.

Probe

Mit diesem Menüpunkt wird der graphische Postprozessor mit wählbaren Optionen aufgerufen. Die einzelnen Menüpunkte sind:

- `Run Probe`: Das Programm PROBE wird gestartet.
- `Auto-run...`: Dieser Schalter gibt an, ob nach einer Simulation automatisch PROBE aufgerufen werden soll.
- `NoneSomeAll`: Es können die Ausgangsvariablen angegeben werden, die später mit PROBE darstellbar sein sollen.
- `Command File...`: Legt fest, ob eine Kommando-Datei angelegt werden soll.
- `Log to File...`: PROBE wird mit einer Log-Datei gestartet.
- `Format...`: Legt fest, ob die `.PROBE`-Anweisung in einer „Circuit"-Datei eine binäre Ausgabedatei (`.DAT`) oder eine ASCII-Datei (`.TXT`) erzeugt.

Quit

- `Exit to DOS`: Die Control Shell wird verlassen. Durchgeführte Änderungen an der aktuellen „Circuit"-Datei können in die Originaldatei abgespeichert werden. Die temporäre Arbeitsdatei wird gelöscht.
- `DOS Command`: Es kann ein DOS-Kommando ausgeführt werden. Wird nur die RETURN-Taste gedrückt, gelangt man zur DOS-Ebene. Die Control Shell bleibt dabei im Speicher des Computers und wird durch EXIT wieder aufgerufen.

Außer diesen Menüpunkten stehen dem Bediener einige Hot-Keys zur Verfügung.

- `F1` aktiviert ein Hilfe-Fenster.
- `F2` verschiebt ein Fenster, z.B. das Hilfe-Fenster, auf dem Bildschirm.
- `F3` aktiviert das On-Line-Bedienungshandbuch.
- `F4` zeigt eine Liste möglicher Antworten auf eine Eingabeaufforderung, z.B. beim Laden einer „Circuit"-Datei.
- `F5` aktiviert einen Taschenrechner. Mit F1 kann ein Hilfe-Fenster angefordert werden.
- `F6` zeigt die Fehler einer „Circuit"-Datei an.

Gerätekonfiguration

Damit die Programme PROBE, PARTS und der Stimulus-Editor korrekt arbeiten können, muß zuvor eine Gerätekonfiguration durchgeführt werden. Dies kann entweder mit dem Programm `SETUPDEV` oder der Control Shell geschehen. Im zweiten Fall wählt man dazu den Menüpunkt FILES und fährt mit dem Cursor auf `DISPLAY/PRN SETUP`. Es sollte nun Bild 12.1 auf dem Bildschirm zu sehen sein.

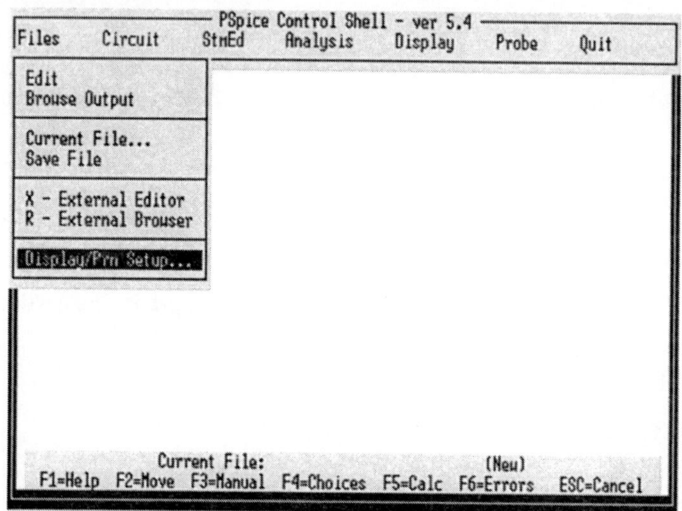

Bild 12.1 Anwahl des Konfigurationsmenüs

Nach Bestätigung dieses Menüpunktes erscheint ein Fenster mit den zu editierenden Zeilen DISPLAY, PORT und PRINTER. Im DISPLAY-Feld trägt der Bediener seinen verwendeten Bildschirmadapter ein. Durch Drücken der Taste F4 (Choices) kann eine Liste aller Graphiktreiber angezeigt werden, die PSPICE anbietet (s. Bild 12.2).

Mit den Cursortasten und RETURN bzw. der Maus wird der geeignete Typ ausgewählt. In gleicher Weise verfährt man mit der Spezifikation der Ausgabeschnittstelle und des Druckers bzw. Plotters.

Die Daten werden anschließend in der Datei `PSPICE.DEV` gespeichert.

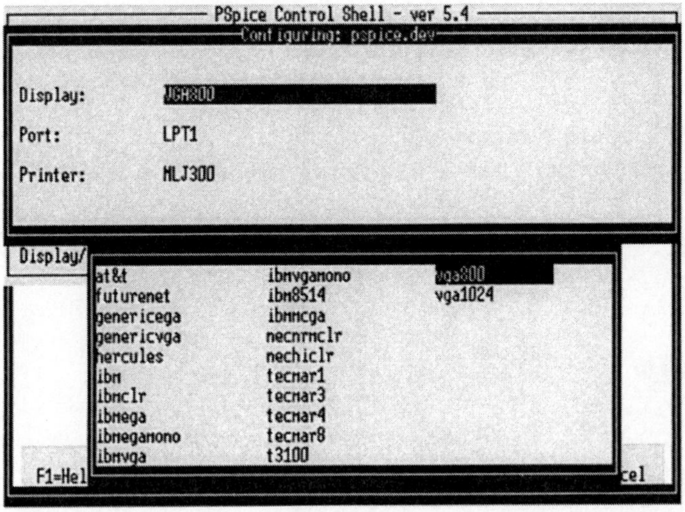

```
PSpice Control Shell - ver 5.4
Configuring: pspice.dev

Display:        VGA800
Port:           LPT1
Printer:        MLJ300

Display/
at&t            ibmvgamono      vga800
futurenet       ibm8514         vga1024
genericega      ibmmcga
genericvga      necnrmclr
hercules        nechiclr
ibm             tecmar1
ibmclr          tecmar3
ibmega          tecmar4
ibmegamono      tecmar8
ibmvga          t3100
F1=Hel                                  cel
```

Bild 12.2 Selektion des verwendeten Bildschirmadapters

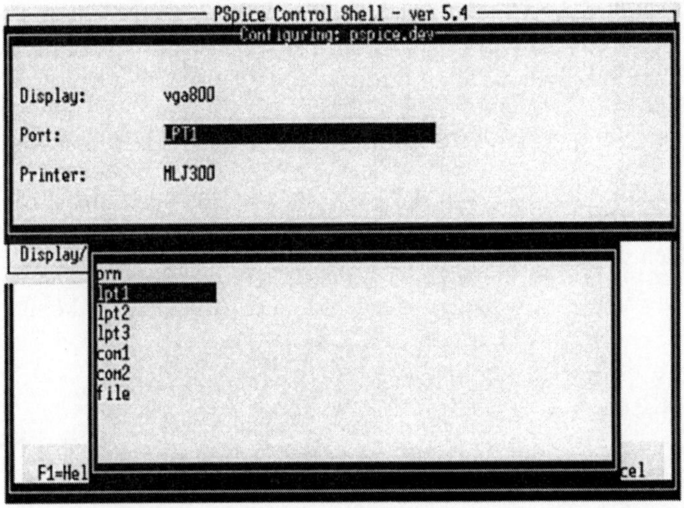

```
PSpice Control Shell - ver 5.4
Configuring: pspice.dev

Display:        vga800
Port:           LPT1
Printer:        MLJ300

Display/
prn
lpt1
lpt2
lpt3
com1
com2
file
F1=Hel                                  cel
```

Bild 12.3 Selektion der Ausgabeschnittstelle

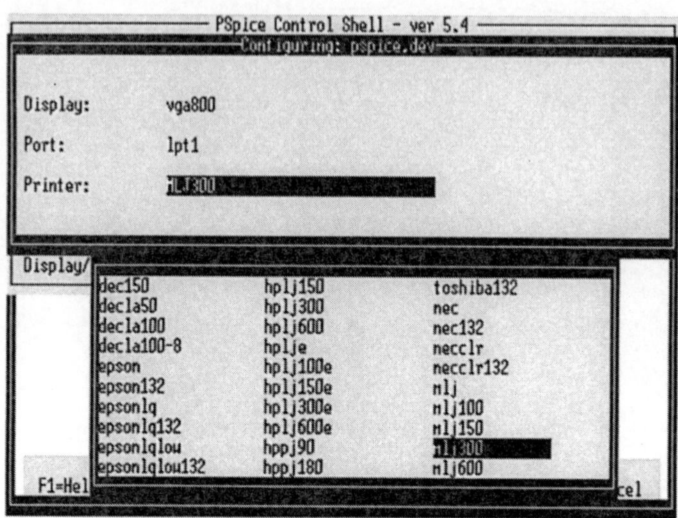

Bild 12.4 Selektion des verwendeten Druckers

Stehen an einem Computer sowohl ein Drucker als auch ein Plotter zur Verfügung, ist die Konfiguration beider Geräte möglich. Dies kann jedoch nur mit dem Programm `SETUPDEV` geschehen. Beim Start dieses Programmes wird automatisch die Konfigurationsdatei `PSPICE.DEV` eingelesen und auf dem Bildschirm aufgelistet. Weiterhin erscheint ein fünf Punkte umfassendes Menü, mit dem die einzelnen Einstellungen editiert werden können. Da die Menüpunkte sich selbst erklären, kann auf eine Erläuterung verzichtet werden. Bei der Wahl eines Bildschirm- oder Drucker- bzw. Plottertreibers erscheint auch hier wie bei der Gerätekonfiguration über die Control Shell eine Liste aller zur Verfügung stehenden Geräte.

Der Menüpunkt 2 erlaubt die Wahl von bis zu 10 Ausgabegeräten. Ein Beispiel könnte sein

```
HARD COPY = LPT1:, EPSONLQ
HARD COPY = COM1:, HP
```

was einen Epson-Drucker an der parallelen und einen HP-Plotter an der seriellen Schnittstelle erfordert. Wird später in PROBE, PARTS oder dem Stimulus-Editor eine Hardcopy gewünscht, fragen die Programme automatisch nach dem Ausgabegerät.

12.1.2 CONTROL SHELL (Version 6.0)

Mit der Version 6.0 hat sich auch das Erscheinungsbild der Control Shell geändert. Microsim hat es sehr stark an das Aussehen der Windows-Oberfläche genähert.

Nach dem Aufruf von „PS.EXE“ erscheint ein fast bildschirmfüllendes, der Windows-Oberfläche nachempfundenes Fenster. Die darin enthaltene Menüleiste enthält sechs Einträge, die im folgenden kurz beschrieben werden.

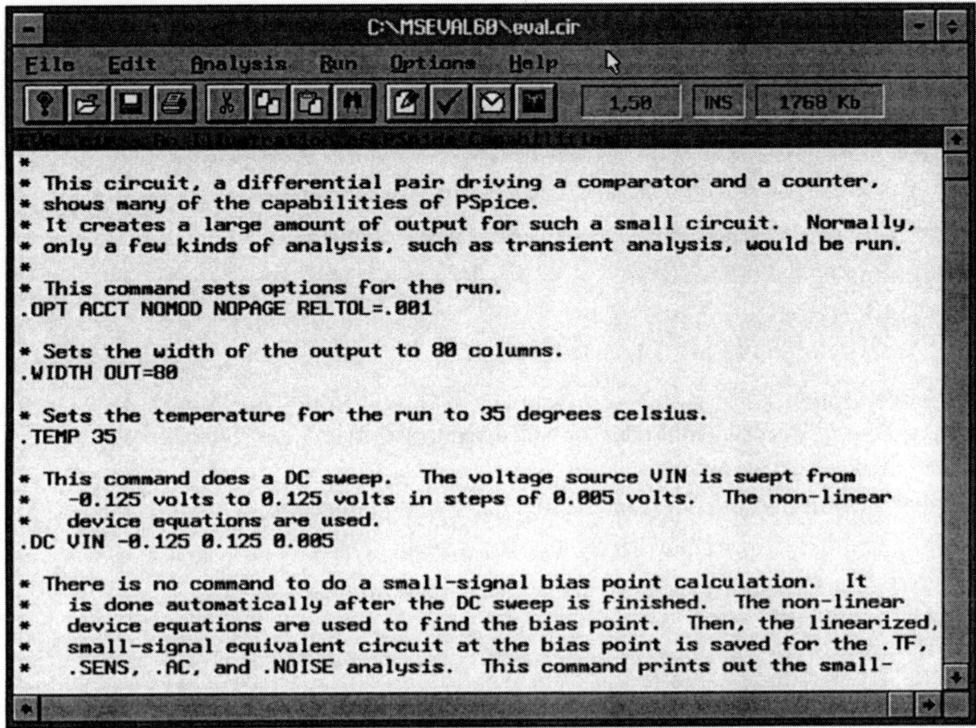

Bild 12.5 Benutzeroberfläche unter DOS seit der Version 6.0 von PSPICE

Das **File**-Menü enthält folgende Einträge:

New: Erstellen einer neuen Datei.

New Edit Window: Eröffnen eines neuen Editor-Fensters.

Open: Öffnen einer „Circuit"-Datei.

Save: Sichern der aktuellen „Circuit"-Datei.

Save as: Sichern der aktuellen „Circuit"-Datei unter einem neuen Namen.

Page Setup: Einrichten einer Druckseite.

Print: Drucken der „Circuit"-Datei.

DOS Shell: Aufruf der DOS-Kommandoebene.

Close Window: Schließen des aktuellen Fensters.

Exit All: Verlassen der Control Shell.

Das **Edit**-Menü enthält folgende Einträge:

Find: Spezifizieren und Suchen eines Begriffes.

Find Next: Suchen nach dem nächsten Vorkommen des Suchbegriffes.

Replace: Suchen eines Begriffes und Ersetzen durch einen neuen Begriff.

Cut: Ausschneiden des selektierten Textes in die Zwischenablage.

Copy: Kopiert den selektierten Textes in die Zwischenablage.

Paste: Einfügen des selektierten Textes aus der Zwischenablage.

Das **Analysis**-Menü enthält folgende Einträge:

Analysis Options: Festlegung von Optionen, z.B. ob PROBE direkt nach der Simulation gestartet werden soll, oder ob die Textausgabedatei des Simulators nach der Simulation aufgelistet werden soll.

Analysis Setup: Setzen der Analysearten und deren Parameter.

Syntax Check: Überprüfung der Syntax der „Circuit"-Datei.

Browse Output: Auflisten der Textausgabedatei des Simulators.

Das **Run**-Menü enthält folgende Einträge:

Simulator: Startet den Simulator.

Simulator Command Line: Eingabe von Optionen, die im Zusammenhang mit dem Aufruf des Simulators stehen.

Probe: Startet den graphischen Postprozessor

Probe Command Line: Eingabe von Optionen, die im Zusammenhang mit dem Aufruf von Probe stehen.

Stimulus Editor: Startet den Editor zur Spezifikation von Quellen.

Stimulus Editor Command Line: Eingabe von Optionen, die im Zusammenhang mit dem Aufruf des Stimulus-Editors stehen.

Parts: Startet das Programm zur Generierung von Modellparametern.

Parts Command Line: Eingabe von Optionen, die im Zusammenhang mit dem Aufruf von Parts stehen.

Das **Options**-Menü enthält folgende Einträge:

Calculator: Aufruf eines Taschenrechners.

Editor Options: Vereinbarung von Optionen für den Editor.

Video Mode: Vereinbarung über die Art der verwendeten Videokarte oder deren automatische Detektion.

Das **Help**-Menü enthält folgende Einträge:

Index: Inhaltsverzeichnis der möglichen Hilfestellungen.

Commands: Hilfestellung über die möglichen Befehle.

About: Aufruf des Copyright-Fensters.

Direkt unter dem Menü befindet sich eine Aufreihung von zwölf Aktivierungsfeldern (genannt „Toolbar") mit verschiedenen Symbolen, wie sie in ähnlicherweise auch bei diversen Windows-Programmen gebräuchlich sind. Da die Symbole nicht immer eindeutig sind, soll die Funktion der Aktivierungsfelder anhand ihrer Position (von links gesehen) beschrieben werden.

1. Aufruf der kontextsensitiven Hilfe
2. Öffnen einer Datei
3. Sichern einer Datei
4. Drucken einer Datei
5. Ausschneiden eines Textes in die Zwischenablage
6. Kopieren eines Textes in die Zwischenablage
7. Einfügen aus der Zwischenablage
8. Öffnen einer Dialogbox zum Suchen von Text
9. Öffnen einer Dialogbox zum Festlegen und Spezifizieren der Analyseart
10. Syntaktische Überprüfung der aktuellen „Circuit"-Datei
11. Starten des Simulators
12. Starten von PROBE

Rechts neben der „Toolbar" ist ein Feld, das die aktuelle Cursorposition anzeigt. Das nächste Feld gibt an, ob der Editor im Einfüge- oder im Überschreibmodus arbeitet. Das dritte Feld neben der „Toolbar" zeigt den noch freien Speicherplatz an.

12.1.3 PSPICE

Prinzipiell ist es möglich, PSPICE auch ohne die Control Shell zu starten. Um eine Schaltung zu simulieren, genügt es, das Programm PSPICE1 bzw. die Batch-Datei PSPICE aufzurufen. Zusätzlich ist die Angabe von drei Dateinamen möglich. Der erste gibt den Namen der einzulesenden „Circuit"-Datei, der zweite den Namen der Output-Datei und der dritte den Namen der `.DAT`-Datei, die für PROBE erforderlich ist, an. Die Extensions sind optional. Eine „Circuit"-Datei sollte die Extension `.CIR` besitzen. Wird kein Name angegeben, fragt PSPICE ihn ab. Gibt man nur die „Circuit"-Datei an, hat die Output-Datei den gleichen Namen mit der Extension `.OUT`, und die `.DAT`-Datei wird `PROBE.DAT` genannt, sofern in der „Circuit"-Datei die Anweisung `.PROBE` vorkommt.

Während des Programmlaufs ist es möglich, die Simulation anzuhalten und zu beenden. Durch Drücken einer beliebigen Taste erscheint das folgende Menü:

```
* Analysis Paused *

[C]ontinue the analysis
[E]xit from PSpice
```

Mit <C> wird die Simulation fortgesetzt und mit <E> beendet.

12.1.4 PROBE

Auch PROBE ist ein eigenständiges Programm, das ohne die Control Shell lauffähig ist. Für einen korrekten Programmlauf ist jedoch die Gerätekonfigurationsdatei PSPICE.DEV erforderlich. Gestartet wird das Programm mit PROBE [options] <datafile>, wobei die [options] optional sind. Ist kein Datenfile angegeben, wird der Name eingesetzt, der in der Datei „PROBEDAT.NAM" angegeben ist. Diese Datei wird von PSPICE automatisch nach einer erfolgreichen Simulation erzeugt. Existiert sie nicht, sucht PROBE nach den Dateien „PROBE.DAT" und „PROBE.TXT". Sind auch diese nicht vorhanden, wird der Bediener nach einem Namen gefragt.

Die folgenden Optionen sind erlaubt:

/C <filename>: Es wird die Kommando-Datei <filename> benutzt. Näheres hierzu s. Kapitel 5.2

/D <filename>: Anstatt PSPICE.DEV wird die Gerätekonfigurationsdatei <filename> verwendet.

/L <filename>: Alle PROBE-Kommandos werden in die LOG-Datei <filename> geschrieben (s. Kapitel 5.2)

/M <filename>: Spezifiziert die Makrodatei <filename>. Wenn diese Option nicht angegeben ist, wird die Datei PROBE.MAC eingelesen.

/S <filename>: Spezifiziert die Bildschirmdatei <filename> (s. auch Kapitel 5.2.3 DISPLAY_CONTROL). Wenn diese Option fehlt, wird nach der Datei PROBE.DSP gesucht.

Die Menüpunkte von PROBE sind bereits in Kapitel 5.2 besprochen worden. Daher soll an dieser Stelle nur noch auf zwei Besonderheiten, die Farbwahl und die Mausbenutzung, eingegangen werden.

Farbwahl

Seit der Version 4.05 hat der Bediener die Möglichkeit, die Darstellungsfarben von PROBE selbst zu definieren. Dazu muß er eine Datei mit dem Namen PSPICE.CLR mit einem Texteditor oder über den Menüpunkt „CONFIG_COLORS" anlegen. Zur Definition sind die folgenden Kommandos erlaubt:

N <n>: Legt die Anzahl der Kurvenzüge fest, die in verschiedenen Farben gezeichnet werden. n darf zwischen 1 und 12 liegen.

B <c>: Legt die Hintergrundfarbe fest.

F <c>: Legt die Vordergrundfarbe fest.

C <c>: Legt die Farbe des Plotcursors fest.

M <c>: Legt die Farbe des Mauscursors fest.

T <t><c>: Legt die Farbe des <t>-ten Kurvenzuges fest. t liegt zwischen 0 und n.

Der Parameter <c> gibt die Standard EGA-Farbe an. Er darf zwischen 0 und 63 liegen. Bei einer VGA-Grafikkarte kann alternativ auch die Darstellung „(r g b)“ benutzt werden, wobei r, g und b die Anteile der Grundfarben rot, grün und blau zur Gesamtfarbe darstellen. Auch sie müssen zwischen 0 und 63 liegen.

Die folgenden Standard EGA-Farben stehen zur Verfügung:

0	schwarz	32	dunkelrot
1	blau	33	rötlich schieferblau
2	grün	34	gelbgrün
3	zyan	35	dunkelblaugrün
4	rot	36	hellrot
5	magenta	37	violettrot
6	gelb	38	gold
7	weiß	39	blaßrosa
8	dunkelblau	40	dunkelmagenta
9	hellblau	41	purpurrot
10	dunkelfrühlingsgrün	42	blaßgrün
11	himmelblau	43	hellpurpurrot
12	dunkelrosenrot	44	rosenrot
13	dunkelpurpurrot	45	hellmagenta
14	khaki	46	gelbbraun
15	hellviolett	47	hellrosa
16	dunkelgrün	48	dunkelgelbbraun
17	schieferblau	49	hellstahlblau
18	hellgrün	50	glänzendgelbgrün
19	hellblaugrün	51	sehr hellblaugrün
20	braun	52	rotorange
21	orchidee	53	hellviolettrot
22	hellgelbgrün	54	glänzendgelb
23	weißgrün	55	hellgelb
24	dunkelzyan	56	grau
25	himmelblau	57	intensivblau
26	frühlingsgrün	58	intensivgrün
27	hellzyan	59	intensivzyan
28	dunkelrosa	60	intensivrot
29	violett	61	intensivmagenta
30	sehr hellgelbgrün	62	intensivgelb
31	extrem hellblaugrün	63	intensivweiß

Mit Hilfe des Menüpunktes „LABEL: CONFIG_COLORS“ können die Farben auch in PROBE geändert werden. Nach Aufruf erscheint ein weiteres Menü, das die Wahl der Vordergrund-, Hintergrund-, Kurven-, Cursor- und Mausfarbe sowie das Laden und Speichern bereits definierter Farbkombinationen und das Rücksetzen auf Default-Werte (Standardwerte) gestattet. Die Farbwahl geschieht bei einem EGA-Bildschirm über eine Farbpalette und bei einem VGA-Bildschirm über die drei Grundfarben Rot, Grün und Blau. Hierzu können entweder die Cursortasten oder die Maus benutzt werden.

Mausbenutzung

Probe kann sowohl über die Tastatur als auch mit einer Maus gesteuert werden. Zur Auswahl eines Menüpunktes dient der Mauscursor und die linke Maustaste. Darüber hinaus stehen dem Bediener bei den Menüs ADD_TRACE, PLOT_CONTROL, SELECT_AXIS und CURSOR weitere Steuerungsmöglichkeiten zur Verfügung.

ADD_TRACE

Bei diesem Menüpunkt können mit der rechten Maustaste (oder F4) alle darstellbaren Kurvenzüge aufgelistet werden. Drückt man die rechte Maustaste ein zweites Mal, erscheint ein weiteres Menü zur nochmaligen Selektierung der einzelnen Kurvenzüge.

Mit der linken Maustaste werden ein oder mehrere Kurvenzüge in die unterste Bildschirmzeile übernommen und sind dort editierbar. Um sie darzustellen, positioniert man den Mauscursor auf eine der zwei untersten Bildschirmzeilen und drückt die linke Maustaste.

PLOT_CONTROL

In diesem Menü sind die Punkte REMOVE_PLOT und SELECT_PLOT hier von Interesse. Die Selektierung eines Plots kann auch über die Maus durchgeführt werden. Dazu ist der Mauscursor auf den gewünschten Plot zu fahren und die linke Maustaste zu drücken.

CURSOR

Hier sind die Cursor sowohl über die Tastatur als auch mit der Maus bewegbar. Der erste wird mit der linken, der zweite mit der rechten Maustaste gesteuert. Der Cursor wird dabei auf die x-Position eines Kurvenzuges positioniert, der dem Mauscursor am nächsten liegt. Wenn zu einem x-Wert mehrere y-Werte existieren (z.B. bei einem Ausgangskennlinienfeld eines Transistors), entscheidet der y-Wert, der in unmittelbarer Nähe des Mauscursors liegt.

Sind mehrere unterschiedliche Kurvenzüge dargestellt, kann die Wahl, auf welchen sich der Cursor beziehen soll, ebenfalls mit Hilfe der Maus geschehen. Dazu ist das entsprechende Symbol in der Legende anzuklicken.

12.1.5 PARTS

Das Programm PARTS kann nur über die DOS-Ebene gestartet werden. Aufgerufen wird es mit `PARTS [options]`, wobei die folgenden Optionen erlaubt sind:

`/C <filename>`: Es wird die Kommando-Datei `<filename>` benutzt. Näheres hierzu s. Kapitel 5.2.

`/D <filename>`: Anstatt `PSPICE.DEV` wird die Gerätekonfigurationsdatei `<filename>` verwendet.

`/L <filename>`: Alle PARTS-Kommandos werden in die LOG-Datei `<filename>` geschrieben (s. Kapitel 5.2).

Für einen korrekten Programmablauf ist die Gerätekonfigurationsdatei `PSPICE.DEV` erforderlich, wenn nicht mittels der D-Option eine andere gewählt wird.

PARTS ist ähnlich wie PROBE über die Tastatur oder die Maus steuerbar. Zu jedem Schirmbild existiert ein Hilfemenü. Dort findet der Bediener das komplette Handbuch. Die Demo-Version läßt jedoch nur die Modellierung einer Diode zu.

Alle Modellparameter werden beim Verlassen des Programms abgespeichert. Sie stehen in einer Datei mit dem Namen des Bauteils, der zu Beginn eingegeben wird, und der Extension `.MOD`. Außerdem erzeugt PARTS eine weitere Datei mit dem Namen des Bauteils und der Extension `.MDT`. In dieser Datei stehen alle Modell- und Kennliniendaten, die bisher zur Modellierung des Bauteils benutzt wurden. Dadurch ist es dem Bediener möglich, nachträglich Änderungen am Modell vorzunehmen, ohne es komplett neu modellieren zu müssen.

12.2 Installation unter Windows 3.x

Die Installation der Windows-Demoversion des Programms PSPICE verläuft in ähnlicher Weise wie die Installation der DOS-Version. Neben der in Kapitel 12.1 beschriebenen Systemanforderung ist zusätzlich ein MS-Windows 3.x-Version erforderlich. Darüber hinaus müssen auf der Festplatte ca. 7.5 MB freier Speicher vorhanden sein.

Zur Installation wählt man auf der Windows-Oberfläche den Menüpunkt `<Datei>` `<Ausführen>`. In die sich öffnende Eingabezeile tippt man nun `a:setup`, wenn sich die erste Installationsdiskette in Laufwerk A befindet bzw. `b:setup`, wenn sie sich in Laufwerk B befindet. Das gesamte Programmwerk wird daraufhin menügesteuert installiert. Ist die Installation abgeschlossen, erhält die Windows-Oberfläche die neue Programmgruppe „Design Center Eval #.#“ (#.# = aktuelle Versionsnummer) mit den Programmicons „Schematics“, „PSpice“, „Probe“, „Stimulus Editor“ und „Parts“. Außerdem wird im Unterverzeichnis WINDOWS die Konfigurationsdatei `MSIM.INI` angelegt, die sämtliche für den Betrieb von Schematics notwendigen Parameter enthält.

MSIM.INI

Die Konfigurationsdatei `MSIM.INI` speichert alle Einstellungsparameter, die für den korrekten Ablauf von SCHEMATICS, PSPICE und PROBE erforderlich sind. Ihr Aufbau hat den typischen Charakter einer WINDOWS-INI-Datei. Sie liegt als ASCII-Text vor und enthält bis zu 17 Sections.

Section	*Bedeutung*
`MICROSIM`	allgemeine Parameter für Schematics, PSpice und Probe
`SCHEMATICS`	Parameter für Schematics-Editor und Symboleditor
`SCHEMATICS COLORS`	Farbparameter für Schematics-Editor und Symboleditor
`SCHEMATICS DISPLAY MAP`	Parameter, die angeben, welche Symbole sichtbar sind
`SCHEMATICS LIBS`	Liste der Library-Dateien
`SCHEMATICS NETLIST`	Kommandoliste, die der Netzliste hinzugefügt wird
`SCHEMATICS INTERFACES`	Liste von Datei-Extensions und Mapping-Dateien
`PACKAGE CLASSES`	Liste von Gehäuseklassen für Symboleditor
`PACKAGE TYPES`	Liste von Gehäusetypen für Symboleditor
`PACKAGE CLASS ORDER`	bevorzugte Liste von Gehäuseklassen
`PROBE`	Parameter für Probe
`PROBE DISPLAY COLORS`	Bildschirmfarbparameter für Probe
`PROBE PRINTER COLORS`	Druckerfarbparameter für Probe
`SCHEMATICS BORDER`	Größe und Ausrichtung des Schematics-Fensters
`PROBE BORDER`	Größe und Ausrichtung des Probe-Fensters
`PSPICE BORDER`	Größe und Ausrichtung des PSpice-Fensters
`PRINTER CONFIGURATION`	Konfigurationsparameter für Drucker

Die überwiegende Anzahl der einzelnen Parameter lassen sich in der Regel über eines der Menüs in Schematics verändern.

Literaturverzeichnis

1 Einführung

P. E. TUINENGA: SPICE: A guide to Circuit Simulation & Analysis Using PSpice; Prentice Hall, New Jersey, 1988

Handbuch zum Programm „PSpice Version 6.0"; MicroSim Corporation

JOHN R. HINES; „Affordable analog design", IEEE Spectrum, November 1990

2 Erstellung einer „Circuit"-Datei

E. E. E. HOEFER; H. NIELINGER: SPICE; Springer Verlag, Berlin, 1985

P. E. TUINENGA: SPICE: A guide to Circuit Simulation & Analysis Using PSpice; Prentice Hall, New Jersey, 1988

Handbuch zum Programm „PSpice Version 6.0"; MicroSim Corporation

D.C. JILES; D.L. ATHERTON: „Theory of ferromagnetic hysteresis", Journal of Magnetism and Magnetic Materials, 61, 48 (1986)

TRIPATHI; RETTIG: „A SPICE Model for Multiple Coupled Microstrips and Other Transmission Lines", IEEE MTT-S Internal Microwave Symposium Digest, 1985

ROYCHOWDHURY; PEDERSON: „Efficient Transient Simulation of Lossy Interconnect", Design Automation Conference, 1991

H. SHICHMAN; D. A. HODGES: „Modeling and simulation of insulatcd-gate field-effect transistor switching circuits", IEEE Journal of Solid-State Circuits, SC-3, 285, September 1968

B. J. SHEU; D. L. SCHARFETTER; P.-K. KO, M.-C. JENG: „BSIM: Berkeley Short-Channel IGFET Model for MOS Transistors", IEEE Journal of Solid-State Circuits, SC-22, 558-566, August 1987

W. R. CURTICE: „A MESFET model for use in the design of GaAs integrated circuits", IEEE Transactions on Microwave Theory and Techniques, MTT-28, 448-456 (1980)

H. STATZ; P. NEWMAN; I. W. SMITH; R. A. PUCEL; H. A. HAUS: „GaAs FET Device and Circuit Simulation in SPICE", IEEE Transactions an Electron Devices, ED-34, 160-169 (1987)

A. J. MCCAMANT; G. D. MCCORMACK; D. H. SMITH: „An Improved GaAs MESFET Model for SPICE", „IEEE Transactions on Microwave Theory and Techniques", June 1990

3 Wahl der Analysearten

Handbuch zum Programm „PSpice Version 6.0"; MicroSim Corporation

4 Wahl der Signalquellen

Handbuch zum Programm „PSpice Version 6.0"; MicroSim Corporation

5 Auswertung der Ergebnisse

Handbuch zum Programm „PSpice Version 6.0"; MicroSim Corporation

6 Angewandte Beispiele für Simulationen

D. EHRHARDT: Verstärkertechnik; Vieweg Verlag, Braunschweig/Wiesbaden, 1991

E. E. E. HOEFER, H. NIELINGER: SPICE; Springer Verlag, Berlin, 1985

P. E. TUINENGA; SPICE: A guide to Circuit Simulation & Analysis Using PSpice; Prentice Hall, New Jersey, 1988

APPLICATION NOTE: Cascadable Amplifiers; Avantek, Santa Clara, USA, 1989

EDWARD C. JORDAN, ED.: Reference Data for Engineers: Radio, Electronics, Computer, and Communications; Howard W. Sams & Co., Inc., Indianapolis, USA, 1985

7 Digitale Simulation

Handbuch zum Programm „PSpice Version 6.0“; MicroSim Corporation

8 Beipiele aus anderen Disziplinen

ZWICKER, ZOLLNER: Elektroakustik; Springer Verlag, Berlin, 1987

9 Nachbildung von Bauelementen, die in SPICE direkt nicht vorkommen

P. E. TUINENGA: SPICE: A guide to Circuit Simulation & Analysis Using PSpice; Prentice Hall, New Jersey, 1988

Handbuch zum Programm „PSpice Version 6.0“; MicroSim Corporation

10 PSpice unter Windows mit graphischer Schaltplaneingabe

Handbuch zum Programm „PSpice Version 6.0“; MicroSim Corporation

11 Modellbestimmung

D. EHRHARDT: Verstärkertechnik; Vieweg Verlag, Braunschweig/Wiesbaden, 1991

P. ANTOGNETTI, G. MASSOBRIO: Semiconductor Device Modeling with SPICE; McGraw-Hill Book Company, 1988

12 Installations- und Bedienhinweise zur Software

Handbuch zum Programm „PSpice Version 5.4“; MicroSim Corporation

Handbuch zum Programm „PSpice Version 6.0“; MicroSim Corporation

Sachwortverzeichnis

@CR, 57
@DWN, 57
@ESC, 57
@LEFT, 57
@RIGHT, 57
@UP, 57
1/f-Rauschen, 97
1/MAXFREQ, 166
1/MINFREQ, 166
3rd order intercept point bestimmen, 116
–, eingangsbezogen, 132
–, Nomogramm, 122

A
.AC, 33
A Kind Of, 222
ABS(x), 60
About, 220
Abschnittsmenü, Auswahl, 59
AC & Noise, 251
AC-Analyse, Möglichkeiten demonstrieren, 81
ACCT, 54
Ac_sweep, 59
Add_plot, 64
Add_trace, 60
Admittanz, spannungsgesteuerte, 199
Adreßbus, 175
AKO, 13; 222
–, Name, 224
Alias List, 224
Align Horizontal, 212; 223
Align Vertical, 212; 223
All Pages, 212
All_ <type_of_analysis>, 59
All_delete, 65
Amperemeter, 41
ANSI Inverted Clock, 222
–, Low Active In, 222
–, Low Active Out, 222
Analog Behavioral Modeling
–, Frequenzgangtabelle, 202
–, Funktionen, 200
–, Laplace Transformation, 201
–, Look-up Tabelle, 201
Analogie zur Elektrotechnik, 179
Analyse im Frequenzbereich, 33; 35
– im Zeitbereich, 35
Analysearten, 31; 172
Analysis Menü, 216; 251
Kontrollparameter, ändern 38
Anfangsbedingungen setzen, 135
Anfangswerte, 35
Annotate, 217
Anweisungen, Reihenfolge, 5
ARCTAN(x), 61
Arbeitspunkt, 32
–, der Transient-Analyse, 35
–, Festlegung, 37
–, Hinweis auf den möglichen, 37
Arbeitspunktberechnung, 77
Arc, 223
Area, 215; 225
Arrow, 68
ATAN(x), 61
AtoD-Schnittstelle, 171; 177
AtoD-Subcircuit, 171
Attributes, 211; 224; 225
Schaltungsbeschreibung, Ausgabe der Rechenstatistik 52; 53
Arbeitspunktinformationen, Ausgabe der Rechenstatistik 52f.
–, tabellarische Ergebnisse, 53
–, direkte, 52; 53
Ausgabegeräte auswählen, 255
Ausgangskennlinienfeldes eines Transistors, 61
Auswahl vom Plotmenü, 59
Auswertung der Ergebnisse, 52
Auto-Naming, 216
Auto-Repeat, 216; 226
Auto-run, 252
–, Option, 217
Auto-Scroll, 226
Auto_range, 63; 68
AVG(x), 61
add_aXis, 64
always_Use_symbols, 64

äquivalentes Eingangsrauschen, 34
arithmetischer Ausdruck, 7
–, Funktionen, 7
auTo_symbols, 64

B

Back Annotate, 218
Bandgap-Referenz, 133
–, Schaltung, 134
–, Temperaturgang, 136
Basispunkte, 212
Baßreflexbox, 190
–, elektrisches Ersatzschaltbild, 191
Bauelemente, 8
–, Gleichungen, 31
–, spannungsabhängige, 197
Bauelementwerte, 7
Bauteile, toleranzbehaftete, 36
Bauteilenamen, 7
Bauteilgleichungen, 35
Bauteilmultiplikator, 12
Bauteiltyp, 13
Bbox, 223
BETA, 245
Benutzeroberfläche, 250
Beobachten von Simulationsergebnissen, 38
Beschreibung der Impulsfolge, 167
Betrag, 54
Betrag in Dezibel, 54
Bezeichnung der Knoten, 231
Bezugsknoten 6, 25
BF, 243
Bibliothek, 13
–, des Demopaketes, 69
Bidirektionale Transfergates, 153
Bildschirmfarben, 260
Bipolartransistor, 12; 17
–, Parameter bestimmen, 242
Bitmustererkenner, 172
BJT MODEL PARAMETERS, 52
Block, 213
BOOLEAN, 163; 165
Box, 68; 223
Browse, 213
Browse Output, 251
Browse Netlist, 218
Bus, 213
Bussignale, 63

C

<Ctrl F>, 212
<Ctrl R>, 212
CANCER, 2
CASE, 163
CGD, 246
CGDO, 247
CGS, 246
CHANGED, 163
CHEBYSHEV, 203
Change Options, 221
Change Attribute, 221
–, Display, 211
–, Options, 253
–, Pin, 221
–, Text, 221
Change_digital_plot_size, 64
Change_display_name_size, 64
Change_title, 64
Change_trace, 65
Changeable in schematics, 222
Check Schematic, 222
Choices, 254
CIRCUIT DESCRIPTION, 4; 52
CIRCUIT ELEMENT SUMMARY, 53
Circle, 68; 223
Circuit Menü, 252
Circuit-Datei, 5
–, für den Differenzverstärker, 72
–, erste Zeile einer, 5
–, Fehler, 253
CJC, 244
CJE, 244
CLOCK, 165
Clear All, 219
Clock, 222
CONFIG_COLORS, 260
CONSTRAINT, 164
CONTROL SHELL, 250
COS(x), 61
Command File, 252f.
Configure Layout Editor, 218
Configure Package Types, 225
Configure-Menü, 215; 226
Content Options, 221
Convert Block, 211
Copied From, 222
Copy Page, 214
Copy to Clipboard, 210

Copy, 210; 221; 224; 225
Copy_macro, 65
Create Layout Netlist, 218
Create Netlist, 217
Create Page, 214
Create Subcircuit, 219
Current Errors, 210; 221
Current File, 251
Current Page Only, 212
Current Symbol Only, 221
Cursor, 66
Cursor X and Y, 216; 226
Cut, 210; 221
color_Option, 64
conFig_colors, 68

D

.DC, 31
D-Flipflops, 148
D-Latches, 150
DATA, 165
Dämpfungsfaktor, 42
Data Collection, 217
Datenbus, 175
DC Sweep, 251
Dc_sweep, 59, 32; 33
DC-Transferkurve mittels DC-Analyse, 73
–, mittels Transient-Analyse, 73
DELAY, 162
DEV, 36
Default-Werte, 13; 23
Define_macro, 65
Definition, 224
Deklaration einer Funktion, 8
Delete Page, 214
Delete_one, 68
Derive, 1
Description, 224
Design Center, 208
Design Manager, 208
Devices, 252
DIGDRVF, 138
DIGDRVZ, 138
DIGERRDEFAULT, 165
DIGIFPWR, 138; 172
DIGIOLVL, 141; 171
DIGMNTYMX, 140
DIGMNTYSCALE, 141
DIGOVRDRV, 138
DISPLAY/PRN SETUP, 254
Differenzeingangsspannungen als X-Achse bei der Transient-Analyse, 73
Differenzverstärker, 69
–, Ausgabedatei, 75; 76; 77
–, Circuit-Datei, 72
–, Schaltung, 69
Digitaler Funktionsgenerator, 175
Diode, 11; 16
Display, 222
–, Menü, 253
–, Name, 221
–, Options, 216; 226
Display/Prn Setup, 252
Display_control, 64
DLYLINE, 153
DOS Command, 253
Do_not_mark_data_points, 64
DRVH, 138
DRVL, 138
Drag and Drop, 210
Draw-Menü, 212
DtoA-Schnittstelle, 171; 177
DtoA-Subcircuit, 171
Durchlaufvariable, 32
d(x), 61
dBm, 121
delete_all, 68
demonstrieren, 81
digital_Trace_commands, 65
digitaler Plotbereich, 64
dynamischer Rechenbereich, 23

E

.END-Anweisung, 2; 5
.ENDS, 24
E12-Reihe, 124
ECO, 218
Edit, 225
–, im Files-Menü, 251
–, im StmEd-Menü, 252
Edit Library, 210
–, Page Info, 214
–, Schematic Definition, 214
–, Schematic Instance, 214
Edit-Menü, 210; 221
Editor Configuration, 216
Einheiten, 7
ELEMENT NODE TABLE, 52

Electrical Rule Check, 217
Elektroakustik, 189
Elementanweisungen, 2
Empfindlichkeiten, 32
ENDREPEAT, 47
Enable Auto-Increment, 216
Engineering Change Order, 218
Environmentvariable PSBROWSER, 252
–, PSEDIT, 251
ERRORLIMIT, 165
Ergebnisse, tabellarische, 53
Errors, 252
EVAL.CIR, 43
EXP(x), 60
EXP, 45
Examine Netlist, 218
–, Output, 217; 218
Exit, 68; 210; 221
–, program, 59
Exit_to DOS, 253
Exponentialquelle, 45
–, Spannungsverlauf, 46
Export, 224; 225
einen anderen Editor benutzen, 218
ellipSe, 68

F

.FUNC-Anweisung, 8
Farbwahl, 259
Feder-Massesystem, 181
Fenster verschieben, 253
FFT, 63
FI-Analogie, 179
FILE, 169
File Stimulus, 169
Files-Menü, 209; 220; 251
Filterkatalog, 123
Flankengetriggerte Flip-Flops, 148
Flip, 212; 222
Format, 252
Fortsetzungszeilen, 5
Fourier, 63
Fourieranalyse, 35
Fouriertransformation, schnelle (FFT), 63
FREQ, 166
Frequency, 60
Frequenzgang, 33
FSTIM, 169
Function, 217
Funktion, Deklaration einer, 8
–, arithmetische, 7

G

G(x), 60
Gallium-Arsenid-Feldeffekttransistor, 12; 22
Gattertypen, 145
GE, 168
GENERAL, 166
Gerätekonfiguration, 254
Gesamtleistung, 32
Geschwindigkeit v, 179
Gesteuerte Signalquellen, 49
Get New Part, 213
Get Symbol Graphics, 224
Get, 224; 225
Gilbert-Cell, 129
Gleichstromanalyse, 31
Gleichstrompfad, keiner zum Knoten 0, 6
Gleichstromquellen, 41
Gleichstromübertragungsfunktion, 31
Globale Knoten, 138
GOTO, 168
Grad der Kopplung, 10
Graphics-Menü, 223
Graphische Auswertung, 57
Gravity, 226
Grid On, 216; 226
Grid Spacing, 216; 226
Groß- und Kleinschreibung, 5
Großsignalanalyse, 31
Großsignalverhalten, vollständige Bauteilgleichungen, 35
Grundgleichungen des elektrischen Systems, 180
–, des mechanischen Systems, 180
Gruppenlaufzeit, 54
GT, 168
geschweifte Klammern, 7

H

Hard_copy, 66
Hauptmenü, Auswahl, 58
HEX, 170
Helmholtz-Resonator, 190
Help-Menü, 219; 226
Hilfe-Fenster, 253
Hjust, 221

HOLDTIME, 165
Hot-Keys, 253
Hot-Key F1, 253
Hot-Key F2, 253
Hot-Key F3, 253
Hot-Key F4, 253
Hot-Key F5, 253
Hot-Key F6, 253
hexadezimale Form, 178

I

.IC, 37
I(INOISE), 60
I/O-Modell, 141; 142
Ideale Übertragungsleitung, 16
IMG(x), 60
Imaginärteil, 54
Impedanz, spannungsgesteuerte, 197
Import, 224; 225
INOISE, 34; 54
In, 215; 225
Index, 219
Induktive Kopplung, 10
Induktivitäten, 9; 14
–, Verkopplung von, 10
Insert_trace, 65
Integrierter Breitbandverstärker, 115
Inverted Clock, 222
IO_LEVEL, 140; 177
IO_STD, 174; 177
IS, 243
Iterationen, Anzahl der erlaubten, 120
ideale Elemente, 6

J

JK-Flipflops, 148
JOB STATISTICS SUMMARY, 54

K

Kapazität, 9; 14
Keep Attribute Values, 212
Keyboard, 219
KF, 245; 247
Klammern, eckige, 5
–, geschweifte, 7
Kleinsignal-Übertragungsfunktion, 33
Kleinsignalanalyse, 31
Kleinsignaldifferenzverstärkung, 79
Kleinsignalgleichtaktverstärkung, 80
Knoten, 7
–, globale, 5
Knotenanalyse, 3
Knotennamen, 5
Knotenspannung, 53
Knotentabelle, 75
Koeffizientenliste, 50
Kommando-Datei, 58
Kommentarzeilen, 5
Konfigurationsdatei, 57
Kontrollparameter, 38
Konvertierung zwischen den Impedanzen, 180
Kopplung zwischen Induktivitäten, 10
–, zwischen Übertragungsleitungen, 15
Kopplung, Grad der, 10
–, induktive, 10
–, nichtlineare, induktive, 15
KP, 247
Kraft F, 179
Kurve vermessen, 66
Kurvenausschnitte vergrößern, 67
Kurvenschar, 62
Kurvenzug aus einem bestimmten Abschnitt, 63
–, auf einen schon gezeigten Abschnitt beziehen, 62

L

.LIB-Anweisung, 13
LABEL, 168
LAMBDA, 245; 247
Label, 68; 211
Label Templates, 216
Latches, 150
Laufvariable, 60
–, Frequency, 60
–, Time, 60
Lautsprecherbox, 191
Layout Editor, 218
LC-Filter, 81; 123
LC-Tiefpaßfilter 2. Ordnung, 81
–, Amplitudengang, 82
–, Eingangsimpedanz, 84
–, Gruppenlaufzeit, 84
–, Phasengang, 83
LE, 168
LEVEL, 19; 22
LEvel, 67

Level Increment, 217
LIN, 32; 33
LIST, 32, 53
Library and Include Files, 218
Line, 223
Linear, 63
List_displays, 65
List_macros, 65
Liste aller Abgabeschnittstellen, 254
–, Drucker, 254
–, Grafiktreiber, 254
–, Knotenspannungen, 32
–, Plotter, 253
–, Kleinsignalparameter aller Bauelemente, 32
–, möglicher Antworten, 253
LOG(x), 60
LOG10(x), 60
LOGIC, 161
LOGICEXP, 161
LOT, 36
Log to File, 252; 253
Log, 63
Log-Datei, 58
–, anlegen, 58
Logische Gleichungen, 161
Lokale Elemente, 25
–, Knoten, 25
–, Modelldefinitionen, 25
Lokale Elementeknoten, 25
LT, 168
logische Zustände, 137

M

.MC, 36
M(x), 60
MAX(x), 61
MAx, 67
Macros, 65
Makromodelle, 28; 196
–, des µA741, 112
Makros, ändern, 65
–, Beispiele, 65
–, definieren, 65
Mark Advanced, 219
Mark Current Into Pin, 219
Mark Voltage Differential, 219
Mark Voltage/Level, 219
Mark_data_points, 64
Markers-Menü, 219
Masse m, 179
Mathcad, 1
Mausbenutzung, 261
–, einen Plot selektieren, 261
Maustaste, linke, 261
–, rechte, 261
maX, 66
mega, 60
MESSAGE, 165
Meißneroszillator, 107
Menü zur Art der Anzeige, 64
Menue Commands, 219
Metalloxid-Feldeffekttransistor (MOSFET), 12; 19
–, Parameter bestimmen, 246
milli, 60
MIN(x), 61
MIN_HI, 165
MIN_LO, 165
MIn, 67
Min, 66
Minimaltransistor, 129
Mischerschaltung, integrierte bipolare, 128
–, Kleinsignalverstärkung und Rauschzahl, 131
–, spektrale Analyse der Ausgangsspannung, 132
Mixed-Mode-Simulation, 167; 169; 171 f.; 175
MNTYMXDLY, 140
Model Editor, 222
Model, 211; 222
Modelle, 13
Modellanweisungen, 2
–, -beschreibung, 13
–, -bestimmung, 242
–, -definitionen, 13; 25
Modellnamen, 7; 13
Modellparameter, Skalierung von, 11
Models, 252
Modify_macro, 65
Modify_plot_size, 64
Monte Carlo, 253
Monte-Carlo-Analyse, Ausgabedatei, 126
–, Ergebnis, 125
Move, 68
Move_trace, 65
MSA0104, 115

MSIM.INI, 215, 264
Multi-Bit Analog zu Digital-Wandler, 143
–, zu Analog-Wandler, 144
Mustersimulationen, 69

N
.NODESET, 37
Name, 222
Namenserweiterung, 25
–, Lokale Elemente, 25
Navigate-Menü, 214
NBTG, 153
Netzwerke, strukturgleiche bei der FI-Analogie, 179
Never_use_symbols, 64
New, 209; 220; 224; 225
Next Page, 214
NF, 243
NOBIAS, 53
NODE VOLTAGE, 4
NODE, 52; 165; 166
NOECHO, 52
NOM.LIB, 13
NOMOD, 52
NoneSomeAll, 253
Normal, 215; 225
nested sweep specification, 32

O
.OP, 32
.OPTIONS, 38
.OPTIONS-Anweisung, 52; 53
Oberflächenmenü, 249
OCT, 170
OCT, 32; 33
ONOISE, 34; 54
On-Line Bedienungshandbuch, 252
One_delete, 65
OPTIONAL, 25
Open, 209; 220
Operationsverstärker, 28
–, einfacher, 86
–, Ermittlung der Leerlaufverstärkung, 86
–, idealer, 195
–, Modell mit frequenzabhängiger Verstärkung, 195
–, Sprungantwort, 91
Orient, 221
Orientation, 221
Origin, 223
Orthogonal, 216
Ortskurve der komplexen Schleifenverstärkung des offenen Kreises, 114
Oszillationsstimulus, 103
Oszillatoren, 102
Out, 215; 225
ohne die Control Shell starten, 259

P
.PARAM-Anweisung, 7
.PLOT, 57
.PRINT, 53
.PROBE, 57
P(x), 60
–, erneut starten, 249
–, generierte Modellparameter, 249
–, Modellparameterbestimmung, 248
Package Class Priorities, 217
–, Name, 225
–, Types, 225
Packaging-Menü, 225
Page Increment, 217
–, Setup, 221
–, Size, 216
Pan, 67
Parameter, 19; 22; 252
Parameter LEVEL, 22
–, globale, 38
Parameterliste, elementspezifische, 13
Parametervariation, 38; 70; 229
Parametric, 252
PARAMS, 25
PARTS, 221 f., 248
PARTS-Programm, 263
Part-Menü, 224
Paste, 210; 221
PAUSE, 58
PBTG, 153
PEak, 67
Peak, 66
Pegelgesteuerte Flip-Flops, 150
Phasenlage, 42; 54
Phasenregelschleife (PLL), 203
–, Einschwingverhalten, 206
PIN, 213, 223
–, Assignments, 225
–, Attributes, 221
–, List, 224

–, Name, 221
–, Type, 222
PINDLY, 162
Pin-to-Pin-Verzögerung, 162
PLD, 155
Place Part, 212
Plot, selektierter, 60
Plot_control, 64
Plotbereich, verändern in der X-Achse, 63
–, verändern in der Y-Achse, 63
Plotmenü, 60
–, Auswahl, 59
Plots, mehrere, 59
POLY, 50
PORT, 253
Poly_line, 68
Polygonquelle, 47
–, Spannungsverlauf, 48
Pop, 215
Previous Page, 214
Print, 209; 221; 253
PRINTER, 253
Printer Select, 209; 221
–, Setup, 221
PROBE, 57
–, automatischer Aufruf, 57
–, Darstellungsfarben, 260
–, zentrales Menü, 59
PROBE-Menü, 253
PROBE-Programm, 260
PROBE.DAT, 57; 260
PROBE.MAC, 65; 260
Probe Setup, 217
Procedures, 219
Programmierbare logische Arrays, 154
Programmierung einer Impulsfolge, 168
PSPICE, 259
–, Demoversion, 249
–, Hardware-Anforderungen, 249
–, Installations- und Bedienungshinweise, 249
–, Spannungsverlauf, 47
PSPICE.CLR, 260
PSPICE.DEV, 254; 260
Pseudo-Bauelement, 24
PULLDN, 153
PULLUP, 153
Pullup-/Pulldown-Widerstand, 153
PULSE, 46
Pulsquelle, 46
Push, 215; 222
PWL, 47
PWR(x,y), 61
pkg, 225

Q

Quit-Menü, 252
Quit_fourier, 64

R

R - External Browser, 251
R(x), 60
Radaufhängung, 181
Randbedingungsprüfer, 164
Random Access Read-Write Memories, 158
Rauschanalyse, 34
–, einen Generatorwiderstand in eine PROBE-Größe umformen, 100
Rauschen eines Verstärkers, 96
Rauschkennlinien, 100
Rauschmaß bestimmen, 97
Rauschzahl bestimmen, 97; 99; 101
–, in Abhängigkeit vom Generatorwiderstand, 101
–, in Abhängigkeit von der Frequenz darstellen, 99
RB, 243
RC-Oszillator, 103
–, Phasenschieberoszillator, Schaltung, 103
–, Phasenschieberoszillator, spektrale Verteilung der Ausgangsspannung, 106
Rechenstatistik, Ausgabe der 54
RELEASETIME, 165
REPEAT FOR, 47
REPEAT FOREVER, 47
Read Only Memories, 156
Realteil, 54
Rechenstatistik, Ausgabe, 54
Reduktion der Datenmenge, 57
Referenzmodell, 14
Referenzspannungsquelle, temperaturunabhängige, 133
Reflexöffnung, 190
Refresh, 68
Reibwiderstand W, 179
Remove, 224; 225
Remove_axis, 64
Remove_plot, 64

Remove_trace, 63
Repeat, 212; 223
Replace, 212
Replacement, 212
Restore, 64
Restrict_data, 63
Return to schematic, 221
Rewire, 214
RMS(x), 61
Rotate, 212; 222
RS-Flipflops, 150
Rubberband, 216
Run Probe, 217; 253
–, PSpice, 217; 252

S
.SENS, 33
.STEP, 38
.SUBCKT, 24
.slb, 220
Save, 65; 209; 220
–, As, 209; 220
–, Attr, 211
–, Changes, 224
–, File, 251
–, To, 222
–, to Library, 224
Scaling, 221
Schaltelemente, 7
Schaltung, linearisierte, 31
Schaltungsanordnungen, verbotene, 6
Schaltungsknoten, 3
Schematics, 208
Schirmbilder beschriften, 68
–, drucken, 66
–, plotten, 66
–, verwalten, 64
Schleifenfilter, 206
Schrittweite, interne, 35
–, maximale, 35
Schwingbedingung, 102
–, überprüfen, 103
Schwingung, abklingende, 42
Schwingungen anfachen, 103
SEL, 60
SET PSEDIT, 251
SETUP_HOLD, 165
SETUPDEV, 254
SETUPTIME, 165
Search, 66; 212
Search_commands, 66
Select All Parts, 221
–, All, 212
–, Next, 212
–, Page, 214
Select_plot, 64
Select_sections, 59
Selected Parts Only, 212
Set Display Level, 216; 226
Set Schematic, 222
Set Values for:, 217
Set_range, 63
Setup, 218
Setzen eines Markers, 232
SFFM, 48
SGN(x), 60
Shared Pins, 225
Show All, 219
–, Selected, 219
SIGNAMES, 170
SIN(x), 61
SIN, 42
Signalquellen, abhängige, 41
–, frequenzmodulierte, 48
–, gesteuerte, 49
–, lineare, 50
–, nichtlineare, 50
–, Spannungsverlauf der frequenzmodulierten, 48
–, unabhängige, 41
–, Wahl der, 41
–, zeitabhängige, 41
Simulation anhalten, 259
Simulationabschnitt, 58
Simulationsdaten, Datei, 57
Sinusquelle, 42
–, amplitudenmodulierte, 201
Size, 213; 221
Skalierungsfaktoren, 7
SLope, 67
Slew rate, 196
SMALL SIGNAL BIAS SOLUTION, 4
Snap to Grid, 216; 226
Software Oszilloskop, 57
SPICE, 1
SPICE-Programm, Aufbau eines, 2
Spannnungsquellen, 48
Spannung an einem Bauteilanschluß, 53

–, an einem Bauteil mit 2 Anschlüssen, 53
–, zwischen zwei Bauteilanschlüssen, 53
–, zwischen zwei Knoten, 53
Spannungsgesteuerter Schalter, 12; 23
Spannungskoeffizient, 14
Spannungsquellen, 41; 45; 46; 47; 50
–, stromgesteuerte, 49
–, spannungsgesteuerte, 49
Spannungsverlauf, 46
–, der Exponentialquelle, 46
–, der frequenzmodulierten Quelle, 49
–, der Polygonquelle, 48
Specify Temperature, 251
Specify_region, 67
Spektralanalyse, 35
Sperrschichtfeldeffekttransistor (JFET), 12; 18; 245
–, Parameter, 245
Spezifikation der Analysen, 233
SQRT(x), 60
STIM, 167
Standard-Gatter, 145
Stärke, 137
Start der Simulation und Auswertung, 235
Startbedingungen, setzen, 37
Starting Designator No:, 216 f.
Startwert, 9
Statistik, 77
Statistische Analyse (Monte-Carlo-Analyse), 36
Statuszeile, 208
Steifigkeit s, 179
Steueranweisungen, 3; 31
–, Anordnung der, 31
Stimulus Editor, 42
Stimulus Generator, 167; 177
StmEd-Menü, 252
Stoßdämpfer, 181
Strom durch ein Bauteil mit 2 Anschlüssen, 53
Strom, abrufen, 41
–, der in einen Bauteilanschluß hineinfließt, 53
–, messen, 41
Ströme aller Spannungsquellen, 32
Stromgesteuerter Schalter, 13; 23
Stromkoeffizient, 14
Stromquellen, 41
–, stromgesteuerte, 49
–, spannungsgesteuerte, 49
Substratknoten, 12
Symbol-Editor, 220
Symbolize, 210
s(x), 61
schwingkreisgekoppelter Oszillator, 107
selecT_axis, 64
sLope, 66
spannungsgesteuerter Schalter, 181
sym, 224

T

.TEMP, 37
.TF, 33
TAA 761, 86
–, Kennlinie, 88
TAN(x), 61
Target Part, 212
Taschenrechner, 253
TEMPLATE, 222
Teilschaltungen, 24
Temperaturanalyse, 37
Temperaturkoeffizient, 10; 14
TEXT, 25
Text, 212; 223
Textausgabe, 52
TF, 244
TIMESCALE, 170
TIMESTEP, 167
Time, 60
Timing-Modell, 141
Titelanweisung, 3
Titelzeile, 5
TOTAL JOB TIME, 4
TOTAL POWER DISSIPATION, 4
TOX, 247
Tools-Menü, 218
Top, 215
TRISTATE, 163
TRN_pn, 163
TRough, 67
Transient, 252
Transient-Analyse, 35
–, Arbeitspunkt der, 35
Transient_analysis, 59
Transistorverstärker, einfacher, 94
–, Frequenz- und Phasengang, 96
Translators, 216
Trennzeichen, 5

Tri-State-Gatter, 146
Trough, 66
Tschebyscheffilter, 203
–, 5. Ordnung, 123
Type, 221; 224
tItle, 68

U

Übergabe von Zahlenwerten, 25
Übertragungsfunktion, 31
Übertragungsleitungen, 10 f.
UNTIL, 168
Undelete, 210; 221
Unrestrict_data, 63
Unterschaltkreise, 117
Use Initial Conditions, (UIC), 35
Using Help, 220

V

V(INOISE), 60
V(ONOISE), 60
VAF, 244
Value, 222; 224
VCO, 205
Verbindungspunkte, 213
Verdrahtung, 213; 231
Verdrahtungsmodus, 213
Verkopplung von Induktivitäten, 10
Verlustbehaftete Übertragungsleitung, 16
Verschachtelung der Analyse, 32
Verstärker, Klirrfaktor, 98
–, Rauschen, 96
Verzerrungen 3. Ordnung, 120
Verzerrungsanalyse, 36
Verzögerungsleitung, 153
View Package Definition, 218
–, Page, 215
–, Symbol, 225

V

View_display_detail, 65
Vjust, 221
VOLTAGE SOURCE CURRENTS, 4
VTO, 245; 246
verschachteltes Argument, 62

W

.WATCH, 38
.WCASE, 37
Wahl der Signalquellen, 41
Wandlerkonstante, 180
Wechselstromquellen, 42
Wertebereich, durchlaufen, 31
WHEN, 165; 166
Where, 215
WIDTH, 165
Widerstand, 10; 15
Wien-Robinson-Brücke, 111
Wien-Robinson-Oszillator, 111
Wildcards, 212
Wire, 213
Worst-Case-Analyse (.WCASE), 37
–, Ergebnis, 127

X

X - External Editor, 251
X-axis, 63
X_variable, 63
X_zoom_in, 67
XValue, 67

Y

Y_zoom_in, 67

Z

Zeichenblatt, 208
Zeilendruckerplot, 54
Zeilendruckerplot, Ausdruck, 54
Zero Length, 222
Zoom, 67
Zoom-Menü, 215; 225
Zoom_out, 67
Zusammenstellung aller Schaltelemente, 76
Zwei-Sender-Methode, 120
Zwischenablage, 210
zentrales Menü, PROBE, 59

Verstärkertechnik

von Dietmar Ehrhardt

1992. X, 297 Seiten mit 274 Abbildungen. Kartoniert.
ISBN 3-528-03372-X

Aus dem Inhalt: Bipolartransistoren – HF-Verhalten, Rauschen, Leistungs- und Differenzverstärkung des Feldeffekttransistors – Operationsverstärker – Grundschaltungen, Komparatoren, Filter und Rechenschaltungen mit OP – Verstärker als Baustein – Integrierte Schaltungstechnik – Analoge Schaltungssimulation (SPICE) – Digitale Signalverarbeitung – Oszillatoren – PLL-Funktionsgeneratoren.

Das Buch beschreibt den halbleiterphysikalischen Aufbau jedes Bauelementes, behandelt die Eigenschaften dieser Elemente in Grundschaltungen und im Gesamtsystem: Verstärkerbaustein. Die integrierte Schaltungstechnik wird ebenso unterstützt wie der rechnergestützte Schaltungsentwurf mit SPICE. Beispiele aus der digitalen Verstärkertechnik und Oszillatorschaltungen ergänzen den Band.

Verlag Vieweg · Postfach 58 29 · 65048 Wiesbaden